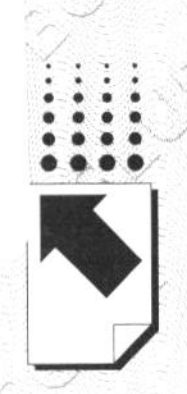

权威·前沿·原创

皮书系列为

“十二五”“十三五”“十四五”时期国家重点出版物出版专项规划项目

智库成果出版与传播平台

教育部人文社会科学重点研究基地中国海洋大学海洋发展研究院
中国海洋大学一流大学建设专项经费资助

北极地区发展报告（2021）

REPORT ON ARCTIC REGION DEVELOPMENT (2021)

主　编／刘惠荣
副主编／陈奕彤　孙　凯

社会科学文献出版社
SOCIAL SCIENCES ACADEMIC PRESS (CHINA)

图书在版编目（CIP）数据

北极地区发展报告．2021／刘惠荣主编．--北京：社会科学文献出版社，2022.11
（北极蓝皮书）
ISBN 978-7-5228-1094-2

Ⅰ．①北… Ⅱ．①刘… Ⅲ．①北极-区域发展-研究报告-2021 Ⅳ．①P941.62

中国版本图书馆 CIP 数据核字（2022）第 217909 号

北极蓝皮书
北极地区发展报告（2021）

主　　编／刘惠荣
副 主 编／陈奕彤　孙　凯

出 版 人／王利民
责任编辑／黄金平
责任印制／王京美

出　　版／社会科学文献出版社 · 政法传媒分社（010）59367156
　　　　　地址：北京市北三环中路甲 29 号院华龙大厦　邮编：100029
　　　　　网址：www.ssap.com.cn
发　　行／社会科学文献出版社（010）59367028
印　　装／天津千鹤文化传播有限公司

规　　格／开 本：787mm×1092mm　1/16
　　　　　印 张：19.5　字 数：289 千字
版　　次／2022 年 11 月第 1 版　2022 年 11 月第 1 次印刷
书　　号／ISBN 978-7-5228-1094-2
定　　价／158.00 元

读者服务电话：4008918866

《北极地区发展报告（2021）》
编　委　会

主　　　编　刘惠荣

副　主　编　陈奕彤　孙　凯

参加编写人员　（以姓氏笔画为序）

王金鹏　王晨光　王逸楠　毛政凯　申雨琪
刘惠荣　李　玮　李小宁　李小涵　李浩梅
杨松霖　余　静　陈奕彤　张　亮　张维思
孟思彤　姜璐璐　郭培清　董　跃　谢炘池

中国海洋大学极地研究中心简介

中国海洋大学极地研究中心始于2009年，依托法学和政治学两个一级学科，建立极地法律与政治研究所，专注于极地问题的国际法和国际关系研究。2017年，极地法律与政治研究所升格为教育部国别与区域研究基地（培育），正式成立中国海洋大学极地研究中心。2020年12月，经教育部国别与区域研究工作评估，中心被认定为高水平建设单位备案Ⅰ类。

中心致力于建设成为国家极地法律与战略核心智库和国家海洋与极地管理事业的人才培养高地；就国家极地立法与政策制定提供权威性的政策咨询和最新的动态分析，提出具有决策影响力的咨询报告；以极地社会科学研究为重心建设国际知名、中国特色的跨学科研究中心；强化和拓展与涉极地国家的高校、智库以及原住民等非政府组织的交往，通过二轨外交建设极地问题的国际学术交流中心。

主编简介

刘惠荣　中国海洋大学法学院教授、博士生导师，中国海洋大学极地研究中心主任、中国海洋大学海洋发展研究院高级研究员、中国海洋法研究会常务理事、中国太平洋学会理事、中国太平洋学会海洋管理分会常务理事、中国海洋发展研究会理事、最高人民法院“一带一路”司法研究中心研究员、最高人民法院涉外商事海事审判专家库专家、第六届山东省法学会副会长及学术委员会副主任。2012年获“山东省十大优秀中青年法学家”称号，2019年获“山东省十大法治人物”称号。主要研究领域为国际法、南北极法律问题。2013年、2017年分别入选中国北极黄河站科学考察队和中国南极长城站科学考察队。主持国家社科基金“新时代海洋强国建设”重大专项（20VHQ001）、国家社科基金重点项目“国际法视角下的中国北极航线战略研究”、国家社科基金一般项目“海洋法视角下的北极法律问题研究”等多项国家级课题，主持多项省部级极地研究课题，并多次获得省部级优秀社科研究成果奖。2007年以来，在极地研究领域开展了一系列具有开拓性的研究，代表作有《海洋法视角下的北极法律问题研究》（著作获教育部社会科学优秀成果奖三等奖和山东省社会科学优秀成果奖三等奖）、《国际法视角下的中国北极航线战略研究》、《北极生态保护法律问题研究》、《国际法视野下的北极环境法律问题研究》等。

摘　要

2021年在新冠肺炎疫情趋于平稳和常态化的大背景下，重整旗鼓的北极国家动作频频。“应对气候变化”“资源的可持续利用”成为2021年度北极治理的核心议题；与此同时，北极军事安全问题持续发酵。在气候变化、经济全球化与地缘政治态势变革的影响下，北极地区正面临前所未有的挑战与机遇。

总报告对北极地区各国2021年度的气候变化应对情况、资源战略布局、军事安全问题进行了全面梳理和分析。气候变化议题再度回归为北极治理的核心议题之一，这主要受到联合国气候变化格拉斯哥大会召开的影响。北极国家出台的北极政策更新中均提升了气候变化议题的重要性。北极地区的资源开发与利用的热度在2021年也有了显著提升，具体表现在航道利用、港口等基础设施建设、矿产资源开发与合作等多方面。与此同时，北极军事安全和北极地缘政治在新态势下呈现紧张局势，北极国家加强了各自的军事部署。北极治理机制面临着新的挑战。

气候变化对北极地区的影响不断加剧，各国在北极政策的更新方面对气候变化议题有不同程度的反应。隶属于丹麦自治领土的格陵兰在其新任政府上台后实施的经济政策展现了追求环境经济双重效益的稳步发展理念。美国拜登政府在有选择地继承前任特朗普政府北极政策的基础上，融入民主党所关注的气候变化议题，希望建立应对气候变化的全球领导者形象。北欧诸国近年更新的北极政策体现了各国的共同主题和共同利益，也反映出其北极事务优先事项的差异。

科技活动一直是各国参与北极事务的重要组成部分。国际北极科学委员会成为连接联合国“海洋十年”计划和“北极海洋十年”之间的协调机构。北极核动力平台的发展和海底电缆的铺设体现了各国在北极科技开发方面的热情与投入。北极地缘政治环境所面临的剧烈变化给北极地区的科技合作造成了巨大挑战。如何将北极地区打造成和平、稳定的北极，考验着各国的政治智慧。在《极地规则》生效以后，中国应积极参与航运减排国际规则的谈判和绿色航运开发的竞争与合作，以应对北极航运发展的新趋势。

从更长远的视角来看，地缘政治变化给北极治理带来的负面影响将是一时的，全球气候变化及其给北极地区乃至整个地球所带来的挑战才是更为根本性的问题。应对这一挑战需要国际社会所有利益攸关方的共同行动。挑战往往伴随着机遇，气候变化为北极地区带来的资源开发与利用机会也为国际社会提供了合作共赢的机遇。即使在当前地缘政治议题日益回归北极议程的背景下，基于北极问题的特性和北极治理的需求，北极地区的国际合作将在曲折中持续前行。

关键词： 北极法律　北极治理　北极战略　北极政策　气候变化

目　录

Ⅰ　总报告

Ⅱ　国别与区域篇

Ⅲ 科技与合作篇

Ⅳ 经济与发展篇

Ⅴ 附 录

皮书数据库阅读使用指南

总 报 告

General Report

B.1

在地缘博弈与全球治理之间的北极

陈奕彤　刘惠荣　王晨光*

摘　要： 在气候变化、经济全球化与北极地缘政治态势的影响下，北极地区正经历着"大加速"的变化。这种极性转变的后果波及整个地球，并以多种方式影响着人们。受气候变化的影响，北极地区面临环境破坏、海平面上升、原住民生活安全等一系列危机，北极各国纷纷采取举措以应对气候变化挑战。2021 年，气候变化议题再度成为北极治理的核心议题之一，这主要受 2021 年联合国气候变化格拉斯哥大会及《格拉斯哥气候协议》的出台、拜登新政以气候变化应对为核心内容、2021 年北极国家出台的北极战略中提升了气候变化议题的重要性等多方面因素的影响。北极地区的资源开发与利用的热度在 2021 年有显著提升，具体表现在航道利用、港口等基础设施建设、矿产资源开发与合作

* 陈奕彤，中国海洋大学法学院副教授、硕士生导师，中国海洋大学海洋发展研究院研究员；刘惠荣，中国海洋大学法学院教授、博士生导师，中国海洋大学海洋发展研究院高级研究员；王晨光，中共中央对外联络部当代世界研究中心助理研究员。

等多方面。与此同时，在俄乌冲突的影响下，北极国家继续加强了各自的军事部署，北极军事安全和北极地缘政治在新态势下呈现紧张局势。在气候变暖加剧、资源利用热度不减、军事安全问题持续发酵的背景下，北极治理机制正面临前所未有的挑战与机遇。

关键词： 气候变化　北极治理　北极战略　地缘政治

在过去20年中，北极地表气温增速是全球平均气温增速的2倍，海冰和积雪的减少导致了气候变暖的加剧。由气候变化引发的北极水文变化、火灾频发对北极植被、生态环境和原住民粮食安全造成了相应影响。“应对气候变化”“资源的可持续利用”成为北极国家近年来发布和更新的北极战略中的核心词语。

全球变暖为北极航运提供了极大的便利。过去20年中，北极夏季的航运活动有所增加，同时海冰范围也有所减少。由于较轻的冰况，穿越北冰洋航线的运输时间大大缩短。北极船舶运输和旅游业的发展对全球贸易、北方国家和与传统航运走廊相关的经济体具有社会经济和政治影响。航运的便捷使各国看到未来的北极资源开发与利用的巨大潜力。各国围绕航运资源的分布情况，开发并集中港口布局，以公路运输、铁路运输等陆路运输与海上航运相连接为目的开展基础设施建设；矿产资源丰富的格陵兰地区以“资源可持续利用”为核心价值导向与欧盟国家开展矿产开发利用相关进出口合作。除此以外，近年来随着全球气候变暖，北极无冰区面积的增加以及北极地区可通航时间的延长为海底电缆的铺设提供了更多机会。俄罗斯、芬兰、挪威等北极国家均在推动北极海底电缆的铺设。其中既有主要分布于这些国家沿海水域的海底电缆，也有试图通过国家间的合作推进的跨大陆和泛北极的海底电缆系统。但北极海底电缆铺设的实践发展仍面临特殊生态环境、国家博弈和水域竞争性使用等带来的挑战。

除此之外，北极地区军事问题热度不减，在俄乌冲突爆发之前，北极军事安全问题已在2021年有所升级。近年来，美俄两个北极军事大国不断加强在北极地区的军事存在。当前美国陆、海、空三军以及国土安全部发布的北极军事战略均于拜登就职前后发布，根本上还是延续了特朗普政府时期的北极军事战略，即不断加强美国北极军事存在，提高国防安全能力。俄罗斯近年来在北极地区的军事升级频繁，俄罗斯北方舰队成为俄罗斯的重要军事部署军区。这是俄罗斯首次将一个舰队的地位提升到与现有的西部、南部、东部和中部四大军区同等级别。

总体而言，气候变化这一自然现象使得更多的目光聚焦于北极地区。在抵御气候变化对北极地区造成的生态威胁的同时，各国同样借助这一机遇对资源利用进行布局。此外，乌克兰申请加入北约以来，事态发展愈来愈激烈，至2022年2月，俄乌两国军事危机正式升级为军事冲突。在气候变化、军事冲突的热度一再升级的基础上，北极治理机制正面临困境。

一　气候变化议题在北极治理中再度回归

2021年，气候变化议题再度成为北极治理的核心议题之一，这主要受2021年联合国气候变化格拉斯哥大会及《格拉斯哥气候协议》的出台、拜登新政以气候变化应对为核心内容、2021年北极国家出台的北极战略中提升了气候变化议题的重要性等多方面因素的影响。北极地区因全球气候变化在海洋与海冰、航运与渔业经济、生态环境等诸多方面受到影响。根据联合国政府间气候变化专门委员会（IPCC）发布的《气候变化中的海洋和冰冻圈特别报告》，[①] 气候变化带来的剧烈影响使得极地地区的海冰正在消失并且极地地区的海洋正在快速地变化。上述特别报告显示，气候变暖并不具有转好态势，1982~2017年，夏季海洋上层温度每10年上升约0.5℃，且

① “Special Report on the Ocean and Cryosphere in a Changing Climate,” https://www.ipcc.ch/srocc/，最后访问日期：2022年3月1日。

2000 年以来，来自低纬度的海洋热量流入持续增加。

气候变化对北极地区的影响显而易见。渔业方面，气候变化对极地海洋生态系统下的渔业资源开发与利用带来了风险。特别是在高排放的情形下，一些高价值种群的当前管理策略可能无法维持未来的捕获量水平。航运方面，气温升高延长了北极地区夏季无冰的时长，1990~2015 年，加拿大北极地区船只行驶的距离增加了 2 倍多。受气候变化的影响，北极地区栖息地和生物群落也在不断变化，并伴随着重要生态物种范围和数量的缩减，影响范围涉及海洋哺乳动物、鸟类、鱼类等。由于全球气候变化，北极地区海平面也在不断上升。海平面上升不仅会产生自然地理方面的危害，而且动摇和挑战了所有沿海国家的基线稳定性，造成了海洋法的适用困境，进而根本性地冲击和影响了国际法传统理论中的若干内容和国际秩序。①

气候变化严重冲击了北极地区的生态、环境、经济等诸多方面，北极的独特自然条件和地理状况决定了它对气候变化的敏感性。面对全球气候变化带来的严重影响，北极各国纷纷采取措施。

美国曾于特朗普任期内推翻了奥巴马政府设置的环保禁令，加速推进北极石油开发；而拜登执政后立刻决定重返《巴黎协定》，明确提出“将气候危机置于美国外交政策与国家安全的中心”。② 在北极油气开发问题上，拜登政府也相应地采取“环保优先”的立场。拜登将“应对气候变化”置于美国国家安全的核心地位，使之成为他任期内美国北极军事决策中的重要目标和考虑因素。2021 年 10 月，美国国家情报总监办公室（Office of the Director of National Intelligence）发布的《国家气候变化情报评估》（National Intelligence Estimate on Climate Change）指出，到 2040 年，全球变暖将加剧北极地缘政治紧张局势和美国国家安全风险。为此美国应积极应对气候变化

---

① 陈奕彤：《海平面上升的国际法挑战与国家实践——以国际造法为视角》，《亚太安全与海洋研究》2022 年第 2 期。

② The White House, “Fact Sheet: Prioritizing Climate in Foreign Policy and National Security,” https: //www. whitehouse. gov/briefing - room/statements - releases/2021/10/21/fact - sheet - prioritizing-climate-in-foreign-policy-and-national-security/.

带来的经济和军事威胁。[①] 除此之外，针对气候变化对美国军事布局的影响，在北极军队建设上，美国军事装备、设施建设以及人员训练逐渐以应对气候变化为目标。2021 年 10 月，美国国防部发布了《气候适应计划》，该计划旨在指导国防部将气候因素纳入决策过程，包括培训和装备一支适应气候变化的部队，研究并建设适应北极冻土融化的基础设施，建设适应气候变化的北极军事燃料供应链系统等新措施。[②]

根据俄罗斯 2020 年发布的《2035 年前俄罗斯联邦北极国家基本政策》，克里姆林宫的新北极战略重申了其保护北极环境的意图，明确了应对气候问题需要迫切地采取相关行动，该份北极战略建议提高敏感基础设施的等级，以应对气候变化。此外，在该北极战略中，俄罗斯政府计划建立新的自然保护区，建立污染定期监测的制度。

2019 年加拿大政府公布《北极与北方政策框架》，在该框架中加拿大政府指出，要在加拿大的北极和北部地区尽力实现气候复原力的目标是现实的需求。北极地区的气温急速上升，对加拿大北部社区的生态系统和基础设施带来了巨大压力，也对陆地和海洋生态系统产生广泛影响，加剧了对生物多样性的威胁，因此需要采取紧急行动来减缓气候变化以适应当前和未来的压力。加拿大政府在气候复原力的恢复上，采取了以下的政策与方法：通过增强北极地区的信息获取能力以更好地决策来降低风险；建立气候监测与观察机制，尽量减少污染等其他环境压力，将有助于削弱环境变化所带来的不利影响；建立恢复自然资源可持续的机制，以及加强对生物资源多样性养护的保障；充分发挥原住民在北方生态系统管理方面的独特作用，建立与原住民的政策合作、加强原住民在气候治理中的作用。同时加拿大政府指出，影响

---

① *Arctic Today*, "U. S. Spy Agencies Say Climate Change Means Growing Security Concerns in the Arctic," https://www.arctictoday.com/u-s-spy-agencies-say-climate-change-means-growing-security-concerns-in-the-arctic/.

② U. S. Department of Defense, "Statement by Secretary of Defense Lloyd J. Austin III on the Department of Defense Climate Adaptation Plan," https://www.defense.gov/News/Releases/Release/Article/2803761/statement-by-secretary-of-defense-lloyd-j-austin-iii-on-the-department-of-defen/.

加拿大北极地区的一些最紧迫的环境问题，如气候变化、污染物沉积、海洋污染等问题，都无法仅通过国内机制来解决，因为问题的根源主要来自该地区以外的其他地区。虽然这些环境问题具有全球性，但对加拿大北部地区的影响，特别是对加拿大的原住民，产生了不成比例的影响。因此，加拿大将发挥领导作用，倡导采取更及时和有效的国际行动，应对这些对北极和北方人民产生影响的环境挑战。

丹麦政府在应对全球气候变化长期战略与行动框架下发布了《一个绿色和可持续发展的世界》报告。报告中指出，如果要达到《联合国气候变化框架公约》所设定的目标，必须在未来 10 年内采取行动。丹麦正以《丹麦气候法》和前所未有的气候与政策来引领气候治理，以引导世界各国齐心协力达成《巴黎协定》的目标。并且提到气候议程必须由政府的所有部门齐心协力共同来执行，从技术层面到最高政治层面，都必须严格地执行气候议程。因此，丹麦政府已经采取了主动行动与计划。丹麦政府希望加强《联合国气候变化框架公约》，保持《巴黎协定》的地位，使其成为一个可持续发展的工具，以确保建立一个尽可能宏大的框架。丹麦正在努力使《巴黎协定》成为一个运作良好和可信的框架以确保持续加强全球气候议题。在该报告中，丹麦政府指出，要确保建立一个强有力的协商框架机制以应对气候变化，丹麦政府要努力加强气候外交，增强丹麦政府对气候行动的引领作用。

挪威属于深受气候变化影响的北极国家之一，在挪威外交部发布的《挪威北极战略》中，[①] 挪威政府被认为对确保北极地区所有活动的健全管理负有重大责任，应对北极地区的所有活动进行合理管理，以便保护该地区的脆弱环境。挪威认识到气候变化是对北方物种和生态系统的主要威胁，气候变化使它们更容易受到其他环境压力的影响。因此需要更多的科学知识和新方法来尽量减少人类活动和气候变化对北极环境的影响。这是挪威的北极

① "Norway's Arctic Strategy-between Geopolitics and Social Development," https://www.regjeringen.no/contentassets/fad46f0404e14b2a9b551ca7359c1000/arctic-strategy.pdf，最后访问日期：2022 年 3 月 26 日。

政策和北极地区国家之间合作的一个重要治理议题，也是挪威北极政策的重要问题之一。

瑞典作为北极地区八国之一，其北极战略在国家议题中较为重要并且影响着北极地区的治理。2020 年瑞典政府发布了最新一版的《瑞典北极战略》,[①] 在其北极战略中，瑞典政府强调加强北极地区的国际合作，其中就表现在应对北极地区不断加剧的气候变化上。在保护北极地区气候环境主题中，继承了上一版本北极战略对气候变化的重视，瑞典政府认为气候变化与北极环境及瑞典环境的关系是密不可分的。因此，瑞典政府将以严格执行《巴黎协定》为目标，并充分发挥领导作用，充分重视北极环境治理的重要性。

芬兰最新的北极政策战略提出了芬兰在北极地区的环境目标。[②] 在该份战略文件中，芬兰对北极环境的关切从可持续发展原则及防止污染延伸至“将应对和适应气候变化置于芬兰北极政策的核心”。与芬兰担任北极理事会轮值主席国期间提出的计划相呼应的是，2021 年芬兰的北极政策文件中也指出，北极地区的气候变化需要依靠全球行动加以应对。芬兰政府认为，人类在北极地区的所有活动都必须建立在生态承载力、气候保护、可持续发展原则和尊重原住民权利的基础上。芬兰最新的北极政策战略的重点是缓解和适应气候变化。芬兰希望通过加强密切合作，可以实现与该地区有关的可持续发展目标，并与全球措施相结合，减缓不断加速的气候变化，并减轻其有害影响。具体措施包括减少温室气体和黑炭排放。减少温室气体和黑炭排放在缓解气候变化方面发挥着关键作用。此外，芬兰新的《气候与能源战略》和《中期气候变化政策计划》的编制工作于 2020 年启动。2022 年 3 月 8 日，芬兰议会在关于新《气候变化法》的提交辩论中讨论了芬兰气候政

① “Sweden’s Arctic Strategy for the Arctic Region 2020,” https://www.government.se/4ab869/contentassets/c197945c0be646a482733275d8b702cd/swedens-strategy-for-the-arctic-region-2020.pdf，最后访问日期：2022 年 3 月 26 日。

② “Finland’s Strategy for Arctic Policy,” https://julkaisut.valtioneuvosto.fi/bitstream/handle/10024/163247/VN_2021_55.pdf，最后访问日期：2022 年 3 月 26 日。

策。芬兰政府起草的提案是为了确保芬兰 2035 年的碳中和目标得以实现。除了碳中和目标之外，该法案还设定了 2030 年、2040 年和 2050 年的碳减排目标。

2021 年 10 月，冰岛外交部根据冰岛议会于同年 5 月通过的 25/151 决议，发布了名为《冰岛对北极地区相关事项的政策》的正式政策文件。[①] 关于气候变化与环境保护，冰岛新北极政策对此前提出的目标进行了细化，包括海洋污染、海洋酸化、海洋微塑料问题、减少北极地区化石燃料的使用和能源转型，进一步强调了“把环境保护放在首位”。在此之前，2018 年 9 月冰岛政府宣布了政府充分资助的长期综合计划，并对气候缓解关键措施的资助大幅增加。[②] 2020 年 6 月冰岛提交了气候行动计划的更新版本，提出了新的详细措施和增加的资金。更新后的计划还包含了显著改进的分析。冰岛政府提出了应对气候变化的集体减缓行动和公民个人减缓行动——旨在减少温室气体排放和增加大气中的碳吸收。气候行动计划是冰岛实现《巴黎协定》目标的主要工具，特别是 2030 年的减排目标。该计划旨在帮助冰岛政府在 2040 年前实现碳中和的中远期目标。

二　各国北极资源战略布局升温

（一）北极地区航运资源开发计划及现状

气候变化带来了前所未有的全球性挑战，但同时也带来了资源开发和航运等广泛机会。北极日益增长的融冰现象使得北极地区航道利用成为可能，北极地区的商业价值也得以凸显。与传统航线相比，北极航线不仅在降低运

① “Iceland's Policy on Matters Concerning the Arctic Region,” Iceland Ministry for Foreign Affairs, https://www.government.is/publications/reports/report/2021/10/15/Icelands-Policy-on-Matters-Concerning-the-Arctic-Region/，最后访问日期：2022 年 5 月 11 日。

② “Iceland's National Plan,” November 2020, Government of Iceland Ministry for the Environment and Natural Resources，最后访问日期：2022 年 3 月 26 日。

输成本、安全成本方面有优势，还在增加航运利润方面占据有利地位。[①] 研究显示，北极航线的航运利润高于传统航线 56%（需要破冰服务时）和 105%（不需要破冰服务时）。[②] 气候变暖为北极地区带来巨大的航运资源，北极航线在近几十年内实现夏季持续通航可能性极大，航运的兴衰直接关系到北极各国军事、政治、经济等多方面的发展。在航运资源的布局上，各国纷纷采取措施。

冰岛新的经济战略部署体现在北极海空运输基础设施的建设上。相比西北航道，冰岛更关注东北航道及中央航道的情况。一方面，中国已经在东北航道上进行了大量投资，并与俄罗斯谈判，将东北航道作为亚洲和欧洲之间新的"冰上丝绸之路"的一部分，冰岛已经讨论在冰岛东北部建立一个大型航运港口来连接东北航道这个问题。[③] 另一方面，中央航道靠近北冰洋的中心，其优势在于它大部分位于国家管辖范围之外。随着北冰洋中部冰盖的加速融化，冰岛可能建立一个转运港为中央航道服务。[④]

近年来，俄罗斯不断发展"北极航道战略支点港口"。2021 年，北方海航道的总运输量达到 3.4 亿吨，在过去 5 年中增长了 350%。这是俄罗斯北极地区经济增长的众多迹象之一，特别是在石油和天然气行业。[⑤] 2021 年 3 月，俄罗斯政府批准了阿尔汉格尔斯克港的建设项目。该港码头基础设施将增加两个泊位（一个是通用的，一个是辅助的）、一个仓储区、一个操作池、一个小型电站，以及其他的现代通信设施，年产能预计增加 35.7 万吨。[⑥]

在港口基础设施方面，挪威是建设最完备的北极国家之一，拥有 3 个为

① 郭培清等：《北极航道的国际问题研究》，海洋出版社，2009，第 1 页。

② 夏一平、胡麦秀：《北极航线与传统航线地理区位优势的比较分析》，《世界地理研究》2017 年第 2 期。

③ Iceland Ministry for Foreign Affairs, *Greenland and Iceland in the New Arctic*, p. 12.

④ Iceland Ministry for Foreign Affairs, *Greenland and Iceland in the New Arctic*, p. 22.

⑤ "Russia's Northern Sea Route Posts Record Year for Traffic Volume", https://www.maritime-executive.com/article/russia-s-northern-sea-route-posts-record-year-for-traffic-volume.

⑥ "New Port Project in Arkhangelsk Region," https://seanews.ru/en/2022/03/21/en-new-port-project-in-arkhangelsk-region/.

东北航道服务的中型港口；近 10 年挪威在北极地区港口货物周转量的排名中均高于俄罗斯，其中纳尔维克港是目前巴伦支地区货物周转量最大的港口。2021 年底，哈默菲斯特市政府和挪威海岸管理局开始对哈默菲斯特港进行改善工作，计划于 2023 年 8 月完成，工程总价约 3800 万美元。主要是对哈默菲斯特港海床上受污染的沉积物进行净化，工作包括拆除现有码头结构并建造新码头、建立污染材料存放处、对港口进行环境疏浚和封盖，以及增大港口水深。①

此外，在 2021 年加拿大大选中，保守党承诺要为北部港口和水电项目提供资金，计划将卡图克港改造成深水港，以此进一步带动腹地的石油和天然气开发以及旅游业，争取成为潜在的北极航运枢纽。② 尽管保守党领袖奥图尔在大选中输给了特鲁多，但相关建议也会继续影响保守党的政治行为，对此应该引起重视。

（二）北极地区矿产资源开发政策及现状

除航运外，北极各国同样在加速矿产资源开发战略的形成。格陵兰已与欧盟签署了价值数十亿欧元的协议，以推动采矿项目，并加入欧洲原材料联盟（European Raw Materials Alliance，ERMA），这些项目将帮助欧盟获得 30 种战略原材料的供应。通过加入欧洲原材料联盟，格陵兰自治政府也表明格陵兰是一个支持开采矿产的地区，格陵兰自治政府新任资源部部长纳贾·纳撒尼尔森（Naaja Nathanielsen）在宣布这一举措的声明中说："政府把采矿业放在了高度优先的位置。因为发展采矿业有助于格陵兰岛经济多样化，造福格陵兰人民。"当然，格陵兰新政府优先发展采矿业有一定的限制条件，那就是坚决反对开采铀和其他放射性矿产。2021 年 9 月 15 日，格陵兰资源公司宣布，在夏季进行的可行性研究规划和环境基线研究已按计划和预算于

① "Dredging of Two Harbors in Northern Norway about to Begin," https：//www. dredgingtoday. com/2021/12/03/dredging-of-two-harbors-in-northern-norway-about-to-begin/.

② "Conservatives Promise Funds for Northern Ports，Hydro Projects," https：//www. cbc. ca/news/canada/north/conservative-platform-northern-infrastructure-1. 6161270.

8月31日顺利结束。[①] 格陵兰资源公司目前正专注于开发位于格陵兰中东部的世界级Climax型纯钼矿床，而可行性研究规划的完成，也意味着下一步钼矿的开采即将进行。此外，世界上不少采矿公司也纷纷将投资目光转向格陵兰，如KoBold Metals勘探公司目前已与Bluejay矿产公司签署了一项协议，将在格陵兰岛利用人工智能寻找镍、铜、钴和铂等资源。与此同时，为了积极促进格陵兰矿产资源的开发，确保开发进程，格陵兰自治政府通过开采许可证管理监督的方式清理“僵尸”企业，转而将开发项目交付给其他具有开发兴趣的企业。

此外，格陵兰在布局矿产资源开发战略时也不断加强与其他国家及国际组织的合作。2021年1月，冰岛外交部任命的格陵兰委员会发布了一份名为《新北极地区的格陵兰和冰岛》的政策报告，其中详细分析了格陵兰与冰岛目前的合作，并就如何加强合作提出了建议。[②] 报告指出，冰岛和格陵兰在渔业、航空服务、空中交通管制、旅游和北极事务等方面已经拥有许多共同利益，采矿业的医疗保健、教育和支持服务等方面可能成为未来的重要合作领域。报告编写委员会提出了10项共99条政策建议，包括建议冰岛和格陵兰签订新的双边贸易协定和新的全面渔业协议、建立新的冰上搜索和救援组织、建设东格陵兰岛的小型水力发电站，成立新的文化教育层面的国际合作中心，同时建议冰岛外交部部长提出关于格陵兰政策的议会决议。

冰岛的资源开发更多集中于“可持续”这一关键词。在北极区域经济发展层面，冰岛的多份官方文件都强调，“冰岛的繁荣在很大程度上依赖于对北极地区自然资源的可持续利用”。[③] 2021年冰岛继续提出对北极资源的可持续和负责任利用的目标。

---

① “Greenland Resources Commences Feasibility Study Field Program-Arctic Today,” https://www.arctictoday.com/arctic_business/greenland-resources-commences-feasibility-study-field-program/.

② “Greenland and Iceland in the New Arctic,” Iceland Ministry for Foreign Affairs, 2021年1月25日, https://www.government.is/news/article/2021/01/25/Publication-of-the-Greenland-Committee-Report/, 最后访问日期：2022年5月11日。

③ 例如2009年及2011年冰岛北极政策文件。

芬兰在经济发展及资源战略布局上同样强调可持续。芬兰在政策中反复强调对北极资源的可持续和负责任开发，2016 年修订后的芬兰北极政策，提出立足于“环境、社会和经济可持续性”三大支柱来促进北极地区的环境保护、稳定、活力和生命力（environmental protection，stability，vitality and viability）。[①]《芬兰的北极政策战略 2021》是芬兰继 2013 年的北极政策之后相对正式且大规模的北极政策更新，新文件提出了芬兰在北极地区的主要目标，并概述了实现这些目标的主要优先事项。北极的所有活动都必须基于自然环境的承载能力、气候保护、可持续发展原则和尊重原住民的权利。2021 年《芬兰的北极政策战略 2021》强调基础设施和物流能力建设，推进数字化和低排放模式。

在美国油气资源开发问题上，拜登素来是应对气候变化问题的推动者，关于气候变化问题的立场和宣言也成为其胜选的重要筹码。拜登在北极油气开发问题上采取彻底的“环保主义”立场，逆转特朗普政府时期对阿拉斯加北极地区的大规模开发，体现出民主党在这一问题上“环保即政治正确”的政治偏好。这一决定也是拜登履行其竞选承诺，同时布局实现其任内环保目标的重要举措。拜登政府上台后推翻特朗普政府时期的北极国家野生动物保护区租赁计划，发布暂时停止在北极国家野生动物保护区的石油钻探活动的行政命令。[②] 2021 年 6 月，拜登政府决定对北极国家野生动物保护区石油钻探租赁的环境影响和法律依据进行审查。[③] 除了直接颁布行政命令阻止北极石油钻探外，拜登政府还推动美国国会通过气候变化

---

① “Government Policy Regarding the Priorities in the Updated Arctic Strategy,” Finland Prime Minister's Office，2016 年 9 月 26 日，https：//vnk. fi/documents/10616/334509/Arktisen + strategian+ p% C3% A4ivitys + ENG. pdf/7efd3ed1 – af83 – 4736 – b80b – c00e26aebc05/Arktisen + strategian+p%C3%A4ivitys+ENG. pdf. pdf，最后访问日期：2022 年 5 月 11 日。

② The Associated Press，“Biden Plans Temporary Halt of Oil Activity in Arctic Refuge,” https：//apnews. com/article/joe – biden – us – news – alaska – wildlife – arctic – cdd89af06cb892e042782ace3abca8eb.

③ *The New York Times*，“Biden Suspends Drilling Leases in Arctic National Wildlife Refuge,” https：//www. nytimes. com/2021/06/01/climate/biden – drilling – arctic – national – wildlife – refuge. html.

议程的立法，即“重建更美好”计划（Build Back Better Framework），其中包含一项“关闭北极国家野生动物保护区石油钻探项目并取消现有租约”的条款。该法案将废除穆尔科斯基在2017年提出的《减税与就业法案》中要求到2024年底在北极国家野生动物保护区的1002区内进行两次石油钻探租赁销售的条款。[①]

（三）北极各国基础设施建设及现状

部分北极国家为更好地进行北极地区资源利用与开发，着力开展基础设施建设。芬兰于2010年计划开通一条通往北冰洋的铁路。2017年，芬兰交通和通信部部长要求与挪威运输部门合作，探索新的北极铁路的可能性。据该部称，该条通向北冰洋的铁路将加强芬兰的供应安全，并改善芬兰在北极资源开发中的物流地位和可及性，芬兰预计该铁路建设成本约为20亿欧元。根据芬兰提供的方案，该项基础设施建设计划将穿越拉普兰地区到达挪威港口，即基尔肯斯或特罗姆瑟。其中有一个建议是将俄罗斯的铁路系统连接到科拉半岛。除此之外，芬兰计划将该北冰洋铁路通过从首都赫尔辛基到爱沙尼亚塔林的海底隧道与欧洲铁路网进行连接。通往北冰洋的通道将打开与东北航道的连接，大大缩短从中欧到中国港口的距离。但是，在拉普兰地区理事会以43票对3票通过了拉普兰发展计划的新草案后，北冰洋铁路遭受了重大挫折。2021年10月，拉普兰地区理事会宣布了一项新的提案，该提案提出了新的铁路计划，根据该计划，铁路将不会深入原住民地区，而是连接科拉里和凯米贾尔维的现有最北端铁路。拉普兰地区理事会称，这条铁路将促进旅游业、采矿业和林业的发展。目前还没有成本分析，规划还处于早期阶段。但是芬兰国内存在一定的反对声音，部分学者认为新的环线铁路计划只是将现有铁路进一步向北推进的一种变相做法。

2021年，拜登就任美国总统后着力加强美国北极地区的基础设施建设。

---

① “House Version of Biden’s ＄1.75 Trillion Bill Would Cancel Drilling Leases in Arctic Refuge,” *Alaska Public Media*, https://www.alaskapublic.org/2021/10/28/house-version-of-bidens-1-75-trillion-bill-would-cancel-drilling-leases-in-arctic-refuge/.

2021 年 11 月，美国国会通过《基础设施投资和就业法案》（Infrastructure Investment and Jobs Act），该法案将在 8 年内向各州和地方政府提供数十亿美元，以升级落后的道路、桥梁、交通系统等基础设施，被认为是美国半个世纪以来规模最大的基础设施投资法案。[①] 法案中涉及北极的内容包括两方面：一是计划重建阿拉斯加高速公路。高速公路的贯通无疑会使阿拉斯加地区的陆路交通更为便利，从而更好地实现人员流动与资源运输。二是提出至少将在“天然气资源最丰富”的地区建设两个区域中心，并将拨款 95 亿美元资金用于支持氢能领域，其中 80 亿美元将用于建设至少 4 个区域性清洁氢能枢纽。阿拉斯加天然气资源储量巨大，有机会借此获得联邦拨款，从而改善当地的基础设施，提高就业率，实现区域发展。[②]

除公路、铁路方面的基础设施建设外，俄罗斯、芬兰、挪威等北极国家均在推动北极海底电缆的铺设。近年来，俄罗斯试图推动铺设跨北极海底电缆系统（Russian Optical Trans-Arctic Submarine Cable System，ROTASCS）。作为俄罗斯实施其北极政策的一部分，俄罗斯交通部于 2011 年 10 月决定铺设穿越北极地区的海底电缆。该项目由俄罗斯国有企业 Polarnet 公司牵头，于 2012 年 4 月启动，原预计于 2016 年投入使用。由于 2014 年克里米亚事件，该项目被搁置。[③] 克里米亚事件以后，俄罗斯与西方国家关系持续降温。欧盟的制裁措施对俄罗斯国内经济产生很大的影响。西方国家对俄罗斯的制裁阻止了相关企业向俄罗斯出售和安装电缆，这也导致了俄罗斯无法推进 ROTASCS 系统，目前为止，该计划仍被继续搁置。

---

① NPR，“Here's What's Included in the Bipartisan Infrastructure Law，” https：//www. npr. org/2021/06/24/1009923468/heres-whats-included-in-the-infrastructure-deal-that-biden-struck-with-senators.

② CNBC，“Biden Signs $1 Trillion Bipartisan Infrastructure Bill into Law，Unlocking Funds for Transportation，Broadband，Utilities，” https：//www. cnbc. com/2021/11/15/biden-signing-1-trillion-bipartisan-infrastructure-bill-into-law. html.

③ Martti Lehto，Aarne Hummelholm，Katsuyoshi Iida et al.，“Arctic Connect Project and Cyber Security Control，” https：//www. jyu. fi/it/fi/tutkimus/julkaisut/it-julkaisut/arctic-connect-project_ verkkoversio-final. pdf，pp. 4-5，最后访问日期：2022 年 4 月 9 日。

但是，2021 年 8 月俄罗斯交通部下属的联邦海运河运署和塔斯社在莫斯科的新闻发布会上公布了“极地快运海底电缆”（Polar Express Subsea Cable）项目。该项目是俄罗斯继 ROTASCS 海底电缆系统停滞后规划的首条穿越北极地区的海底电缆。俄罗斯铺设这条海底电缆旨在改善其远北地区落后的通信和基础设施。该项目第一阶段将穿越巴伦支海到达涅涅茨自治区的前军事基地阿德玛，并建立海底电缆登陆站。下一阶段从阿德玛至俄罗斯最北端的大陆城镇迪克森岛，进一步连接到雅库特的提克西港，然后到楚科奇半岛的佩韦克和阿纳德尔进入太平洋，在彼得罗巴甫洛夫斯克-堪察斯基设立一个登陆站，再往南到纳霍德卡的尤日诺-萨哈林斯克，最终连接至符拉迪沃斯托克。整个“极地快运海底电缆”项目预计将于 2026 年完工。

气候变化为北极地区资源开发与利用提供了巨大的潜力。北极国家就该议题进行航运建设与规划、基础设施建设，部分矿产资源较为丰富的国家和地区还有较为详细的矿产资源开发计划。值得注意的是，各国在资源开发相关话题中均对环境保护有所考虑，并涉及可替代性清洁燃料及运输、存储和使用技术，加强绿色港口基础设施建设等可持续环保举措。

三　北极军事安全问题再升级

（一）各国主权安全相关战略更新情况

美国作为北极地区军事大国之一，在拜登上台后，其北极政策发生新转向。拜登政府在有选择地继承前任特朗普政府北极政策的基础上，融入民主党关心议题，逐渐形成带有典型民主党价值观的北极战略。

2021 年 12 月美国国会众议院通过《2022 财政年度国防授权法案》（Fiscal Year 2022 National Defense Authorization Act），其中 Sec. 1082 条批准建立特德·史蒂文斯北极安全研究中心，该中心将设在阿拉斯加并从事北极安全研究与合作。[1] 这也将成为美国国防部第六个区域合作中心，也是首个聚焦于北极安全领域的研究机构。该中心将在《国家安全战略临时指南》（Interim National Security Strategic Guidance）指导下，与相关国家开展合作，促进美国和具有共同价值观的北极国家之间的伙伴关系。[2] 这表明北极正式成为美国国防部安全研究的重要领域之一，美国对北极安全防务领域的战略重视不断提高。

截至 2022 年 6 月，美国政府尚未发布新的北极军事战略。当前美国陆、海、空三军以及国土安全部发布的北极军事战略均于拜登就职前后发布，根本上还是延续了特朗普政府时期的北极军事战略，即不断加强美国北极军事存在，提高国防安全能力。但与前任特朗普政府相比，拜登上任以来的美国北极军事战略仍在诸多方面呈现新特征。其中最明显的是更加重视盟友在军事合作中的作用。2021 年 3 月，拜登政府发布《国家安全战略临时指南》，将“盟友重建”置于国家安全战略的重要地位，积极修复特朗普政府时期破裂的盟友关系，巩固联盟体系。[3] 美国继续与盟友开展例行北极联合演习，在北极地区增加军事部署，借与盟友合作增强美国在北极的军事威慑力。拜登上任以来，继续与北约盟友开展一系列北极联合军演，包括“北极挑战演习”（Arctic Challenge Exercise）、“寒冷反应演习”（Cold Response）等例行军演。此外，美国还与北欧国家开展特殊联合军演。

美国的军事战略有意识地指向抵御俄罗斯军事升级带来的威胁。特朗

---

① U. S Department of Defense, “DoD Announces New Senior Advisor for Arctic Security Affairs,” https://www.defense.gov/News/Releases/Release/Article/2784993/dod-announces-new-senior-advisor-for-arctic-security-affairs/. Center for Arms Control and Non-Proliferation, “Final Summary: Fiscal Year 2022 National Defense Authorization Act (S.1605),” https://armscontrolcenter.org/final-summary-fiscal-year-2022-national-defense-authorization-act-s-1605/.

② U. S. Department of Defense, “The Department of Defense Announces Establishment of Arctic Regional Center,” https://www.defense.gov/News/Releases/Release/Article/2651852/the-department-of-defense-announces-establishment-of-arctic-regional-center/.

③ The White House, “Interim National Security Strategic Guidance,” https://www.whitehouse.gov/briefing-room/statements-releases/2021/03/03/interim-national-security-strategic-guidance/.

普政府上台后将大国竞争作为其北极政策的重要背景，强调俄罗斯在北极地区的军事实力对美国的安全威胁，对北极军事安全的认知更为消极。2021年1月，美国海军出台的《蓝色北极——北极战略蓝图》指出“不断变化的北极地区增加了竞争和冲突的可能性”，“如果没有美国海军在北极地区的持续存在和伙伴关系，和平与繁荣将日益受到俄罗斯和中国的挑战”。[①]

北极地区军事大国俄罗斯同样对其军事安全相关规划不断升级。根据普京总统于2020年12月21日签署的总统令，2021年1月1日，俄罗斯北方舰队成为俄罗斯的军区。这是俄罗斯首次将一个舰队的地位提升到与现有的西部、南部、东部和中部四大军区同等级别。北方舰队军区的责任范围将包括北极、俄罗斯北极海岸线和北方海航道。北方舰队的主要海军基地北莫尔斯克（Severomorsk）位于摩尔曼斯克附近，整个地区至少还有6个基地。[②]此外，俄罗斯在北极地区的军事演习也在不断升级。自2021年3月20日起，俄罗斯在北极高纬度地区开展的最为综合的军事演习“Umka-21”演习，包括战斗机演练、鱼雷射击，以及北极作战旅士兵在法兰士约瑟夫群岛进行的作战训练。在复杂的俄罗斯北极演习中，三艘核弹道导弹潜艇同时浮出水面。[③] 2021年10月，俄罗斯北方舰队在巴伦支海举行大规模演习，演习由北方舰队副司令奥列格·戈卢贝夫（Oleg Golubev）进行监督。[④]

除军事演习频繁以外，俄罗斯的军事布局集中于军事基础设施建设。俄罗斯国防部部长谢尔盖·绍伊古2021年8月表示，俄罗斯国防部正在建设北极地区的军事基础设施，以便为驻扎在该地区的部队的有效行动提供保

① Department of the Navy, “A Blue Arctic: A Strategic Blueprint for the Arctic,” https://media.defense.gov/2021/Jan/05/2002560338/-1/1/0/ARCTIC%20BLUEPRINT%202021%20FINAL.PDF/ARCTIC%20BLUEPRINT%202021%20FINAL.PDF.

② https://www.highnorthnews.com/en/russia-elevates-importance-northern-fleet-upgrading-it-military-district-status，最后访问日期：2021年10月20日。

③ https://thebarentsobserver.com/en/security/2021/03/three-russian-nuclear-ballistic-missile-subs-broke-through-ice-north-pole，最后访问日期：2021年9月23日。

④ http://polaroceanportal.com/article/3688，最后访问日期：2021年10月13日。

障。包括建造行政楼和居民楼、临时机场等设施。总体而言，俄罗斯 2021 年计划为俄罗斯北方舰队建造 147 座建筑和设施。[①]

除美俄两个军事大国以外，其他北极国家在军事部署上也有行动。冰岛新北极政策较为明显的变化在于对北极安全问题的立场。2011 年冰岛北极政策中坚决反对北极军事化的立场已有所松动，虽然冰岛在新的北极政策中仍然坚持“反对军事化”，但并未将维护安全的手段限制在民用领域，而是提出要加强与北欧国家和北约的合作。

丹麦外交部于 2020 年 7 月 10 日向议会提交的声明中展示了新版北极政策将考虑的重要内容。[②] 声明提到，新北极政策的意图与之前的政策保持一致，为丹麦、格陵兰和法罗群岛在区域和国际北极合作中联手制定全面和长期的愿景。北极的长期发展应继续以《伊卢利萨特宣言》的原则为基础，包括通过谈判和国际法锚定并解决北极地区的任何分歧和重叠的大陆架主张。鉴于丹麦与加拿大、俄罗斯的北极大陆架重叠问题仍未谈判妥善，[③] 预计即将更新的丹麦北极政策可能会重申其主权主张，并进一步通过加强与格陵兰岛和法罗群岛的联系，强化自身在北极事务中的地位及相关北极大陆架主张的依据。

芬兰政府 2021 年的国防报告集中讨论了包括网络防御及保持空间态势感知在内的新挑战。此外，芬兰政府计划对武装部队进行内部重组，同时取消地区部队，军事人员的数量将在 10 年后增加 500 人。[④] 该报告强调了芬兰国防“紧张和不可预测”的状态及作战环境的变化。芬兰军事参谋部总干事埃萨·普尔基宁（Esa Pulkkinen）在记者招待会上表示，大国之间的竞

---

① TASS，“Russia's Top Brass Improving Troop Stationing System in Arctic，”最后访问日期：2021 年 10 月 17 日。

② 丹麦外交部：《关于北极合作的声明》，丹麦《国民报》2020 年 7 月 10 日，https://www.ft.dk/ripdf/samling/20201/redegoerelse/R3/20201_R3.pdf，最后访问日期：2022 年 5 月 11 日。

③ 丹麦在 2009~2014 年向联合国大陆架界限委员会提交了 5 个区域的大陆架划界案，包括 2 个法罗群岛区域和 3 个格陵兰区域。

④ “Finland Defense Report Focuses on Cybersecurity，Significance of the Arctic”.

争已经加剧了芬兰周边地区的紧张局势，这反过来也影响了芬兰等小国的地位。

（二）俄乌冲突对北极局势的影响

俄乌冲突对北极地区的影响主要体现在三个方面。

第一，动摇北极国际合作基础。北极八国于 1996 年成立的北极理事会，是冷战后北极国际合作的典范，也是当前北极治理中最重要的区域性机制安排。20 多年来，任凭国际形势风云变幻，八国在北极理事会框架下维持基本团结，推动了北极科学研究、环境保护、可持续发展等合作。但俄乌冲突爆发后，“北极例外论”很快被打破。由于俄罗斯正担任北极理事会轮值主席国，七国将不会赴俄参会，并暂停参加北极理事会及其附属机构的所有会议。紧接着，北极经济理事会执委会召开特别会议，投票赞成谴责俄罗斯，决定将年度大会从圣彼得堡转至线上。北欧部长理事会、波罗的海国家理事会等次区域合作机制宣布暂停与俄合作，俄罗斯则主动退出了“北方维度”和巴伦支欧洲-北极理事会这两个对欧北极合作平台。鉴于北极治理的复杂性及俄罗斯在其中的重要性，俄不大可能被北极理事会等“开除会籍”，其他七国也很难绕过俄和既有治理机制“另起炉灶”。待俄乌局势趋缓或 2023 年 5 月挪威接任北极理事会轮值主席国后，各方应该会商讨出办法，使北极国际合作特别是“低政治”领域的合作有所改善。

第二，冲击北极经济开发进程。21 世纪初以来，全球气候变暖使北极地区的经济价值日益显现，北极进入“开发时代”。作为领土面积最大的北极国家，俄罗斯高度重视北极的战略潜力，近年来出台了一系列政策文件，大力推动北极能源、航道等开发进程。俄乌冲突爆发后，西方国家对俄罗斯发动前所未有的制裁，制裁手段以经济打击为主，使俄北极经济开发遭受挫折。随着西方国家积极寻求对俄能源替代，挪威、加拿大等国北极能源开发的重要性有望得到提升，未来北极能源开发可能呈现“东方不亮西方亮”的局面。

第三，加剧北极气候环境压力。应对气候变化、保护生态环境是北极治理的底色，也是世界各国面临的共同问题。俄乌冲突爆发后，北极国际合作遭遇空前阻力，西方国家与俄罗斯在北极气候环境领域的科研合作也难幸免，连美俄科研人员共同研究北极熊的年度计划都被叫停。与此同时，俄乌冲突本身的资源消耗及西方国家对俄制裁的一些外溢效应，导致碳排放量增加，北极气候环境治理进一步承压。具体看，为制裁俄罗斯，很多欧洲国家宣布停止从俄进口石油和天然气，又一时找不到替代途径，因而陷入“断气”危机。面对巨大的能源缺口，德国、法国等不得不延长煤炭的使用期，重启燃煤电厂或提高燃煤发电量，进而影响欧洲的退煤路线图和碳减排目标。但从长期看，俄乌冲突让欧洲国家进一步思考能源安全、能源转型问题，促使其为寻求能源独立更加坚定发展清洁能源的决心，加快能源结构转型的步伐。这对北极气候环境治理具有一定积极意义，不过我们也必须认识到，能源转型升级并非易事，推动碳减排依然任重道远。

四 结语

俄乌冲突后西方国家对俄罗斯各项制裁和脱钩措施是引发北极形势波动的直接原因。俄乌冲突引发北极理事会面临停摆局面，西方对俄经济制裁逐步辐射至经济领域。北极并非俄乌冲突主要区域，但使北极治理机制面临危机，北极地区科学活动尤其是科学合作受到不利影响，北极经济领域的开发合作也受到波及。

从更长远的视角来看，俄乌冲突及其给北极合作带来的负面影响终将是一时的，而人类社会所面临的气候变化及其给北极地区乃至整个地球所带来的挑战才是更为根本性的问题，应对北极气候变化的挑战需要国际社会所有利益攸关方的共同行动。挑战往往伴随着机遇，气候变暖既为北极地区带来资源开发与利用的机会，也为国际社会提供了合作共赢的机会。即使在当前地缘政治议题日益回归北极议程的背景下，基于北极问题的特性和北极治理的需求，国际合作是应对北极地区挑战的唯一出路，北极合作与对话将在波折中持续前行。

国别与区域篇

Country and Region

B.2

格陵兰资源投资开发与经济发展布局新动向*

刘惠荣　毛政凯**

摘　要： 丰富的资源、重要的战略位置使格陵兰始终被视为北极地区重要的热点区域之一。《格陵兰自治法》生效后，格陵兰不断谋求经济自主发展。2021年格陵兰新政府上台后实施的一系列经济政策展现了追求环境、经济双重效益的稳步发展的理念，更加强调经济发展的多样性与可持续性发展能力以摆脱过去单一经济的限制，同时积极促进外部资本力量的注入，与欧美的关系在原有合作的基础上进一步加强，并且在国际社会中努力提升自己的存在感与影响力。

* 本文为国家自然科学基金项目“海上划界和北极航线专用海图及其法理应用研究”（41971416）的阶段性成果。

** 刘惠荣，中国海洋大学海洋发展研究院高级研究员，法学院教授，博士生导师；毛政凯，中国海洋大学法学院国际法专业硕士研究生。

关键词： 格陵兰　矿产开采　经济合作

格陵兰岛是世界上最大的岛屿，其4/5的面积位于北极圈以北的地区，超过80%的土地被冰盖覆盖。随着全球变暖，格陵兰岛冰盖融化，其丰富的未开发稀土矿产资源展现在世人面前，加之其重要的北极战略位置，虽然格陵兰岛上居民不到5.7万人，但其一举一动吸引着世界各国的目光。20世纪后期，丹麦议会投票通过《格陵兰内部自治法案》，并于1979年1月以73%的支持率在格陵兰的全民公投中获得通过，格陵兰在寻求独立的进程中迈出具有实质意义的一步。2009年标志着格陵兰正式自治的《格陵兰自治法》生效，目前在外交与国防方面，丹麦中央政府仍具有决定权，但是格陵兰拥有了金融监督与审计权、自然资源管理权、司法权、矿产资源开发权等一系列权利。而这些权利的拥有，也势必将给格陵兰带来更多的经济自主发展空间。2021年4月6日格陵兰进行议会大选，因纽特人共同体党（Inuit Ataqatigiit，以下简称IA党）以36.6%的得票率战胜了获得29%选票的执政党前进党（Siumut）。获得大选胜利的IA党在科瓦内湾（Kvanefjeld）铀矿资源开发等方面的政策立场与前执政党截然不同，其上台后也表现出不同于以往的经济政策。本文将在总结格陵兰新政府进行的一系列经济活动的基础上，分析格陵兰资源投资开发以及经济发展布局的新动向。

一　格陵兰近期开展的相关经济活动

（一）关于矿业开采的相关活动

1. 稀土与铀矿开采相关活动

在2021年4月格陵兰议会大选中，选民对是否允许大型稀土和铀矿项目运行这一问题特别关注，这一问题对参选政党竞选成败起到决定性的影响。最终推行环保政策、主张暂停铀矿开采的IA党获得了胜利。

IA 党的胜利同时也意味着格陵兰南部科瓦内湾的大型稀土开采项目的“流产”，因为这个项目区含有放射性元素铀。2021 年 7 月 2 日，格陵兰新政府开始对禁铀法案进行为期 1 个月的公开意见征求。该法案除了禁止开采铀矿外，还将禁止相关的可行性研究和勘探活动，并将这种禁止规定为获得运营许可证的前提。格陵兰新政府希望恢复所谓的零容忍政策，以实现其确保“格陵兰岛既不生产也不出口铀”的目标。当然重新实施这项禁令也将有助于该政府实现其当初的选举承诺之一：停止科瓦内湾的采矿项目。[①] 2007 年以来，科瓦内湾的采矿项目由澳大利亚矿业公司格陵兰矿产公司（Greenland Minerals）运营，该项目位于南部城镇纳萨克（Narsaq）附近。该矿含有稀土等稀缺矿物资源，堪称世界上最大的稀土矿藏之一，但同时也含有大量的放射性元素铀，因而导致当地人的抵制。他们担心，如果进行开采，可能会损害格陵兰当地原本脆弱的生存环境。

2021 年 9 月 17 日，格陵兰新一届政府对外正式宣称，“计划通过地方性法规的形式禁止铀、钍等稀缺矿物资源的开采，并准备叫停科瓦内湾矿的开发”。2021 年 11 月 8 日格陵兰通过了新法令，禁止铀品位超过 100PPM（0.001%）的矿产项目开发，但如果铀品位低于这个水平，矿业项目的调查、勘探和开发则不受影响。此项法令的通过使来自澳大利亚的格陵兰矿产公司的科瓦内湾项目陷入困境，因为该项目铀含量远远超过 100PPM。[②]

另外，格陵兰已与欧盟签署了价值数十亿欧元的协议，以推动采矿项目，并加入欧洲原材料联盟（European Raw Materials Alliance，ERMA）。这些项目将帮助欧盟获得 30 种战略原材料的供应。欧盟尤其希望尽快获得该岛的稀土资源，因为稀土是大多数现代科技所必需的一种矿物。欧盟希望通过在格陵兰岛开采稀土来减少对中国稀土的依赖，根据欧盟的预测，到 2050 年欧盟对稀土的需求将增长 10 倍。欧盟专员蒂埃里·布雷顿表示：

---

① “Greenland Government Ready to Outlaw Uranium Mining,” https://www.arctictoday.com/greenland-government-ready-to-outlaw-uranium-mining/.

② 《格陵兰低铀含量稀土矿不受禁令影响》，http://geoglobal.mnr.gov.cn/zx/kczygl/zcdt/202111/t20211119_8141118.htm。

“我们不能完全依赖某一国家。通过第三国的稀土供应多样化，以及欧盟自身的稀土开采、加工、回收、提炼和分离能力的发展，我们可以变得更具复原力和可持续性。”[①] 同时，通过加入欧洲原材料联盟，格陵兰自治政府也对外表明格陵兰是一个支持矿产资源开采的地区，格陵兰自治政府新任资源部部长纳贾·纳撒尼尔森（Naaja Nathanielsen）在宣布这一举措的声明中说道：“政府把采矿业放在了高度优先的位置。因为发展采矿业有助于格陵兰经济多样化，造福格陵兰人民。”当然，新政府优先发展采矿业有一定的限制条件，那就是坚决反对开采铀和其他放射性材料。

2. 其他矿产资源开采相关活动

格陵兰在禁止铀矿开发的同时，积极推动其他采矿项目的发展，并采取一系列促进政策。格陵兰自治政府表示，格陵兰人民普遍反对涉及铀的采矿项目，但是他们也表达了对采矿业的支持——只要不涉及铀和相关风险。为防止该行业的矿业公司将新政府反对铀矿的开发政策误认为是禁止整个采矿行业，2021 年 5 月，纳贾·纳撒尼尔森特别解释了格陵兰自治政府的禁铀政策，指出新任政府与前任政府在采矿上的唯一区别是禁止铀矿，并承诺将遵守其前任政府通过的采矿战略以消除人们的担忧。[②]

正像纳贾·纳撒尼尔森所说的那样，新政府确实没有反对整个采矿行业。格陵兰其他矿产资源的勘探和开发特别是低环境风险的采矿项目正在如火如荼地进行着。2021 年 9 月 15 日，格陵兰资源公司宣布，在夏季进行的可行性研究规划和环境基线研究已按计划和预算于 8 月 31 日顺利结束。[③] 格陵兰资源公司目前正专注于开发位于格陵兰中东部的世界级 Climax 型纯钼矿床，而可行性研究规划的完成，也意味着下一步钼矿的开采即将进行。此外，不少采矿公司也纷纷将投资目光转向格陵兰，如 KoBold Metals 勘探

① “Greenland Joins EU Minerals Group,” https://www.arctictoday.com/greenland-joins-eu-minerals-group/.

② “Greenland Government Ready to Outlaw Uranium Mining,” https://www.arctictoday.com/greenland-government-ready-to-outlaw-uranium-mining/.

③ “Greenland Resources Commences Feasibility Study Field Program,” https://www.arctictoday.com/arctic_business/greenland-resources-commences-feasibility-study-field-program/.

公司目前已与 Bluejay 矿产公司签署了一项协议，将在格陵兰岛利用人工智能寻找镍、铜、钴和铂等资源。[①] 这一系列正在积极进行中的非铀矿产资源的相关活动，也印证了格陵兰新政府仍然将采矿业放在经济发展的首要地位。

与此同时，为了积极促进格陵兰矿产资源的开发，确保开发进程，格陵兰自治政府通过开采许可证管理监督的方式清理“僵尸”企业，转而将开发项目交付给其他具有开发兴趣的企业。中国煤炭和铁矿石进口商俊安集团（General Nice）在 2015 年取代已经破产的伊苏亚铁矿项目前业主伦敦矿业公司（London Mining）获得该项目的许可证，该公司也是第一家获得格陵兰岛矿产开采权的中国公司。而在 2021 年 11 月 22 日，格陵兰自治政府宣称已撤销俊安集团在首府努克附近一座铁矿的开采许可证。格陵兰自治政府声称撤销其开采许可证的原因是该公司在该矿区没有开展任何活动，而且也没有按约定支付担保金。格陵兰资源部部长纳贾·纳撒尼尔森说：“我们不能接受许可证持有者一再拖延约定的最后期限。”[②]

作为环保党的 IA 党也格外重视采矿对气候和环境的影响，重视资源可持续利用。基于这方面的考虑，格陵兰自治政府决定停止发放格陵兰石油和天然气勘探的新许可证。格陵兰曾认为石油、天然气和其他矿产的开采将是其经济独立的解决之道，石油开采更是被视为实现经济独立的最快途径之一，并将推动其从丹麦获得政治独立。据丹麦和格陵兰岛地质调查局最近的一项研究估计，在格陵兰岛西海岸有 180 亿桶石油储量，此外，还有一个大型矿床可能隐藏在格陵兰东海岸的海底之下。而停止发放开采许可证的决定标志着格陵兰的一个重大转变——以可再生能源代替化石燃料。纳贾·纳撒尼尔森表示：“我们国家应当专注于可持续发展，例如可再生能源的潜力，

① “A Billionaire-backed Mining Firm will Look for EV Metals in Greenland,” https://www.arctictoday.com/a-billionaire-backed-mining-firm-will-look-for-ev-metals-in-greenland/”.

② “Greenland Strips Chinese Mining Firm of License for Iron Ore Deposit,” https://www.arctictoday.com/greenland-strips-chinese-mining-firm-of-license-for-iron-ore-deposit/.

而石油勘探和开采对环境的影响太大了，我们用来维持石油工业梦想的资源可以更好地用于促进其他类型的经济活动。”农业、能源和环境部部长卡利斯塔·伦德指出：“格陵兰自治政府非常重视气候变化，我们准备为应对气候变化的全球解决方案做出贡献。格陵兰自治政府正在努力为我们无法单独开发的大型水电项目吸引新的投资。停止新的石油勘探的决定将有助于使格陵兰成为认真对待可持续投资的国家。”① 目前，格陵兰 82%的能源需求主要依靠石油，为平衡好停止发放新的石油勘探开采许可证带来的能源不足问题，格陵兰立法机构已经批准了建设第六座水电站，并扩建现有设施，以使格陵兰 90%的电力来自可再生能源。② 此外，格陵兰自治政府首次批准了英国公司 Skyfire 的矿产勘探许可申请。这一批准是史无前例的，因为 Skyfire 公司打算在东格陵兰的许可区域进行工业气体（Industrial gasses）的勘探，而此前格陵兰从来没有批准过任何工业气体的勘探许可。这与格陵兰自治政府停止所有油气勘探的决定并不矛盾，原因之一是工业气体和碳氢化合物不一样。碳氢化合物由埋藏在地下深处的有机物（藻类和植物残骸）组成，几百万年来一直受到温度波动的影响。相比之下，工业气体来源于地壳中发生的无机过程，既不含有机物也不含碳。同时工业气体勘探将作为矿产勘探来管理，与其他勘探许可证相比，矿产许可和安全管理局将拥有更大的权限来执行工业气体勘探实际操作的特殊条款。③

（二）关于渔业发展的相关活动

渔业是格陵兰最为传统的产业之一，几十年来格陵兰的经济一直依赖于渔业的出口。然而 2021 年格陵兰的鱼类产品出口比上年下降了近 5 亿丹麦

---

① “Greenland Halts New Oil Exploration,” https://naalakkersuisut.gl/en/Naalakkersuisut/News/2021/07/1507_oliestop.

② “Greenland Approves two Hydroelectric Projects,” https://www.arctictoday.com/greenland-approves-two-hydroelectric-projects/.

③ “The Government of Greenland Approves Two Applications for New Pioneering Licenses to Explore Industrial Gasses,” https://naalakkersuisut.gl/en/Naalakkersuisut/News/2021/12/1512_industrigasser.

克朗。格陵兰的出口产品主要是鱼和虾，根据格陵兰统计局的数据，2021年格陵兰鱼类产品出口值为44亿丹麦克朗，与2020年相比，鱼类产品出口值下降4.59亿丹麦克朗，同比下降9.4%，而与出口值超过50亿丹麦克朗的2019年相比，下降幅度更大。2021年虾类产品出口值下降了6.3%，鳕鱼出口值也下降了14.5%。[①] 虽然渔业经济收入下降主要是因为市场价格下降（虾类价格平均每公斤下降5.8%，鳕鱼价格平均每公斤下降12.9%），但是气候变化和渔产品数量的减少给格陵兰渔业带来的影响也不言而喻。

目前格陵兰正在积极同其他国家开展渔业合作，以稳固其支柱性产业——渔业的发展，保持国民收入的基本稳定。根据与欧盟最新签订的为期4年的渔业协议，格陵兰除了获得海外国家和地区补贴外，每年还可获得2000万欧元的订单，并可免税进入欧盟14万亿欧元的内部市场。同时，格陵兰也正在与英国启动新自由贸易协定的谈判，该自由贸易协定旨在恢复两国在英国脱离欧盟时失去的双边贸易框架。而英国是格陵兰最重要的熟虾和去皮虾市场，也是鳕鱼片和其他鱼类产品的重要市场。格陵兰签订新自由贸易协定的目的是希望英国减少或免除对格陵兰海鲜产品的关税。[②]

（三）关于旅游业发展的相关活动

旅游业是格陵兰正在大力发展的产业，也将成为格陵兰未来主要的新兴产业。快捷便利的交通是吸引游客、促进旅游业发展的重要先决条件，也是旅游地社会经济发展的重要推动力。但是由于格陵兰交通基础设施匮乏、城镇公路辐射性较差、彼此之间连通不畅，再加之内陆交通多依靠航空运输，只有康克鲁斯瓦格机场达到了民航标准，[③] 格陵兰旅游的客流量并没有达到

---

① "Greenland's Fish Export Dropped Nearly Half a Billion in 2021," https://www.arctictoday.com/arctic_business/greenlands-fish-export-dropped-nearly-half-a-billion-in-2021/.

② "Grønland og UK påbegynder forhandlinger om en frihandelsaftale," https://naalakkersuisut.gl/da/Naalakkersuisut/Nyheder/2022/01/2701_GL_UK_forhandlinger.

③ 史泽华、周嘉媛：《中国-格陵兰经济合作与“冰上丝绸之路”建设》，《东北亚经济研究》2020年第6期。

预期目标。为提升交通枢纽运转效率，进一步带动旅游业的发展，2018 年 11 月 15 日格陵兰议会投票通过了一项决定，将斥资 21 亿丹麦克朗用于改善 2 个现有机场和新建 1 个机场，新的机场位于 Qaqortoq，因为 Qaqortoq 是超半数赴格陵兰南部旅行者的最终目的地。目前，该项目资金已于 2021 年 12 月初获得发放。这 3 个项目的实施将有力地拓展这个世界上最大的岛屿的旅游业市场。格陵兰旅游部门主管哈尔图尔・斯马拉松表示："从短期来看，疫情对格陵兰岛的旅游业来说是可怕的，但从长期来看，我认为这对我们的岛屿来说可能是非常积极的，旅游模式表明，人们对乡村目的地的需求有所增加，尤其对于寻求冒险、自然和传统文化体验的旅行者。"卡拉利特机场首席执行官延斯・劳里德森说："格陵兰计划以可持续的方式发展旅游业，注重价值而不是数量。在新冠肺炎疫情发生之前，格陵兰每年约有 10 万名游客。这意味着与许多目的地相比，我们的起点相对较低，因此我们可以以国家能够承受的方式发展。我们正在努力确保必要的旅游基础设施到位，以应对任何增加的需求，并与旅游运营商一起开展相关教育活动，以突出格陵兰旅游市场的潜力。"①

另外，劳动力短缺也是制约格陵兰经济发展的重要因素。虽然是世界上最大的岛屿，格陵兰岛人口总数却不到 5.7 万人，人口增长率仅为 0.16%，人口密度仅为每平方公里 0.026 人，② 总就业人数甚至仅约 2.5 万人。为解决劳动力不足的问题，格陵兰开始实施"快速通道计划"，从 2021 年 9 月 24 日开始，属于劳动力短缺性质行业的格陵兰相关企业将获得雇佣外国工人的资格，并可以使雇员提前至获得工作许可证之前开始工作。而通常情况下，非北欧国家公民的雇员获批一张工作许可证至少需要 3 个月的时间，因此这一激励计划的实施将大大缩短劳动力引进的程序与时间。格陵兰社会事务和劳工部部长米米・卡尔森说："一旦该计划生效，企业将能够更快地招

---

① "Greenland Eyes Tourists From North America and Europe," https://www.arctictoday.com/arctic_business/greenland-eyes-tourists-from-north-america-and-europe/.

② "Greenland Population 2021" (Live), https://worldpopulationreview.com/countries/greenland-population.

聘员工。”该“快速通道计划”的最大受益者很可能是建筑业。据格陵兰就业部称，预计许可利用该计划的行业还将包括旅游业和矿业。[①]

二 格陵兰经济发展态势分析

（一）矿业投资环境与制度供给

1. 主要矿业法律政策

格陵兰岛蕴藏着丰富的矿产资源，采矿业是格陵兰的支柱产业。由于《格陵兰自治法》的实施，原本约占格陵兰自治政府财政收入60%的丹麦中央政府补助将随着自治权向格陵兰自治政府的移交而逐渐减少。采矿业在格陵兰未来经济发展中的重要性将不断提升。为了采矿业的可持续发展，2010年1月1日颁布实施了《格陵兰矿产资源法》，这是格陵兰采矿业的根基性法律。该法通过授予矿产许可证的方式调控采矿业发展，确保采矿活动的安全、健康和可持续，并符合国际最佳开采活动的要求。该法主要规定：矿产资源主管部门的职责与权力；主要矿业权形式、期限、矿权人资质条件、授予矿业权的条件和要求，以及开采相关环境影响评估等问题。《格陵兰矿产资源法》主要确立了三种矿产许可证形式：普查许可证；勘探许可证；开发许可证。2011年1月，格陵兰自治政府正式出台了《BMP指南——为在格陵兰的矿产开发而制作环境影响评估报告》第2版，旨在强化采矿业活动的环境保护和监督指导工作。

2. 格陵兰矿产投资开发的优势与挑战

格陵兰成矿地质条件优越，矿产资源丰富，矿产资源开发程度较低且开发潜力巨大。经过几十年的勘查工作，格陵兰地区已查明多种矿产资源，包括镍、铅、锌、金等矿产，以及铀、石油、稀土等。作为目前格陵兰最大的

---

① “A New ‘Fast-track’ Scheme Will Make It Easier for Greenland Firms to Hire Foreign Labor,” https://www.arctictoday.com/a-new-fast-track-scheme-will-make-it-easier-for-greenland-firms-to-hire-foreign-labor/.

稀土矿，科瓦内湾稀土矿的探明储量为172万吨，控制储量为342万吨，推断储量为600万吨，是世界上第二大的稀土矿富集地。格陵兰地质调查局结合格陵兰的地质条件和矿床资料，将格陵兰矿床划分为铁、金、锌铅、铅锌、硫化物型铜-镍、铜-金、铌-钽-稀土和金刚石八大类型。据《丹麦王国北极战略（2011—2020）》中的相关数据，在短期内，格陵兰矿产资源潜力评估大的矿种有铌、铂族、稀土和钽等（见表1）；在长期内，格陵兰矿产资源潜力评估大的矿种有铁、钼、钒、钛和铜等。格陵兰各主要矿种潜力等级评估（Rating of resource）状况见表2。[①]

表1　格陵兰矿产资源潜力（短期）

矿产	区域	资源(潜力)评级
锑	东格陵兰	中
铍	南格陵兰	低
萤石	东格陵兰	低
镓	东格陵兰	中
石墨	西格陵兰和东格陵兰	中
铌	南格陵兰	大
铂族	西格陵兰和东格陵兰	大
稀土	南格陵兰	大
钽	南格陵兰	大
钨	东格陵兰	中

资料来源：Denmark，Greenland and the Faroe Islands：Kingdom of Denmark Strategy for the Arctic 2011-2020。

由于本土劳动力资源极其短缺，格陵兰自治政府在劳动力政策上开放了国际劳动力的限制，同意大比例使用国际劳动力，并且格陵兰新政府颁布的劳动力“快速通道计划”使格陵兰能够更为快捷地引进国际劳动力。因此，灵活的劳动力政策使格陵兰相比其他对国际劳动力设置高门槛的国家更具吸引力，吸引劳动力的范围也更为广泛。

① 何金祥：《格陵兰矿业投资环境》，《国土资源情报》2013年第3期。

表 2　格陵兰能成为关键矿产的矿产资源潜力（长期）

矿产	区域	资源(潜力)评级
锌	南格陵兰、西格陵兰、北格陵兰	中
镍	东格陵兰	中
铁	南格陵兰、西格陵兰、北格陵兰	大
铬	南格陵兰、西格陵兰	中
钼	东格陵兰	大
钒	南格陵兰、东格陵兰	大
钛	南格陵兰、东格陵兰	大
铜	北格陵兰、东格陵兰	大
铀	南格陵兰	中

资料来源：Denmark，Greenland and the Faroe Islands：Kingdom of Denmark Strategy for the Arctic 2011-2020。

然而格陵兰的矿产资源开发难度系数与其蕴藏价值成正比。首先，格陵兰属于北极高寒地区，自然环境恶劣，地面多冻土，最低温度能达-50℃。其次，格陵兰自身工业基础薄弱，开发过程中遇到的基础设施建设、采矿过程中的冰川管理等问题对格陵兰都是巨大的挑战，再加上自身实力无法支撑其制造大型的开采设备与基础设施，只能依靠从外国进口，并且格陵兰欠发达的交通运输更是加大了引进大型设备的难度与成本。再次，格陵兰劳动力人口严重不足，一方面岛内人口仅 5.7 万人左右，另一方面虽然格陵兰采取了较为灵活的劳动力引进策略，但是其恶劣的天气以及艰苦的作业环境着实劝退了不少国际劳动力。最后，格陵兰对于开发项目的环保审批、监管尤为严格。格陵兰人口稀少，人流量较少，环境受人类影响较小，多为原始状态，较为脆弱。一旦大型矿产开采项目进入格陵兰，产生的环境影响是不言而喻的，因此格陵兰历届政府都特别重视矿产开发中的环境保护。《格陵兰矿产资源法》也在环境保护方面对各种环境污染的预防措施以及生态物种的保护作出了严格的规定。而格陵兰新政府的环保倾向，使得采矿项目的开采环保批准难上加难，禁铀令更是直接叫停了铀品位超过 100PPM（0.001%）的矿产项目，这就使得格陵兰矿产的可开发市场严重缩水。

在矿产开发上，格陵兰新政府表现出限制高环境风险的开采、加大鼓励支持低环境风险的开采、通过可持续利用能源来代替不可再生能源、在矿产项目评估上将环境保护与可持续性发展的位置摆在经济效益前面，以及加大吸引外资企业与国际劳动力的倾向。总的来看，格陵兰的矿产开发虽然存在种种挑战，但是其背后的市场潜力仍蕴藏着丰厚的商业利润，格陵兰自治政府仍将经济独立寄托在矿业振兴上，格陵兰岛上低环境风险的矿业开采项目市场空间巨大。同时，像稀土这类战略性矿产资源的背后不仅仅是商业利润的争夺，更关乎国家利益的角逐。

（二）投资来源多元化与产业发展多样化，注重自身造血功能提升

1. 投资来源的多元化

在《格陵兰自治法》中，丹麦承诺每年向格陵兰自治政府提供 35 亿丹麦克朗的补贴，这一补贴约占格陵兰自治政府财政总收入的 60%。这项补助也将随着自治权向格陵兰自治政府的移交而逐渐减少，而格陵兰一旦脱离丹麦独立，就会整个失去丹麦政府的财政支持。因此为避免自己的经济过度依赖某个国家或联盟，格陵兰一直在寻找强大可靠的合作伙伴，寻求投资来源的多样化，以帮助其实现经济上的独立。从格陵兰新政府上台后的一系列外资的经济动向来看，显然格陵兰倾向于将合作伙伴定位在欧盟与美国上。

（1）来源于美国的经济投资

美国为了实现其北极霸权的野心，始终将格陵兰作为其北极布局的重要棋子。中国“冰上丝绸之路”倡议的提出，刺激原本就对格陵兰虎视眈眈的美国进一步提升了对格陵兰的重视程度。同样，对于渴求经济独立的格陵兰来说，急需稳定强大的合作伙伴，因此格陵兰也在积极寻求与美国的合作。2020 年美国驻丹麦大使宣布了一项美国对格陵兰的一揽子援助计划。[①] 根据这项计划，美国将向格陵兰提供 1210 万美元的经济支持，大部分援助

① “The US Aid Package to Greenland Marks a New Chapter in a Long, Complex Relationship,” https: //www. arctictoday. com/the-us-aid-package-to-greenland-is-a-new-chapter-in-a-long-complex-relationship/.

将以咨询和顾问服务的形式提供，并惠及格陵兰矿业、旅游业和教育业。2021 年 9 月 15 日，格陵兰表示其已同意与美国达成一项新的经济援助计划，此计划旨在加强美国与格陵兰的联系，并增强美国在北极的军事存在。美国国际开发署（USAID）宣布了一项价值 1000 万美元的援助计划，同样将其用于发展格陵兰的矿业、旅游业和教育业。格陵兰工业和外交部部长贝利·布罗伯格（Pele Broberg）在首府努克接受路透社记者的采访时表示："这不是一个很大的数目，但具有非常重要的象征意义。"格陵兰一个支持独立的小党派成员说："拒绝铀矿开采会产生一些连锁反应，但我们认为还有其他领域可以开发，这是我们将和美国人一起研究的问题。然而，一些人认为格陵兰岛与丹麦的关系将成为经济发展的障碍。我们没有得到丹麦的支持，我们需要有能力去蓬勃发展。所以现在我们在没有丹麦支持的情况下尝试走自己的路，并从小处开始着手。"①

2021 年 12 月 7 日，澳大利亚矿业公司 Ironbark 高兴地宣布，属于美国投资银行之一的美国进出口银行（Export-Import Bank of the United States），已正式确认有兴趣对位于格陵兰岛东北部偏远地区的希特伦峡湾（Citronen Fjord）的一座大型锌矿投资约 6.57 亿美元。根据 Ironbark 公司的声明，美国进出口银行的投资将为整个希特伦峡湾的矿产项目提供资金支持。此外，这将有效地扼杀 Ironbark 公司之前让中国国有控股的矿业巨头中国有色矿业集团（China Nonferrous Metal Mining Group）为该项目提供融资的意图。尽管对锌的需求日益减少，但镀锌铁等产品对于美国而言仍然至关重要，因此锌被列入美国的战略矿产清单。接下来美国与格陵兰合作开采的资源很可能是格陵兰岛大量的稀土矿藏，稀土对美国的军工业具有特别重要的意义。2019 年 7 月特朗普总统向国防部部长发布了一份总统备忘录，说美国国内稀土的生产已经不足以确保美国的供应，必须寻求外国来源。2021 年 12 月，拜登发布了自己的总统备忘录，与特朗普的总统备忘录一样，重点关注

① "The US Extends a New Economic Aid Package to Greenland," https://www.arctictoday.com/the-us-extends-a-new-economic-aid-package-to-greenland/.

稀土，拜登写道“稀土不足将严重损害国防能力”。因此，格陵兰岛的稀土矿藏很可能仍在华盛顿的规划者和战略家的雷达上闪闪发光。①

尽管在渔业贸易等方面美国市场只被视为欧洲和东亚市场的潜在补充，但是格陵兰也在寻求与美国达成自由贸易协定。格陵兰希望与美国形成更加牢固的关系以减少阻碍两方贸易的规定，如降低关税，将鱼类从格陵兰岛直接运送到美国而不是像现在这样需要通过冰岛或者欧洲再进行转运。② 2021年美国国务卿布林肯访问格陵兰时表示，除了开设领事馆外，美国和格陵兰在前总统唐纳德·特朗普执政期间的关系有所扩大，在教育、贸易和投资、科学、矿产、能源和经济增长等方面达成了协议。随着格陵兰和美国之间关系的加深，未来几年它们将会达成更多此类协议。③

（2）来源于欧盟的经济投资

今天的格陵兰虽然已退出欧盟的前身——欧共体，却与欧盟始终保持着紧密的经济合作关系。一方面，格陵兰属于欧盟的域外国家和领土（OCT）④，有从欧盟的一般预算中获得资金的资格。另一方面，根据欧盟与格陵兰签署的《渔业伙伴关系协定》，格陵兰可以向欧盟国家出口渔业产品，并获得欧盟为协定成员国渔业的可持续性发展所提供的经济和技术支援，同时，作为回报，欧盟的渔船可以进入格陵兰水域捕鱼。

2021年，格陵兰自治政府与欧盟签订了新的协议，将获得欧盟“海外战略前哨”建设资金的半数。目前欧盟各国外长已经批准对格陵兰为期7年、价值2.25亿欧元（合2.6亿美元）的援助计划，这笔资金来自欧盟向域外国家和领土提供的5亿欧元计划。格陵兰自治政府表示，这些资金将主

① “A Year into Biden's Presidency, U.S. Military Plans for Greenland Remain Unclear,” https://www.arctictoday.com/a-year-into-bidens-presidency-u-s-military-plans-for-greenland-remain-unclear/.

② “Greenland is Seeking a Free Trade Agreement with the US,” https://www.arctictoday.com/greenland-is-seeking-a-free-trade-agreement-with-the-us/.

③ “Blinken's Stop-over in Greenland Highlights Its Importance to the US,” https://www.arctictoday.com/a-blinken-stop-over-in-greenland-highlights-its-importance-to-the-us/.

④ OCT：欧盟将一大批虽不属于欧盟正式成员，但对欧盟有重要意义的国家和地区，称为欧盟的域外国家和领土（Overseas Countries and Territories）。

要用于改善本国的教育体系。除教育外，格陵兰还将把10%的资金用于促进生物多样性、可再生能源开发和气候研究的“绿色增长”计划。格陵兰和欧盟多次签订多年合作协议，根据协议内容，格陵兰已经接受过欧盟资助。最近的一次是从2014年到2020年，格陵兰共接受了价值2.2亿欧元的资助用于教育项目。格陵兰自治政府表示，这笔款项的规模凸显了格陵兰与欧盟之间“极其特殊”的关系，欧盟与格陵兰达成的协议是“多年”谈判的结果，该协议签订之时，欧盟也正寻求在该地区发挥更加积极的作用。①

2. 产业发展多样化

过去的格陵兰受制于气候环境的影响，经济结构单一，在经济上高度依赖丹麦政府的拨款，然而随着格陵兰独立进程的发展，来源于丹麦的补助也越来越难以满足其需求，因此格陵兰也愈发注重自身造血功能的提升，努力实现其经济发展的多元化。

作为一个资源先天条件极为优渥的地区，矿业开发一直以来被格陵兰视为寻求经济独立的重要途径，并且近年来，为加速其矿业经济发展，格陵兰自治政府也投放了更多的矿产资源勘查和开发权。随着IA党的上台，格陵兰对于矿业开发的态度从积极勘探开采的进取倾向转为更加注重环境效益的保守倾向。禁铀令的发布使得2013年废除该禁令的主要受益者的矿业项目几乎不可能获得批准。尤其是科瓦内湾的大型稀土开采项目——科瓦内湾是世界第二大稀土矿和第六大铀矿所在地——于2021年获得初步批准，本有望在前任政府的领导下获得最终批准。根据格陵兰能源公司的计算，科瓦内湾矿业项目可在37年内为格陵兰创造15亿丹麦克朗的收入。② 矿业的开发对于格陵兰经济独立具有决定性作用，而禁铀令的实施以及以气候为由宣布停止的石油探勘项目将给格陵兰经济带来巨大的挑战。政府独立经济顾问小

① “Greenland is Set to Receive Half of EU Funding for ‘Overseas Strategic Outposts,” https://www.arctictoday.com/greenland-to-receive-half-of-eu-funding-for-overseas-strategic-outposts/.

② “Greenland Restores Uranium Ban—Likely Halting a Controversial Rare Earths Mine,” https://www.arctictoday.com/greenland-restores-uranium-ban-a-move-likely-to-halt-a-controversial-rare-earths-mine/.

组 ØkonomiskRåd 表示，在前几年里格陵兰的采矿活动稳步增长，2013 年以来，该岛有 2 座矿山开始运营，7 家矿产公司即将最终获准上线，颁布了 70 个勘探许可证，这些数字肯定会不断增长。现代电池和其他高科技设备所需金属需求增加，对格陵兰采矿业开发的需求也加大了。但是，即使在高需求时期，这种来源于政府更迭导致的政策变动风险也有吓跑矿业公司的风险。[①]

然而 IA 党反对该项目的理由是铀矿会对周边地区的渔业、旅游业造成污染。这也从侧面映射出格陵兰新政府追求多行业全面发展的理念。格陵兰新政府在强调环境保护的同时，并非不看重经济效益，而只是改变了单纯通过采矿业的快速发展来实现格陵兰经济独立的想法。采矿业仍然被格陵兰视为实现经济独立的最现实、最有希望的产业，格陵兰存在广泛的政治共识将采矿业发展为格陵兰的带头产业。[②] 为弥补限制某些高环境风险矿业开发项目带来的经济收入的损失，格陵兰新政府正在试图通过推动低环境风险矿业开发以及加大发展渔业、旅游业等环境友好型产业的发展，来打破传统单一性经济发展格局，追求经济发展的多样性以实现经济独立。

在渔业方面，格陵兰海岸线全长 3.5 万多千米，西南部受北大西洋暖流影响气候相对温和，附近海域中生活着大量海洋生物。渔业是格陵兰的支柱型产业，也是格陵兰国民的主要职业和收入来源，格陵兰的渔业产量几乎全部来自海域捕捞，其海产品出口额在格陵兰出口总额中占 93%。然而在全球变暖、水温升高导致鱼虾等水生生物迁移以及全球贸易的关税壁垒、价格下降等因素的影响下，2021 年格陵兰的渔业收入减少。作为格陵兰的经济支柱，渔业十分重要，它对推动格陵兰经济发展起着不可或缺的作用。为扭转渔业收入减少的情况，格陵兰自治政府一方面继续加大与其最重要的渔业伙伴欧盟的合作、接受其援助，包括大额的渔业订单与免税进入欧盟市场的政策支持；另一方面也在积极开拓其他国家的市场，寻求建立合作关系以降

① "Keep Mining Policy Consistent, Economists Tell Greenland's Leaders," https://www.arctictoday.com/keep-mining-policy-consistent-economists-tell-greenlands-leaders/.

② Government of Greenland, 2020. Greenland's Mineral Strategy 2020-2024.

低关税，提高渔业收入。

在旅游业方面，旅游业又称无烟工业，相比对居民生活造成困扰的采矿业，旅游业格外受到当地居民的欢迎，大力发展旅游业也成为格陵兰接下来经济发展的重要着力点。绚丽的北极光、“午夜太阳”照耀下的冰原、鲸鱼出海的美妙瞬间、狗拉雪橇的速度与激情，深深吸引着全世界旅游爱好者来到格陵兰。而旅游业的振兴，离不开便利的交通和旅游服务设施的建设。格陵兰通过 3 个机场项目的开展，来吸引外国航空公司进入格陵兰市场，增加航班数量从而增加客流量；为进一步提升格陵兰的旅游吸引力，格陵兰还引进了米其林两星级餐厅 KOKS 和伊卢利萨特的一家酒店，它们分别在 2022 年和 2023 年夏季搬迁到格陵兰。因此格陵兰自治政府在旅游业发展上会将目光投向机场的建设及相关旅游服务设施的引进。而主要目标市场将放在美国，尤其是美国东北部的华盛顿、纽约、波士顿和费城等城市，因为这些目标城市距离格陵兰大约只有 4 个小时的路程，格陵兰对美国游客来说将成为一个有吸引力的短途目的地。而繁荣的中国出境旅游市场对格陵兰而言同样是一块极具诱惑力的蛋糕，中国游客在格陵兰邻国冰岛的激增已经证实了中国出境旅游市场的巨大经济潜力，这也进一步激发了格陵兰对中国出境旅游市场的兴趣。

（三）注重国际交往合作，努力提升自身国际地位与存在感

格陵兰岛地处北冰洋和北大西洋交汇处，连通北极地区东北航道、西北航道和中央航道，处于重要的战略位置。而大量重要矿产资源的勘探发现及格陵兰经济独立欲望的增加，使得这一本身地缘政治就极为复杂的地区再一次成为各方角力的竞技场。

1. 与美国的合作关系进一步提升

近几年美国正在计划重返格陵兰，推动格陵兰成为其北极治理的前沿地区，而格陵兰自治政府也在积极利用这一时机。此前美国重新开放了其位于努克的领事馆，美国国务卿布林肯于 2021 年 5 月访问格陵兰并表示，其此行目的在于加强与“我们的北极伙伴格陵兰岛和丹麦”的外交关系。格陵

兰总理穆特·埃格德说，他相信未来 10 年将是美格关系新时代的开始。格陵兰自治政府也向美国提出双方签订自由贸易协定的计划，双方目前的互动前景是向好的。2019 年时任美国总统的特朗普提出购买格陵兰岛的想法，而这一想法似乎反映出，美国坚定地希望对抗俄罗斯在北极地区的军事集结。当特朗普宣布购买格陵兰岛的愿望时，他谈到了格陵兰岛底土中的战略矿产，美国似乎仍然对这一特殊优先事项有浓厚的兴趣。格陵兰与美国接下来的交往领域会进一步拓展，关系会进一步紧密。

2. 格陵兰与欧盟的关系非同寻常

格陵兰与欧盟之间有着三大支撑：一是欧盟的域外国家和领土（OCT）框架；二是《渔业伙伴关系协定》；三是 2015 年双方发布的《关于欧盟与格陵兰和丹麦政府之间关系的联合声明》。[①]

2021 年 11 月 5~13 日，欧洲联盟委员会官员访问了格陵兰，与格陵兰自治政府和其他利益攸关方进行了交流，并讨论欧洲联盟委员会近期在努克开设办事处的可能性，而这次访问是在欧盟决定与域外国家和领土建立全面伙伴关系之后进行的。访问期间，欧洲联盟委员会国际伙伴关系总局主席 Sylvie Millot 表示："我们对有机会在未来几年扩大与格陵兰已经广泛的伙伴关系感到兴奋。"[②] 因此，这也预示着双方即将建立全面伙伴关系，进入加强合作的新阶段。

3. 以"冰上丝绸之路"为契机吸引中国投资

在格陵兰自治政府执行积极的招商引资政策的背景下，近年来在海外投资迅猛的中国自然成为其青睐的对象，中国也将格陵兰视为"冰上丝绸之路"的重要节点。《中国的北极政策》白皮书中提出："中国愿依托北极航道的开发利用，与各方共建'冰上丝绸之路'。"[③] "冰上丝绸之路"也推动

---

① 朱刚毅：《复杂地缘政治背景下的中国—格陵兰合作》，《辽东学院学报（社会科学版）》2019 年第 5 期。

② "EU og Grønland styrker deres partnerskab," https://naalakkersuisut.gl/da/Naalakkersuisut/Nyheder/2021/11/1711_ partnerskab.

③ 国务院新闻办公室：《中国的北极政策》白皮书，http://www.scio.gov.cn/ztk/dtzt/37868/37869/37871/Document/1618207/1618207.htm。

了中国在能源开发、基础设施建设和文化交流等多个方面与格陵兰展开深入合作。早在 2014 年，格陵兰便想在中国设立代表处。2017 年时任格陵兰总理的金·基尔森（Kim Kielsen）和其他高级官员访问中国，讨论贸易和经济关系，使这一想法获得了新生。但是，因为雷克雅未克办事处被叫停，这一想法一直被搁置。2018 年，格陵兰第三个也是最新的一个驻外办事处雷克雅未克办事处开业。彼时，格陵兰在中国开设代表处的意图又产生了。2019 年 5 月格陵兰自治政府年度外交政策审查中，格陵兰表现出对与中国、日本和韩国建立外交关系的兴趣。当时，格陵兰表示，希望 2020 年在北京开设一个代表处，以促进其与这 3 个国家的商业、政治和文化联系。这些国家都是北极理事会的观察员，在参与北极地区事务方面均有完善的计划。2020 年 3 月 10 日格陵兰自治政府发表的一份声明称，立法者将在国民议会春季会议期间讨论长期在中国建立外交机构的计划，届时他们将会就是否应该在东亚开设一个“代表处”——一个事实上存在的大使馆——进行辩论。[①] 2021 年 11 月 18 日，格陵兰在中国正式设立了第一个代表处，该代表处主要致力于加强格陵兰与中国在贸易、旅游和文化等多个领域的双边关系。同时其还将作为与中国邻国（如韩国和日本）沟通的联络点。格陵兰自治政府驻华代表叶云龙表示：“我很高兴终于来到中国并设立格陵兰北京代表处。中国是一个历史悠久、文化深厚的国家，发展迅速。中国也是格陵兰岛在东亚最大的出口市场。我期待着建立新的伙伴关系，把格陵兰更丰富的一面带到中国。我们‘开门营业’并准备好工作。”[②]

4. 谋求更加积极、活跃的北极区域影响力

在积极开展国际交往、加强与个别国家的紧密关系的同时，格陵兰在国际社会尤其是在北极地区的国际组织中也不断增加其活跃度，正在努力提升自己的存在感和影响力。

---

① “Greenland lawmakers will consider opening an East Asia office,” https://www.arctictoday.com/greenland-lawmakers-will-consider-opening-east-asia-office/.

② 《格陵兰现在华设立代表处》，https://kina.um.dk/zh/news/greenland-now-represented-in-china。

北极理事会（Arctic Council）是由美国、加拿大、俄罗斯和北欧五国组成的政府间论坛，旨在保护北极地区环境，促进该地区经济、社会和福利等方面的持续发展。丹麦于2009年4月~2011年5月担任北极理事会轮值主席国，在此期间丹麦一方面努力确保北极理事会作为重要国际行为体的地位不被改变，另一方面确保格陵兰在向领土自治方向的发展过程中，丹麦不会退出北极舞台。[①] 丹麦着重推进气候外交与可持续发展，并在卸任北极理事会轮值主席国之后制定了一项适用于丹麦、格陵兰和法罗群岛的北极战略——《丹麦王国北极战略（2011—2020）》。该北极战略的优先领域和主要任务包括：在北极区域加强海上安全和行使主权；在北极区域开采矿产资源和寻找新的经济机会（主要在格陵兰岛），并使用可再生能源；了解气候变化的知识，科学管理北极环境；重视全球性合作，加强在北极理事会和“北极五国”中的合作。

因纽特人北极圈理事会（The Inuit Circumpolar Council，ICC）是一个代表北极地区大约18万名因纽特人的组织，在阿拉斯加、加拿大、格陵兰岛和俄罗斯楚科奇设有分部。北极经济理事会（The Arctic Economic Council，AEC）最初被设想为一个就商业问题向北极理事会提供咨询意见的实体，后来其职责演变为促进北方的商业往来活动并推动负责任的经济发展。因纽特人北极圈理事会格陵兰岛分部于2021年7月加入了北极经济理事会，称格陵兰岛的经济愿景与北极经济理事会对北方的负责任发展这一关注点非常契合。因纽特人北极圈理事会格陵兰岛分部的Kuupik V Kleist在一份新闻稿中说：“我们正在加入北极经济理事会，以确保北极人民的福祉和该地区的可持续经济发展。我们将该组织视为该地区可持续发展和负责任投资的指导机构。负责任的资源开发对于自治领土来说是一条充满希望的道路。我们希望北极经济理事会继续成为相关国家和地区的建设性合作伙伴，并希望理事会继续倡导北极地区急需的经济发展，特别是为原住民提供支持。”[②] 北极经

① 刘惠荣主编《北极地区发展报告（2014）》，社会科学文献出版社，2015，第130页。

② “ICC Greenland Joins the Arctic Economic Council，” https：//www.rcinet.ca/eye-on-the-arctic/2021/07/02/icc-greenland-joins-the-arctic-economic-council/.

济理事会主席麦斯·弗雷德里克森（Mads Qvist Frederiksen）说：“我很高兴因纽特人北极圈理事会格陵兰岛分部成为会员。这加强了我们在格陵兰岛的代表性，也推进了我们在该地区发展原住民企业的工作。与其考虑南北合作，我们不如更多地考虑整个北极地区。”① 因纽特人北极圈理事会格陵兰岛分部加入北极经济理事会向全世界发出一个重要的信息，说明了该地区需要什么样的经济发展，即格陵兰与其他北极地区一样经济单一，几乎完全依赖鱼类出口，这使格陵兰的经济变得脆弱，格陵兰岛迫切需要使其经济活动多样化。

同时在冰岛北极圈论坛大会上，格陵兰资源部部长纳贾·纳撒尼尔森强调：“进行建设性国际合作至关重要，我们需要国际合作，我们在与其他国家合作时是一个认真可靠和负责任的合作伙伴。我们感受到了全球对格陵兰的日益增长的关注，但是我们不想在没有我们的情况下谈论我们，格陵兰与北极是不可分割的两个实体，无论何时讨论北极，格陵兰都必须发挥核心作用。”② 并且在论坛上纳贾·纳撒尼尔森向欧盟、美国、加拿大、冰岛、英国，以及中国、韩国、日本均发出了更进一步合作的倡议。

格陵兰在国际社会中频刷存在感，并屡屡强调格陵兰之于北极、国际社会的重要性。其目的就是通过外交途径展现“准独立”身份，进一步减弱国际社会中将其视为丹麦附属领地的以往印象，同时传达出格陵兰对经济独立的渴望，以及吸引更多合作伙伴的诉求。这一系列动向，必将在国际社会中引发新一轮“格陵兰投资争夺战”，而矿产资源的勘探开采则可能成为近一段时期内各方势力在格陵兰最大的投资市场。

三　中国-格陵兰合作的对策建议

为加速其经济独立的过程，格陵兰正在全世界范围内寻找能够帮助其实

① “ICC Greenland Joins the Arctic Economic Council,” https://www.rcinet.ca/eye-on-the-arctic/2021/07/02/icc-greenland-joins-the-arctic-economic-council/.

② “The New Government of Greenland,” https://www.arcticcircle.org/assemblies/2021-arctic-circle-assembly#content-start.

现利益最大化的自由贸易的合作伙伴。作为新兴大国、世界第二大经济体的中国自然而然地成为格陵兰潜在的备选对象。中国是北极国家的主要投资者，也是北极活动的积极参与者。2012 年 7 月~2017 年 7 月，中国对北极特定项目的投资高达 890 亿美元。对格陵兰而言，中国的投资约占格陵兰 GDP 的 185%。[①] 2018 年 1 月，《中国的北极政策》白皮书的发布更是将中国在北极地区的投资及影响力的拓展推到了一个新的高度，其中明确将中国描述为“近北极国家”和“北极事务的重要利益相关方”。

格陵兰将中国视为能促进其实现经济独立的一种建设性力量，前格陵兰自治政府总理金·基尔森在 2017 年访华时表达了对获得中国投资的高度期望，基尔森在会见中国进出口银行高级官员时表示“我们应该在为未来投资寻求资金的背景下对中国进行访问”[②]，并对中国企业投资和游客旅游表示欢迎。近年来，在格陵兰丰富的资源和积极的招商政策吸引下，中国-格陵兰合作日益增多：2015 年格陵兰自治政府宣布由中国俊安集团接手伊苏亚铁矿项目，该项目是中国在格陵兰拥有完全开采权的第一个矿产资源工程；2016 年中国盛和资源公司购入格陵兰矿物能源公司 12.5%的股份，参与到了其拥有的科瓦内湾项目；2018 年 3 月，中国交通建设集团参与了格陵兰岛 3 个机场扩建项目的招标；同年 10 月，中国石油天然气集团公司和中国海洋石油总公司表示参与竞标 2021 年格陵兰陆上石油和天然气业务。此外，在渔业方面，作为世界海产品的主要消费国，中国海产品进口额正在稳步增长，预计到 2030 年中国海鲜消费量可能会超过国内生产量，而格陵兰最大的渔业企业——皇家格陵兰公司于 2015 年在中国建立了皇家格陵兰海鲜（青岛）有限公司，此后，其对中国的海产品出口额迅速增加。

虽然我国企业在格陵兰所占的比重相比其他国家而言并不算高，但中国

---

① “China is Seizing the Geopolitical Opportunities of the Melting Arctic,” https://thehill.com/opinion/international/357863-china-is-seizing-the-geopolitical-opportunities-of-the-melting-arctic.

② “China and Russia Battle for North Pole Supremacy,” https://asia.nikkei.com/Spotlight/Asia-Insight/China-and-Russia-battle-for-North-Pole-supremacy.

企业在格陵兰的投资经常引发西方国家的担忧，欧盟直接要求格陵兰限制中国进入格陵兰稀土市场，有的国家甚至不断试图蛊惑格陵兰自治政府，使其认为中国的投资将是对格陵兰的潜在威胁。虽然格陵兰自治政府仍表示“格陵兰向全世界的投资开放”①，但我们自身需要明确的是格陵兰是一个政治极为复杂的地区，格陵兰的独立问题也是一个极为敏感的问题，并且属于他国内政。中国在格陵兰的任何投资与商业合作都不应涉及政治问题。中国在格陵兰投资时需要格外谨慎，避免落入国际舆论的不利地位。

四　结语

从格陵兰新政府目前出台的政策和释放的信号来看，新政府虽然在经济发展方面的主张上与前任政府有所区别，更加注重环境效益与经济可持续性发展能力，但是争取格陵兰完全自治的总目标没有改变，并且始终作为总的指导精神贯彻于历任格陵兰自治政府的政策之中。因此格陵兰新政府的上台并不会导致格陵兰的各项政策发生根本性变化。对于格陵兰来说，实现经济独立是更进一步迈向主权国家地位的先决条件。未来，地处重要战略位置、掌握丰富资源的格陵兰势必摆脱不了成为美、欧、俄等国北极博弈重要舞台的命运，而格陵兰也可以利用大国之间的相互竞争与制约进行利益互换，以达成自身的目的，从大国博弈中获得更多政治、经济资源。格陵兰在北极地区具有独特而重要的利益，是全球经济发展的重要战略点，中国必须保持谨慎的态度，多维度衡量好自身的利益，审时度势地参与到这场博弈之中。

---

① Paula Briscoe, “Greenland-China's Foothold in Europe?” *Asia Unbound*, February 1, 2013, https://www.cfr.org/blog/paula-briscoe-greenland-chinas-foothold-europe.

B.3
美国拜登政府北极政策初探：内容、动因及挑战

李小宁　郭培清*

摘　要： 拜登上台后，美国北极政策发生新转向。拜登政府在有选择地继承前任特朗普政府北极政策的基础上，融入民主党关心议题，逐渐形成带有典型民主党价值观的北极战略。拜登政府聚焦政治、经济、军事多个维度，对特朗普政府时期的北极政策作出深度调整，包括北极相关政府机构与人事安排、北极战略优先事项、北极油气开发政策、北极地区基础设施建设四个方面。这些调整主要基于提升美国北极能力、重整联盟体系的迫切需要，以及建立应对气候变化全球领导者形象、推动改善美国北极地区发展状况的现实要求。然而，由于美国国内共和党及民主党温和派的反对意见，以及俄乌冲突引发的国际局势连锁效应，拜登政府北极政策的塑造和实施面临来自国内外的双重挑战。

关键词： 美国　北极政策　拜登　民主党

2021年1月拜登出任美国总统后，对特朗普政府时期的多项政策进行“纠偏”，使其符合民主党的价值体系和关注重点，并服务于美国新政府的全球战略布局。目前，拜登政府尚未公布专门的美国北极战略，但其在北极

---

* 李小宁，中国海洋大学国际事务与公共管理学院国际关系专业2021级硕士研究生；郭培清，中国海洋大学国际事务与公共管理学院教授、博士生导师，中国海洋大学海洋发展研究院高级研究员。

政策领域进行了多项调整和变动。通过对拜登政府在北极领域的机构调整、政策变动、观念变化进行梳理，分析拜登政府在北极政策转变中的战略考量，并在此基础上探究其在北极政策变动中面临的国内外挑战，将有助于把握拜登政府未来在北极问题上可能采取的政策取向、优先事项及其背后的原因。因此，本文将聚焦于美国拜登政府上台以来在北极问题上的政策新内容和新特点，分析其背后的推动因素及面临的潜在挑战。

一　拜登政府北极政策的新内容

从2021年美国的北极政策内容来看，拜登政府基本继承了特朗普政府北极政策的主要架构，继续坚持美国在北极地区的大国竞争和资源争夺的主导思想，着力增强美国的北极存在和影响力。但与前任政府相比，拜登政府目前的北极政策发生诸多新转变，这主要体现在北极相关政府机构与人事安排、北极油气开发政策、北极战略优先事项、北极地区基础设施建设四个方面。

（一）美国北极相关政府机构和人员专业化

拜登上任后着手对美国北极相关政府部门进行调整，调整内容包括重要的北极人事安排以及组织机构，力图提高美国政府北极研究部门的专业性和科学性，建立以民主党利益为核心的北极研究和决策团体。

一是调整原有北极研究机构人事安排。拜登政府重启北极执行指导委员会（Arctic Executive Steering Committee，AESC），为美国政府部门和机构提供北极专业知识的指导，并协调各政府机构在北极行动。拜登政府聘请大卫·巴尔顿（David Balton）大使担任北极执行指导委员会执行主任，聘请雷切尔·阿卢阿克·丹尼尔（Raychelle Aluaq Daniel）担任北极执行指导委员会副主任。前者曾任美国国务院海洋和渔业事务副助理国务卿，在美国担任北极理事会轮值主席国期间（2015~2017年）担任北极高级官员；后者则是“美国北极项目”（U.S. Arctic Program）的研究人员，致力于美国北极海域的科学和社会政策。此外，拜登还对北极研究委员会①（Arctic Research Commission）进行人事调整，以缺乏资格为由迫使4名委员辞职。② 这是美国总统首次要求北极研究委员会委员在任期届满前辞职，此举也被认为是将北极研究委员会政治化的行为。随后，拜登重新任命6名新委员和1位主席，新任命的委员均具有北极原住民背景，故而其研究和决策带有较强的原住民特点。③ 在此次北极研究委员会人事调动中，美国空军退役少将 Randy Church Kee 请辞委员职务，随后被国防部任命为北极安全事务高级顾问，协助建立特德·史蒂文斯北极安全研究中心（Ted Stevens Center for Arctic Security Studies）。拜登政府对北极研究部门的人员调整反映出明显的专业化和学术化的倾向，被任命的人员身份背景也体现出原住民权益、北极居民意愿、环境保护等民主党传统议题，此举或是拜登政府通过整顿北极研究机构为其北极战略的推出铺平道路。

二是设立北极安全研究机构。2021年12月美国众议院通过《2022财政年度国防授权法案》（Fiscal Year 2022 National Defense Authorization Act），其中 Sec. 1082 条批准建立特德·史蒂文斯北极安全研究中心，该中心将设在阿拉斯加并从事北极安全研究与合作。④ 这也将成为美国国防部第六个区

---

① 美国北极研究委员会是一个独立的联邦机构，帮助制定和协调美国联邦在北极的研究重点和目标，包括为总统和国会提供建议。美国北极研究委员会的7名有投票权的委员由总统任命，其中4名委员来自学术或研究机构，2名委员需“熟悉北极并代表在北极进行资源开发的私营企业的需求和利益”，1名委员代表北极原住民。根据成立该委员会的法律，被任命者的任期为4年。

② *Arctic Today*, “In a Surprising Shakeup, Biden Ousts Some Trump-appointed Arctic Research Commissioners,” https://www.arctictoday.com/in-a-surprising-shakeup-biden-ousts-some-trump-appointed-arctic-research-commissioners/.

③ U.S. Arctic Research Commission, “President Biden Appoints New USARC Chair and Commissioners,” https://www.arctic.gov/news-9-24-21/.

④ U.S. Department of Defense, “DoD Announces New Senior Advisor for Arctic Security Affairs,” https://www.defense.gov/News/Releases/Release/Article/2784993/dod-announces-new-senior-advisor-for-arctic-security-affairs/. Center for Arms Control and Non-Proliferation, “Final Summary: Fiscal Year 2022 National Defense Authorization Act (S.1605),” https://armscontrolcenter.org/final-summary-fiscal-year-2022-national-defense-authorization-act-s-1605/.

域合作中心，也是首个聚焦于北极安全领域的研究机构。该中心将在《国家安全战略临时指南》（Interim National Security Strategic Guidance）指导下，与相关国家开展合作，促进美国和那些具有共同价值观的北极国家之间的伙伴关系。[①] 这表明北极正式成为美国国防部安全研究的重要领域之一，美国对北极安全防务领域的战略重视不断提高。

三是推动设立北极事务高级职位。美国国会议员就北极事务职位任命提出议案，希望填补北极事务高级职位的空缺。在北极政策决策领域，美国国务院曾设立北极事务特别代表，但该职位在 2017 年被取消后一直未恢复。美国目前仅保留国务院北极地区协调员一职，由吉姆·德哈特（Jim DeHart）担任，负责跨部门北极政策协调工作。美国国内政界及学界人士普遍认为应设立新的北极外交决策职位，弥补美国在北极外交决策领域的空缺。[②] 2021 年 5 月，国会议员唐·扬（Don Young）和迪恩·菲利普斯（Dean Phillips）向众议院外交事务委员会提交了设立美国北极事务巡回大使（Ambassador-at-large）的议案，推动美国北极外交的完善和发展。[③] 2021 年 10 月，阿拉斯加州共和党议员莉萨·穆尔科斯基（Lisa Murkowski）、缅因州独立参议员安格斯·金（Angus King）和北达科他州共和党参议员凯文·克莱默（Kevin Cramer）共同提出了《2021 年北极外交法案》，该法案将通过两党立法设立负责北极事务的助理国务卿，负责协调处理美国国内和相关国家北极事务、参与制定美国的北极政策和战略，直接对国务卿和政治事务副国务卿负责。[④] 美国在北极事

---

① U. S. Department of Defense, "The Department of Defense Announces Establishment of Arctic Regional Center," https://www.defense.gov/News/Releases/Release/Article/2651852/the-department-of-defense-announces-establishment-of-arctic-regional-center/.

② *Arctic Today*, "A New Bill Aims to Create the US's First High-level Arctic Diplomatic Office," https://www.arctictoday.com/a-new-bill-aims-to-create-the-uss-first-high-level-arctic-diplomatic-office/.

③ *High North News*, "Top Lawmakers Want to Establish a US Ambassador-at-Large for Arctic Affairs," https://www.highnorthnews.com/en/top-lawmakers-want-establish-us-ambassador-large-arctic-affairs.

④ *High North News*, "Top Lawmakers Want to Establish a US Ambassador-at-Large for Arctic Affairs," https://www.highnorthnews.com/en/top-lawmakers-want-establish-us-ambassador-large-arctic-affairs.

务高级职位的缺位使其北极政策的制定和执行受到掣肘，跨党派议员联合推动该法案，体现出美国国内政治精英对北极事务和北极利益越来越高的关注度，或可提高北极问题在美国政策制定中的优先性。

（二）在北极油气开发问题上采取“环保”立场

相较于特朗普政府推翻奥巴马政府设置的环保禁令，加速推进北极石油开发，拜登政府上台后立即重拾奥巴马政府的气候目标，重返《巴黎协定》，明确提出“将气候危机置于美国外交政策与国家安全的中心”[①]。在北极油气开发问题上，拜登政府也相应地采取“环保优先”的立场。

拜登政府上台后即刻推翻特朗普政府时期的北极国家野生动物保护区租赁计划，发布暂时停止在北极国家野生动物保护区的钻探活动的行政命令。[②] 2021 年 6 月，拜登政府决定对北极国家野生动物保护区石油钻探租赁的环境影响和法律依据进行审查。[③] 除了直接颁布行政命令阻止北极石油钻探外，拜登政府还推动美国国会通过气候变化议程的立法，即“重建更美好”计划（Build Back Better Framework），其中包含一项“关闭北极国家野生动物保护区石油钻探项目并取消现有租约”的条款。该法案将废除穆尔科斯基在 2017 年提出的《减税与就业法案》中要求到 2024 年底在北极国家野生动物保护区的 1002 区内进行两次石油钻探租赁销售的条款。[④]

拜登素来是应对气候变化问题的推动者，关于气候变化问题的立场和宣

① The White House, “Fact Sheet: Prioritizing Climate in Foreign Policy and National Security,” https://www.whitehouse.gov/briefing-room/statements-releases/2021/10/21/fact-sheet-prioritizing-climate-in-foreign-policy-and-national-security/.

② *The Associated Press*, “Biden Plans Temporary Halt of Oil Activity in Arctic Refuge,” https://apnews.com/article/joe-biden-us-news-alaska-wildlife-arctic-cdd89af06cb892e042782ace3abca8eb.

③ *The New York Times*, “Biden Suspends Drilling Leases in Arctic National Wildlife Refuge,” https://www.nytimes.com/2021/06/01/climate/biden-drilling-arctic-national-wildlife-refuge.html.

④ *Alaska Public Media*, “House Version of Biden's $1.75 Trillion Bill Would Cancel Drilling Leases in Arctic Refuge,” https://www.alaskapublic.org/2021/10/28/house-version-of-bidens-1-75-trillion-bill-would-cancel-drilling-leases-in-arctic-refuge/.

言也成为其胜选的重要筹码。拜登在北极油气开发问题上采取彻底的“环保主义”立场，逆转特朗普政府时期对阿拉斯加北极地区的大规模开发，体现出民主党在这一问题上“环保即政治正确”的政治偏好。这一决定也是拜登履行其竞选承诺，同时布局实现其任内环保目标的重要举措。

（三）盟友和气候变化因素成为美国北极战略的重要考量

截至 2022 年 6 月，拜登上台后尚未发布新的北极战略。当前美国陆、海、空三军以及国土安全部发布的北极战略均于拜登就职前后发布，根本上还是延续了特朗普政府时期的北极战略，即不断加强美国北极军事存在，提高国防安全能力。但与前任特朗普政府相比，拜登上任以来的美国北极战略仍在诸多方面呈现新特征。

一是更加重视盟友在军事合作中的作用。2021 年 3 月，拜登政府发布《国家安全战略临时指南》，将“盟友重建”置于国家安全战略的重要地位，积极修复特朗普政府时期破裂的盟友关系，巩固联盟体系。[①] 修复盟友关系，重整盟友体系成为拜登政府北极战略的重要方向。一方面，美国聚焦北极安全合作问题，与北约盟国展开高级别对话，加强北极防务合作。美国与北约盟友在国家首脑、军事高级官员等多个层面加强北极安全对话。例如，2022 年 2 月，美国总统拜登与加拿大总理特鲁多举行视频会晤，就北美空防司令部现代化达成一致，并决定就北极问题展开长期对话。[②] 2021 年 9 月，美国空军欧洲-非洲司令部（USAFE-AFAFRICA）在德国举行北极空军首长座谈会，美国的高级国防代表与加拿大、丹麦、芬兰、冰岛、挪威、瑞典代表讨论了以北极为重点的防务安全合作。[③] 此外，美国与其盟

① The White House, “Interim National Security Strategic Guidance,” https://www.whitehouse.gov/briefing-room/statements-releases/2021/03/03/interim-national-security-strategic-guidance/.

② TASS, “US, Canada Agree to Modernize NORAD, Launch Extended Dialogue on Arctic,” https://tass.com/world/1259569.

③ U.S. Air Force, “COMUSAFE Hosts Arctic Air Chiefs Symposium,” https://www.af.mil/News/Article-Display/Article/2776762/comusafe-hosts-arctic-air-chiefs-symposium/.

国签订军事合作协议，开展北极防务合作。例如，2021 年 4 月，美国与挪威签订《美国-挪威防务合作补充协议》（U. S. -Norway Supplementary Defense Cooperation Agreement），该协议授予美军访问挪威特定军事设施的法律权限，包括北极地区的埃文斯空军基地（Evans Air Base）等，进一步强化了美挪军事合作和共同防御关系。① 该协议明面上为促进美挪安全合作，实则为应对俄罗斯北方舰队在挪威北部海域的安全威胁。同时，美国还与丹麦就加强在格陵兰和北大西洋空域监视达成共识，借助盟友增强在北极的存在和影响力。②另一方面，美国继续与盟友开展例行北极联合演习，在北极地区增加军事部署，借盟友合作增强美国在北极的军事威慑力。拜登上任以来，继续与北约盟友开展一系列北极联合军演，包括“北极挑战演习”（Arctic Challenge Exercise）、“寒冷反应演习”（Cold Response）等例行军演。此外，美国还与北欧国家开展特殊联合军演。例如，2021 年 3 月，美国海军陆战队与欧洲海军陆战队在挪威北部开展“北极沿海打击演习”（Exercise Arctic Littoral Strike），以增强北极作战能力。③ 2021 年 4 月，美国与非北约国家瑞典开展共同军事训练，举行“2021 冬日暖阳”（Vintersol 2021）演习，增强寒冷气候作战能力。④ 同时，美国在挪威博德（Bodø）空军基地、冰岛凯夫拉维克（Keflavik）基地等高北战略要地部署战略轰炸机，提高在巴伦支海的战略威慑力。美国与北极国家开展军事对话与合作，增加在高北地区的军事部署，此举既是旨在履行对盟友的安全承诺，同时更是提高自身在北极的军事存在，寻求新的关键性海空领域以对抗俄罗斯，这也使北极地区进一步军事化。

---

① U. S. Department of State, “U. S. -Norway Supplementary Defense Cooperation Agreement (SDCA),” https://www.state.gov/u-s-norway-supplementary-defense-cooperation-agreement-sdca/.

② Danish Institute for International Studies, “Greenland Obviously Has Its Own Defense Policy,” https://www.diis.dk/en/research/greenland-obviously-has-its-own-defense-policy.

③ United Press International, “Marines Wrap Rotational Deployment in Norway,” https://www.upi.com/Defense-News/2021/04/20/Marines-deployment-Norway/4111618956702/.

④ The Barents Observer, “U. S. Special Operation Forces Exercise Winter Combat in Northern Sweden,” https://thebarentsobserver.com/en/security/2021/04/desert-heat-arctic-cold-us-special-operation-forces-exercise-winter-combat-northern.

二是将气候变化因素纳入军事能力提升的决策范畴。拜登上台后将“应对气候变化”置于美国国家安全的核心地位，气候变化因素相应地体现在美国北极军事决策与军队建设中。一方面，在北极军事决策中，气候变化逐渐成为美国北极军事决策中的重要目标和考虑因素。2021 年 7 月，美国国防部部长劳埃德·奥斯汀（Lloyd J. Austin）在访问阿拉斯加艾尔森空军基地（Eielson Air Force Base）时表示，阿拉斯加是保卫美国、印太及北极地区的战略要点。气候变化改变了北极局势，美国必须在阿拉斯加地区展现军事姿态，为气候变化做好准备。[①] 2021 年 10 月，美国国家情报总监办公室发布的《国家气候变化情报评估》指出，到 2040 年，全球变暖将加剧北极地缘政治紧张局势和美国国家安全风险。为此美国应积极应对气候变化带来的经济和军事威胁。[②] 另一方面，在北极军队建设上，军事装备、设施建设以及人员训练逐渐以应对气候变化为目标。2021 年 10 月，美国国防部发布《气候适应计划》，该计划旨在指导国防部将气候因素纳入决策过程，包括培训和装备一支适应气候变化的部队，研究并建设适应北极冻土融化的基础设施，建设适应气候变化的北极军事燃料供应链系统等新措施。[③] 此外，为应对气候变化给美国北极军事活动带来的挑战，美国陆军参谋长詹姆斯·麦康维尔（James McConville）将军提出在阿拉斯加建立能够自给自足的北极旅，增强在北极的地区装备并优化在北极的战略部署，增加美军在北极的国土防卫和行动能力。[④] 拜

---

① U. S. Department of Defense, “Austin Says Alaska Is Strategic Hotspot for Indo-Pacific, Arctic Operations,” https://www.defense.gov/News/News-Stories/Article/Article/2706558/austin-says-alaska-is-strategic-hotspot-for-indo-pacific-arctic-operations/.

② *Arctic Today*, “U. S. Spy Agencies Say Climate Change Means Growing Security Concerns in the Arctic,” https://www.arctictoday.com/u-s-spy-agencies-say-climate-change-means-growing-security-concerns-in-the-arctic/.

③ U. S. Department of Defense, “Statement by Secretary of Defense Lloyd J. Austin III on the Department of Defense Climate Adaptation Plan,” https://www.defense.gov/News/Releases/Release/Article/2803761/statement-by-secretary-of-defense-lloyd-j-austin-iii-on-the-department-of-defen/.

④ *Army Times*, “Army Sketches Out Plan for an Arctic Brigade Combat Team,” https://www.armytimes.com/news/your-army/2021/12/09/army-sketches-out-plan-for-an-arctic-brigade-combat-team/.

登政府的应对气候变化理念相应地反映在美国军事战略当中，美国军方对气候变化背景下的战斗部署及战斗能力予以高度重视，受气候变化影响最为剧烈的北极地区成为美国军方应对气候变化军事战略的重点区域。

（四）着力投资改善北极地区基础设施

美国国内长期存在基础设施落后、投资不足等问题。拜登上台后，着手改善美国基础设施现状。2021 年 11 月，美国国会通过《基础设施投资和就业法案》，该法案计划在 8 年内向各州和地方政府提供数十亿美元，以升级落后的道路、桥梁、交通系统等基础设施，被认为是美国半个世纪来规模最大的基础设施投资法案。① 法案中涉及北极的内容包括两方面：一是计划重建阿拉斯加高速公路。高速公路的贯通无疑会使阿拉斯加地区的陆路交通更为便利，从而更好地实现人员流动与资源运输，阿拉斯加北极地区油气资源的开发、贸易投资都将因此获益。二是提出至少将在“天然气资源最丰富”的地区建设 2 个区域中心，并将拨款 95 亿美元用于支持氢能领域，其中 80 亿美元将用于建设至少 4 个区域性清洁氢能枢纽。阿拉斯加天然气资源储量巨大，有机会借此获得联邦拨款，从而改善当地的基础设施，提高就业率，实现区域发展。②

从《基础设施投资和就业法案》目前的落实情况来看，该法案并不是空头支票，其承诺的拨款也陆续落实到各州。例如，阿拉斯加州唯一的北极深水港——诺姆港（Nome port）凭借该法案中的“改善偏远港口基建”条款获得 2.5 亿美元用于未来的升级改造。③ 此外，阿拉斯加州根据该法案获

① NPR, “Here's What's Included in the Bipartisan Infrastructure Law,” https://www.npr.org/2021/06/24/1009923468/heres-whats-included-in-the-infrastructure-deal-that-biden-struck-with-senators.

② CNBC, “Biden Signs $1 Trillion Bipartisan Infrastructure Bill into Law, Unlocking Funds for Transportation, Broadband, Utilities,” https://www.cnbc.com/2021/11/15/biden-signing-1-trillion-bipartisan-infrastructure-bill-into-law.html.

③ *Arctic Today*, “A Key Arctic Alaska Port Expansion Gets $250 Million in Federal Funding,” https://www.arctictoday.com/a-key-arctic-alaska-port-expansion-get-250-million-in-federal-funding/.

得3200万美元的拨款，用于清理废弃油井，进而拉动就业，刺激经济增长。[①]

投资美国的基础设施是拜登政府推动基础设施升级和带动经济增长的关键引擎。由于阿拉斯加北极地区道路、桥梁等基础设施陈旧落后，且存在20世纪工业发展留下的污染和潜在隐患，同时面临冻土融化对基础设施损坏的巨大风险，北极地区的基础设施升级改造成为拜登政府基础设施计划的重要方面，也是其区别于特朗普政府时期北极内政方针的重要表现。

综上，拜登上台1年以来的北极政策中始终贯穿着“环保至上”“原住民权利”“以价值观为基础的盟友体系”等民主党传统价值观。拜登政府以北极地区基础设施等内政的发展带动美国整体能力的提升，以北极政策目标的实现来支持其全球战略目标，将北极地区纳入美国全球战略的重要一环。

二　拜登政府北极政策转向的动因

拜登政府目前的北极政策在多个方面有别于特朗普政府，体现出民主党特有的优先议题和政策重心，这既是源于谋求北极领导地位，应对北极地区大国竞争的现实考虑，也是出于“纠正”特朗普任内的政策决定，使其“民主党化”的价值观因素。

（一）谋求北极领导地位

美国的北极目标与能力并不匹配，其现有北极研究能力、基础设施等实力既无法有效支持美国与俄罗斯竞争北极领导权，也难以将中国排除在北极事务之外。阿拉斯加州共和党参议员穆尔科斯基指出：“与其他北极国家相比，美国在思想上和愿景上都落后，而且缺乏基本的基础设施和资金承诺，

① Dan Sullivan, “Alaska Delegation Welcomes ＄32 Million Available to Alaska for Legacy Well Cleanup,” https://www.sullivan.senate.gov/newsroom/press-releases/alaska-delegation-welcomes-32-million-available-to-alaska-for-legacy-well-cleanup.

无法为预期的北极活动做好准备。”[①] 这主要体现在两方面：其一，美国北极决策部门的北极经验不足。美国北极研究机构此前长期存在研究人员缺乏北极经验的问题。以北极研究委员会为例，前任委员中的两位学术代表茱莉亚·内斯海瓦特（Julia Nesheiwat）和米歇尔·牛顿（Michael Newton）均无北极领域的从业或研究经验，前者聚焦于能源、气候、国家安全与外交等领域的研究，后者则专注于人权、外交与国家安全的研究。被辞退的行业代表托马斯·丹（Thomas Dans）则是一名注册金融分析师，并无北极相关领域的从业经验。[②] 美国北极研究机构存在科学性和专业性不足的问题，不利于作出科学的北极决策。其二，美国长期面临破冰船短缺问题。目前美国仅有两艘现役破冰船，即“极地之星”号（Polar Star）和“希利”号（Healy），前者本应于2020年退役，但由于美国现有破冰船不足，美国海岸警卫队将其服役年限延长至2025年，而后者也曾因发动机起火被迫返航。美国海岸警卫队正加紧制订计划建造新的破冰船，但破冰船订单交付时间一再被推迟，原计划于2023年交付的破冰船现已延迟至2025年，这意味着美国新的破冰船投入使用最快也要到2027年，短时期内难以建造成规模的破冰船力量。[③] 此外，美国现阶段的破冰船力量也难以得到及时补充。美国国内各政治力量基于自身利益对破冰船能力建设提出自己的建议，阿拉斯加州参议员主张租赁国内现有的破冰船“艾维克”号，因该船的所属公司为阿拉斯加州参议员提供了大量竞选捐款；美国国家科学院（National Academy of Sciences）则建议维护并利用现有破冰船；美国海岸警卫队此前一直坚定拒绝使用市场上的破冰船，2021年态度才稍有缓和。各方在破冰船问题上各

---

① PBS, “U. S. Lags Behind Arctic Nations in Race to Stake Claims to Untapped Resources,” https://www.pbs.org/newshour/nation/us-lags-behind-arctic-nations-in-race-to-stake-claims-to-untapped-resources.

② *Arctic Today*, “In a Surprising Shakeup, Biden Outs Some Trump-appointed Arctic Research Commissioners,” https://www.arctictoday.com/in-a-surprising-shakeup-biden-ousts-some-trump-appointed-arctic-research-commissioners/.

③ KTOO, “Sullivan still Seeking a ‘Bridge’ Ship to Fill the Icebreaker Gap,” https://www.ktoo.org/2021/12/23/sullivan-still-seeking-a-bridge-ship-to-fill-the-icebreaker-gap/.

持己见、僵持不下，这就导致美国破冰船问题难以得到最终解决，破冰船力量在短期内也难以得到有效补充。

在谋求北极领导权，应对大国竞争的首要目标驱动下，美国日益重视自身在北极能力上的差距，拜登政府开始从北极研究机构和基础设施入手，着力增进对北极地区的科学和战略研究，并改善北极军事和民用基础设施，旨在塑造美国北极竞争优势。

（二）建立美国应对气候变化的“全球领导者”形象

拜登上台后逆转了前任特朗普将“经济利益置于环保利益之上”的政策，开始奉行“气候优先”的发展战略。在内政方面，推动将气候政策全面融入美国未来政治社会全方位发展计划；在外交方面，重返《巴黎协定》，力图谋求全球应对气候变化的领导权。

北极作为气候变化的前沿，成为受全球气候变暖影响最严重的地区之一，因此北极气候问题也就成为拜登政府建立美国应对气候变化“全球领导者”形象的重要领域。一方面，为了实现碳排放承诺，限制阿拉斯加北极地区油气开发就成为拜登政府的重要举措。拜登政府沿袭民主党一贯的气候政策主张，提出到2030年将美国碳排放在2005年的基础上减少50%～52%。[①] 同时，拜登政府在北极国家野生动物保护区内的油气开发项目上采取“环保”立场，停止新的钻探许可证，力图借此降低美国在油气开发上的碳排放，展示民主党积极应对气候变化的立场与决心。另一方面，拜登政府也借助北极气候合作，巩固盟友体系，重塑美国领导力。北极气候环境是北极域内外国家共同关心的问题，美国借北极气候环境会议以及多国应对气候变化军演等修复盟友关系，同时塑造美国在应对气候变化领域的优势和领导力。

---

① The White House，“FACT SHEET：President Biden Sets 2030 Greenhouse Gas Pollution Reduction Target Aimed at Creating Good-Paying Union Jobs and Securing U. S. Leadership on Clean Energy Technologies，” https：//www. whitehouse. gov/briefing－room/statements－releases/2021/04/22/fact－sheet－president－biden－sets－2030－greenhouse－gas－pollution－reduction－target－aimed－at－creating－good－paying－union－jobs－and－securing－u－s－leadership－on－clean－energy－technologies/.

（三）修复盟友关系，重整同盟体系

特朗普政府时期，美国与盟友关系降至低点。特朗普坚持“美国优先”原则而忽略盟友关系，对盟友加征关税、要求北约盟国增加军费比例、连续退出国际组织和协定等一系列行为，严重削弱美国在同盟关系中的可信度，对美国的盟友体系造成巨大冲击。拜登执政后，着手改善美国与盟友关系，将“盟友重建”置于国家安全战略的重要地位，重建以美国为首的盟友体系。

尽管特朗普政府时期美国与盟友关系遭到破坏，但北极领域的合作并未停止，因此，以北极合作为突破口成为美国重整盟友体系的重要方向。一方面，在俄罗斯与北约关系持续紧张的背景下，美国需要借北约盟友增加在波罗的海和高北地区的战略威慑力，而北约盟国也需借美国之力增加自己的安全筹码，美国与其盟友在这一问题上面对共同敌人且需求互补，可有效实现战略合作，夯实联盟堡垒。美国五角大楼发布的北极战略表明，美国将高北地区视为需要关注的地区。① 挪威等北约成员国则对此表示欢迎。挪威国防大臣弗兰克·巴克-詹森（Frank Bakke-Jensen）曾强调挪威与北约的同盟关系，特别是与美国的合作对挪威安全的重要性。② 另一方面，美国与盟国在北极地区的例行军事演练也是增进部队间“互操作性”和配合度、实现信息互通的重要途径。美国兰德公司（Rand Corporation）曾发布报告强调，美国北极伙伴和盟国丰富的北极经验和能力对提高美国陆、海、空三军北极地区作战能力具有关键作用。③ 对美国及其盟友而言，战略上的相互重视和

---

① War on the Rocks, “A U. S. Security Strategy for the Arctic,” https：//warontherocks. com/2021/05/a-u-s-security-strategy-for-the-arctic/.

② Defense News, “Norway's defense minister：We must ensure strategic stability in the High North,” https：//www. defensenews. com/outlook/2021/01/11/norways-defense-minister-we-must-ensure-strategic-stability-in-the-high-north/.

③ Rand Corporation, “As U. S. Shifts Arctic Strategy to Counter Russia, Allies Offer Valuable Info,” https：//www. rand. org/blog/2021/09/as-us-shifts-arctic-strategy-to-counter-russia-allies. html.

信息上的相互连通有助于密切联盟伙伴的相互信任和依赖，是巩固同盟体系的重要手段。

（四）改善北极经济发展状况

在内政方面，拜登政府推动改善美国北极地区基础设施状况，主要出于改善阿拉斯加落后现状的考量，这主要体现在经济发展迟滞、失业率不断上升以及基础设施落后等方面。

首先，阿拉斯加州经济发展状况远远落后于美国其他产油州。据美国立法交流委员会（American Legislative Exchange Council）2021 年发布的美国经济年度审查报告，在美国 50 个州中，阿拉斯加州的经济发展前景位列第 18 位，但其经济发展表现排在第 48 位。[①] 特别是与同样石油资源丰富的得克萨斯州相比，阿拉斯加州的经济发展落后严重。[②] 其次，阿拉斯加州经济发展迟滞也导致失业率不断上升。据美国劳工部统计数据，受疫情影响，阿拉斯加失业率不断上升，2021 年增至 5.4%，高于全美平均失业水平，其中油气行业失业率位列全行业第一。[③] 最后，基础设施落后也是阿拉斯加北极地区发展面临的主要挑战。据美国土木工程师学会发布的《2021 年阿拉斯加基础设施报告》，阿拉斯加州 21%的主要道路状况不佳或一般，约 10%的桥梁存在结构缺陷或功能过时，港口、码头远远落后，饮用水和废水处理设施需要进行升级改造。[④] 在阿拉斯加州层面，拜登政府面临着经济发展滞后、失业率上升的压力，同时需要解决基础设施落后这一长期存在的问题。因此，拜登亟须通过出台提振经济、改

---

① 参见 https：//www. richstatespoorstates. org/states/AK/。

② 据美国立法交流委员会 2021 年发布的美国经济年度审查报告，得克萨斯州经济发展潜力排在第 19 位，而实际经济发展表现却位列美国各州榜首。参见 https：//www. richstatespoorstates. org/compare/？ state1 = AK&state2 = TX。

③ Department of Labor and Workforce Development，“Seasonally Adjusted Unemployment Rates for Alaska and United States 2012-2021，” https：//live. laborstats. alaska. gov/labforce/index. html，2021 年 12 月 26 日。

④ American Society of Civil Engineers，“2021 Alaska Infrastructure Report Card，” https：//infrastructurereportcard. org/state-item/alaska/.

善基础设施的法案和政策，创造更多的就业岗位，刺激阿拉斯加州经济发展。

三　拜登政府北极政策实施面临的挑战

拜登政府在调整美国北极政策、推行北极油气开发禁令、重整盟友体系的同时，也面临着来自国内党派斗争的压力和国际局势的挑战。

（一）国内政治挑战

拜登取消阿拉斯加北极国家野生动物保护区石油钻探租赁活动，将环保利益置于经济利益之上，在北极油气开发上推动贯彻民主党的环保价值观。这在一定程度上扭转了前任特朗普政府以经济利益为先的北极资源开发政策，但也引起了阿拉斯加州共和党参议员及国会民主党温和派的反对。

1. 阿拉斯加州共和党参议员的反对

以阿拉斯加州共和党参议员为代表的“支持开发派”竭力推动北极石油钻探，反对拜登政府暂停阿拉斯加北极油气开发的环保禁令。阿拉斯加州作为典型的“红州”，长期支持共和党，州议会成员半数以上为共和党人，该州现任州长以及两位联邦参议员也都是共和党人。因此，阿拉斯加州政府、官方机构，以及州议员都从当地经济利益和政党传统出发，反对拜登政府暂停北极油气开发的政策。阿拉斯加州联邦参议员穆尔科斯基和丹·沙利文（Dan Sullivan）、国会众议员唐·扬、州长迈克·邓利维（Mike Dunleavy）都曾公开反对拜登政府停止北极国家野生动物保护区的1002区石油和天然气钻探租赁活动的命令，指责拜登政府此举违反2017年的《减税与就业法案》。[①] 此外，阿拉斯加州政府及联邦参议员也在努力逆转拜登

① Lisa Murkowski, “Alaska Delegation, Governor Rebuke Biden Administration For Cancelling Lawful ANWR Leases,” https://www.murkowski.senate.gov/press/release/-alaska-delegation-governor-rebuke-biden-administration-for-cancelling-lawful-anwr-leases.

政府的禁止开发政策，呼吁以负责任的开发来取代彻底禁止开发，确保北极国家野生动物保护区内油气开发项目重启的可能性。在州属机构方面，阿拉斯加州工业发展和出口管理局批准继续向北极国家野生动物保护区内的石油开发投资，预估为 360 万美元。[①] 该局也考虑禁止阿拉斯加州属机构购买包括美国银行（Bank of America）、摩根大通（JPMorgan Chase）等大型银行在内的不支持北极油气项目的银行的债券，以此表达对拜登政府禁止北极油气开发政策的反对立场。[②] 除公开表示对拜登禁止开发政策的反对与谴责外，阿拉斯加州政府还聘请了一家位于丹佛的律师事务所，代表阿拉斯加州整体利益，对拜登政府暂停北极国家野生动物保护区油气开发的做法进行抗争。[③]

2. 国会民主党温和派的阻挠

民主党温和派在环保问题上施加压力，对拜登提出的法案持反对意见，使民主党在参议院的优势逐渐降低。民主党温和派中最大的反对者是西弗吉尼亚州联邦参议员乔·曼钦（Joe Manchin），该参议员同时也是国会参议院能源和自然资源委员会（Senate Energy and Natural Resources Committee）的关键摇摆投票者，在北极国家野生动物保护区的油气勘探许可问题上拥有决定性权力，而他本人是北极地区油气开发的坚定支持者。此前，阿拉斯加州联邦参议员穆尔科斯基和丹·沙利文曾联合乔·曼钦在国会内部反对拜登政府的此项禁令。[④] 此外，乔·曼钦也曾对拜登政府的“清洁电力计划”（Clean Power Plan）表示强烈反对，而且他的赞成票对于拜登提出的气候议

---

① Reuters, “Alaska Agency Commits to More Spending on Arctic Oil Plans,” https://www.reuters.com/world/us/alaska-agency-commits-more-spending-arctic-oil-plans-2021-12-03/.

② *Anchorage Daily News*, “Alaska Agency Plans to Halt Investment in Banks that Don't Back Arctic Oil and Gas Projects,” https://www.adn.com/business-economy/energy/2022/01/22/alaska-agency-plans-to-halt-investment-in-banks-that-dont-back-arctic-oil-and-gas-projects/.

③ *Anchorage Daily News*, “Alaska Hires 2nd Outside Law Firm to Fight Biden Administration over Arctic National Wildlife Refuge Leases,” https://www.adn.com/politics/2022/01/26/alaska-hires-second-outside-law-firm-to-fight-biden-administration-over-arctic-refuge-leases/.

④ *E&E News*, “Alaska Lawmakers Seek Allies to Save ANWR Drilling,” https://www.eenews.net/articles/alaska-lawmakers-seek-allies-to-save-anwr-drilling/.

程法案的通过起着决定性作用。[①]

虽然目前油气开发的政策竞争天平倒向“禁止开发派”，但拜登禁止北极油气开发的政策和气候议程法案仍因触动“支持开发派”的既得利益，受到来自共和党和民主党温和派的反对。因此，拜登试图在气候变化、碳减排等方面为美国树立全球领导者形象的努力仍面临巨大阻力，北极国家野生动物保护区油气开发问题上体现出的政治钟摆效应也表明其前景充满了不确定性。

（二）国际局势挑战

2022 年 2 月，俄罗斯对乌克兰采取特别军事行动。冲突爆发以来，俄乌双方举行多轮谈判均未取得实质性进展。美国将乌克兰作为对抗俄罗斯的前沿阵地并联合北约盟友对俄实施制裁，既打击了美国的重要对手，又进一步加紧了对欧洲的控制；然而，在俄乌冲突影响不断外溢的背景下，美国虽隐于幕后指使，但仍不可避免地受到国内舆论和国际局势的影响，此类影响具体表现为拜登政府能源政策实施面临的压力以及美国盟友体系危机两个方面。

1. 俄乌危机加大拜登政府能源政策压力

俄罗斯对乌克兰采取特别军事行动以来，以美国为首的西方国家对俄罗斯不断采取制裁措施。2022 年 3 月 8 日，拜登政府宣布禁止进口俄罗斯石油和天然气，对俄罗斯油气行业实施制裁。[②] 此举也对美国国内能源市场和拜登的能源政策造成压力。

其一，美国国内油价受此影响不断升高。虽然美国对俄罗斯的油气依赖程度较低，从俄罗斯进口的石油产品仅占美国石油进口的 8%，美国国内石

---

① *The New York Times*, “Key to Biden’s Climate Agenda Likely to Be Cut Because of Manchin Opposition,” https://www.nytimes.com/2021/10/15/climate/biden-clean-energy-manchin.html.

② The White House, “FACT SHEET: United States Bans Imports of Russian Oil, Liquefied Natural Gas, and Coal,” https://www.whitehouse.gov/briefing-room/statements-releases/2022/03/08/fact-sheet-united-states-bans-imports-of-russian-oil-liquefied-natural-gas-and-coal/.

油储备并未因此受到太大影响。[①] 但石油和天然气作为通过全球市场定价的大宗商品，仍受到俄乌冲突及西方对俄罗斯制裁的影响，引发全球原油和天然气价格上涨，并不断推高美国国内油价。这也使美国民众成为油价上涨的直接受害者。其二，拜登能源政策深受冲击。拜登政府一直试图加紧将发展清洁能源定义为国家安全问题，加速从化石燃料向清洁能源过渡，随着俄乌冲突加剧，美国国内逐渐产生关于通过化石能源还是可再生能源实现能源独立的争论。一方面，部分共和党议员和油气行业团体以欧洲能源安全危机为由，主张扩大美国国内化石能源生产、鼓励石油和天然气出口并加快油气基础设施建设准许。阿拉斯加州的共和党联邦参议员穆尔科斯基借此呼吁拜登政府准许北极油气开采，对阿拉斯加的资源开采进行投资，以取代从俄罗斯和其他国家进口的石油和矿产。[②] 另一方面，美国国会内部一部分气候环境鹰派人士仍希望提出清洁能源立法，要求拜登政府使用清洁能源以实现美国能源独立。[③] 受俄乌冲突的外溢影响，美国国内油价持续走高，拜登政府被迫宣布释放美国史上规模最大的战略石油储备以抑制油价过快增长。[④] 不断加剧的石油供需矛盾使北极石油"开发派"拥有更多理由呼吁拜登政府改变能源政策，允许北极石油开发，同时"环保派"的态度仍十分坚定，不肯在北极油气开发问题上作出妥协，这就为坚持"环保"政策的拜登政府带来两难选择。

2. 俄乌危机进一步暴露美国与欧洲盟友之间的分歧

俄乌冲突爆发以来，美国虽并未与俄罗斯直接发生冲突，但仍通过北约

---

① *CBS News*, "What the U. S. Ban on Russian Oil and Gas Means for Americans," https：//www.cbsnews. com/news/russian-oil-ban-heres-what-it-would-mean-for-consumers/.

② *Anchorage Daily News*, "Murkowski：Russian Aggression Shows Importance of Resource Extraction in Alaska," https：//www.adn.com/politics/2022/02/22/murkowski-russian-aggression-shows-importance-of-resource-extraction-in-alaska/.

③ *Inside Climate News*, "What Does the Russian Oil Ban Mean for the Clean Energy Transition?", https：//insideclimatenews. org/todaysclimate/what-does-the-russian-oil-ban-mean-for-the-clean-energy-transition/.

④ *Bloomberg*, "Biden Sets Million-Barrel-a-Day Oil Release to Tame Prices," https：//www.bloomberg. com/news/articles/2022-03-31/biden-weighs-record-release-of-u-s-oil-but-opec-holds-line.

要求欧洲盟友对俄罗斯实施“全面遏制”，这既与欧洲“战略自主”意愿相违背，又给欧洲各领域带来危机与挑战。其一，欧洲多国在能源领域深受冲击。俄罗斯是欧洲天然气进口的重要来源地，从俄罗斯进口的天然气占德国天然气燃烧量的55%，占奥地利、匈牙利等东欧国家天然气燃烧量的60%以上。[①] 俄乌冲突及西方制裁导致欧盟地区石油和天然气价格飙升，欧洲多国居民电费、取暖费等生活必要开支上涨，给欧洲带来能源供应危机。其二，欧洲面临潜在的难民危机和粮食危机。联合国难民事务高级专员公署的最新统计数据显示，已有约370万人逃离乌克兰，大部分人前往欧洲。[②] 俄乌冲突同时导致欧洲无法获得来自乌克兰和俄罗斯的稳定粮食进口，面临潜在的粮食危机。其三，欧洲还可能面临核扩散的风险。俄乌冲突爆发后，白俄罗斯修改宪法撤销国家“无核”地位，而法国则试射不携载核弹头的升级版中程空对地核导弹，构成法国核威慑的空中力量，欧洲国家面临核竞争与核扩散的风险。然而，在欧洲盟友承担俄乌冲突后果的同时，美国国内的能源、军工企业却借此获利颇丰。

欧洲及美国各界逐渐认识到美国的方案多是基于自身利益考量，而并未将欧洲盟友利益考虑在内。法国《世界报》（*Le Monde*）警告称，只要涉及美国切身利益，其欧洲盟友就不要期待得到什么恩惠或礼遇。[③] 美国《防务新闻》（*Defense News*）则认为，以美国主导、欧洲依赖美国军事能力为特征的跨大西洋关系不再可持续。[④] 可见俄乌冲突暴露出美国与欧洲盟友之间日益加剧的分歧，即美国主导的盟友体系与欧洲“战略自主”意愿之间的分裂。尽管俄乌危机在外交、安全和能源供应等领域对美欧进行了深度捆绑，

---

① *CNBC*, “Why Europe is so Dependent on Russia for Natural Gas,” https://www.cnbc.com/2022/02/24/why-europe-depends-on-russia-for-natural-gas.html.

② 参见 https://data2.unhcr.org/en/situations/ukraine。

③ Le Monde, “Entre l'OTAN et l'UE, une relation compliquée à construire sur fond de guerre en Ukraine,” https://www.lemonde.fr/international/article/2022/03/23/entre-l-otan-et-l-ue-une-relation-compliquee-a-construire-sur-fond-de-guerre-en-ukraine_6118832_3210.html.

④ *Defense News*, “Biden Should Nudge Europeans to Lead NATO,” https://www.defensenews.com/global/europe/2022/03/22/biden-should-nudge-europeans-to-lead-nato/.

欧洲仍难摆脱对美国的战略依赖，但这一事件产生的沉重后果仍促使欧洲内部展开深刻反思：欧洲事务应由美国主导还是欧洲国家主导？有能力做出主权决定和奉行独立政策的欧洲国家应努力实现战略自主还是任由美国将其裹挟拖入险境？

由此可见，俄乌冲突的外溢影响波及美国本土，全球原油价格上涨及其引发的美国国内石油供需矛盾不断加重拜登政府的北极能源政策压力，继续推行现有政策恐面临更大阻力；同时，俄乌冲突进一步暴露美国与其欧洲盟友间的根本性分歧，美国对北约盟友战略自主意愿的忽视和侵犯使欧洲国家不得不重新审视美国盟友战略带来的利与弊。

四　结语

总而言之，拜登政府在继承特朗普政府时期北极竞争主导思想的同时对之进行调整，积极推行符合民主党价值取向的北极政策，重新布局美国北极战略。拜登政府欲借北极政策调整之机深入推进民主党施政目标，重塑盟友体系，树立全球环保领导者形象，进而从军事战略、意识形态等领域维护美国霸权。然而，拜登推行其北极政策仍面临来自国内外两方面的阻力：一方面，美国内部党争不断，拜登政府推动符合民主党的北极外交议程和能源环保政策心有余而力不足；另一方面，在俄乌冲突、对俄制裁的背景下，美国面临国内能源危机以及与欧洲盟友间的根本性分歧。但毋庸置疑的是，拜登政府的北极战略早已作为美国内政外交的重要一环，服务于美国全球霸权战略，增加对北极的战略重视和军事存在是美国未来全球政策的必然选项。尽管面临上述挑战，拜登政府仍将继续在其任内推行符合民主党利益及偏好的北极政策，且有消息称拜登政府将像奥巴马政府一样制定跨部门美国北极战略，弥补特朗普政府的欠缺，拜登政府上任一年的政策动向极有可能是为美国全面北极战略的出台进行从制定到执行各层面的政策采纳与评估，需对此进行全面关注。

B.4 北极国家应对气候变化议题的新动向与发展*

张维思　陈奕彤**

摘　要： 气候变化对北极地区的影响不断加剧，这主要表现在北极地区的海洋与海冰变化、航运与渔业经济、生态环境和居民生计等方面。这一系列持续性的自然和社会影响进一步动摇了北极地区的安全与稳定，气候变化影响下的北极气候治理议题也在不断发展之中。在北极国家的国内战略与立法层面，北极八国为应对气候变化的影响均在其北极战略及国内法律层面进行了不同程度的反应与更新。在应对机制的国际框架层面，北极八国均为《巴黎协定》的缔约国，在《联合国气候变化框架公约》下提交与更新了应对气候变化的国家自主贡献。本文通过解读北极八国在应对气候变化议题上的国内政策战略、相关立法及在《联合国气候变化框架公约》下的国家自主贡献为气候行动提出的减排措施与目标，分析北极国家应对气候变化议题的发展动态与新动向，以及在当前气候议题处于国际社会前沿下北极地区气候治理近期发展存在的问题。

关键词： 气候变化　北极国家　《巴黎协定》　《联合国气候变化框架公约》　国家自主贡献

---

* 本文系自然资源部北海海洋技术保障中心“新时期海洋科技发展对海洋维权的挑战与应对”项目课题的阶段性成果。

** 张维思，中国海洋大学法学院国际法学专业硕士研究生；陈奕彤，中国海洋大学海洋发展研究院研究员，中国海洋大学法学院副教授。

在过去50年中，北极地区的气候变暖速度是世界其他地区的3倍。一方面，全球气候变化对海平面上升和其他地区的极端天气现象等产生了全球性的影响。近年来气候议题在北极治理上尤显重要，在很大程度上是因为北极地区正处于全球气候变化的最前沿。另一方面，北极地区的气候变化对全球的不利影响进一步加剧。科学地分析北极地区气候变化的影响是极地国家和不同国际机制应对气候变化的第一步。在分析气候变化带来的影响后，可以看出气候变化为北极地区和国际社会带来了严峻的挑战和部分机遇。与此同时，越来越多的军事活动、紧张的国际局势及动荡的国际政策也影响了北极地区，大国的政治利益可能在该地区发生对抗与冲突。

在北极地区，当前主要形成了以北极八国以及北极理事会等国际论坛和多个国际条约为主的网状治理格局；与北极利益密切相关的北极国家在国内层面对其北极地区法律政策与战略进行了调整与更新。在应对气候变化的国际层面，《巴黎协定》作为继《京都议定书》后第二份有法律约束力的气候协议和《联合国气候变化框架公约》体系下重要的组成与实施文件，对全球气候变化具有指导与约束效力，对北极地区也不例外。为应对北极和全球正在发生的气候变化，如何在21世纪中叶实现《巴黎协定》的减排目标尤为重要。如果《巴黎协定》的减排目标无法实现，北极地区的气候变化将持续下去，在气候变化影响下北极的生态环境和社会治理将持续受损。2021年联合国气候变化格拉斯哥大会发布的《格拉斯哥气候协议》重申了《巴黎协定》的目标和实施计划以及保护极地地区的重要性。

本文将首先讨论气候变化对北极地区造成的主要影响和相应问题，分析北极八国在国内法律与政策层面的气候变化应对措施和具体内容，以及各国在《联合国气候变化框架公约》层面下就《巴黎协定》所提交的国家自主贡献的具体情况。最后，通过前述分析，剖析北极国家在参与气候治理过程中所存在的问题。

一　气候变化对北极地区的主要影响

气候变化正在严重地改变和影响全球的生态环境和人类的共同生存条

件，特别是在海洋和极地区域。根据联合国政府间气候变化专门委员会（IPCC）发布的《气候变化中的海洋和冰冻圈特别报告》（以下简称“特别报告”），[①] 气候变化带来的剧烈影响使极地地区的海冰正在消失并且极地地区的海洋正在快速地变化。极地的这一变化正在影响整个地球，并且以多种方式影响着全人类。特别报告显示，在过去 20 年中，北极地区的地表平均气温增速是全球平均气温增速的 2 倍，海冰和积雪的减少导致了气候变暖的加剧。在 2016 年和 2018 年的冬季，北极地区的地表平均气温比 1981～2010 年的平均气温高出 6℃，这导致了前所未有的海冰消失，进而对北极地区生态系统和社区产生了一系列影响，当然这一影响可能不仅仅是在消极层面的。

（一）温度上升和海冰融化

根据特别报告的统计，近年来，北冰洋正在持续变暖，在 1982～2017 年，北冰洋夏季上层温度每 10 年上升约 0.5℃，且 2000 年以来，来自低纬度的海洋热量流入持续增加。据此，气候变化造成北极地区北冰洋区域的海水温度上升，加速了海冰的融化，对北极的海洋生态系统和北极航运经济造成了深刻的影响。

（二）对北极渔业和航运经济的影响

北极地区拥有世界上几个最大的商业渔场。在气候变化的影响下，一些高价值鱼类种群在当前的管理策略下可能无法维持未来的捕获量水平。这说明了现有管理框架在应对生态系统变化时的能力极为有限，也对气候变化反应不足。

北极海冰融化对北极航运的影响不只是体现在北极航行水域扩大。随着海冰范围减少，北极夏季的航运活动增加，穿越北冰洋航线的运输时间极大

① “Special Report on the Ocean and Cryosphere in a Changing Climate,” https：//www.ipcc.ch/srocc/，最后访问日期：2022 年 3 月 1 日。

地缩短。在 1990~2015 年，由于可供航行的水域开放面积逐年增大，加拿大北极地区船只行驶的距离几乎增加了 2 倍之多。然而，如果法律政策方面的反应跟不上航运增长的步伐，北极海洋生态系统和沿海社区可能会面临特定的区域风险。

（三）气候变化对极地生态系统和居民生计的影响

未来极地海洋、海冰、雪和永久冻土在气候变化下所产生的一系列改变，将进一步推动和影响生物栖息地和生物群落产生相应变化，并影响重要生态物种的范围和数量；包括栖息地范围收缩和物种数量变化等，影响范围涉及海洋哺乳动物、鸟类、鱼类等。北极地区的独特生物多样性将面临持续丧失的风险。气候变化还会引起北极地区野火的高频产生，并进一步对北极植被、水和粮食安全造成影响。在过去几年中，北极地区的火灾频率是前所未有的。这些风险进一步影响人类在北极的放牧、狩猎、捕鱼等活动，从而影响包括原住民在内的整个北极地区居民的生计、健康和文化存续。

（四）海平面上升

21 世纪初以来，格陵兰岛和南极冰盖的海冰损失一直持续，加剧了全球海平面的上升。北极地区格陵兰岛在 2012~2016 年的海冰损失大于 1992~2001 年的海冰损失。20 世纪 90 年代以来，格陵兰岛夏季融化的冰盖面积增加到了至少在过去 350 年中前所未有的水平，是工业化前水平的 2~5 倍。2006~2015 年，北极冰川的损失导致海平面上升的速度仍在不断加快。北极海冰的加剧融化影响了全球的海岸线。海平面上升不仅会产生自然地理方面的危害，而且动摇和挑战了所有沿海国家的基线稳定性，造成了海洋法的适用困境，进而根本性地冲击和影响了国际法传统理论中的若干内容和国际秩序。①

① 陈奕彤：《海平面上升的国际法挑战与国家实践——以国际造法为视角》，《亚太安全与海洋研究》2022 年第 2 期。

综上，气候变化对北极地区而言带来了北冰洋持续变暖、北极海洋和陆地生态系统的损害、北极航运和渔业经济的潜在影响等，这些影响是全面性的、剧烈的。对北极地区生态环境造成的影响进而可能影响北极地区的经济文化和居民生活，甚至可能会对北极国家的法律秩序与治理框架产生挑战与风险。因此，如何应对气候变化带来的影响，是一个全面复杂的涉及全人类和所有北极国家的事务与工作。国内立法与国家政策是国家与地区治理的重要手段。为应对气候变化带来的影响，北极地区主要国家均在国内层面对此做出了法律与政策方面的反应，以及国际层面的合作行动和应对。

二　北极国家的北极战略与政策中应对气候变化的发展动态

北极的独特自然条件和地理状况决定了它对气候变化的敏感性。北极是全球气候变化的预警系统和主要作用地区，北极法律问题在很大程度上已经不是区域性问题而是上升到全球气候变化公共治理的范畴中。① 今天北极地区的情况，特别是治理格局，与20世纪截然不同。北极地区治理的架构形成了以北极理事会为核心，以北极各国法律和相关领域的国际组织、国际条约为辅的多层次的网状治理格局。在大多数情况下，非北极国家并不反对北极国家因其在该地区的主权权利和管辖权利在北极地区的支配要求，然而近年来，特别是在全球性问题上，气候变化议题已经成为一个关注焦点，北极地区在国际治理格局中也已经从边缘走向中心，特别是气候变化的影响在北极地区比在全球系统的任何部分更快地浮现，如海冰的融化、北极生态系统的变化、格陵兰岛冰盖的变化等，正在全球范围内产生巨大的后果和反应。②

北极国家为应对气候变化对其生态环境和治理产生的冲击，在其北极政

---

① 刘惠荣、陈奕彤：《北极法律问题的气候变化视野》，《中国海洋大学学报（社会科学版）》2010年第3期。

② Oran Young, "Is It Time for a Reset in Arctic Governance?" *Sustainability*, Issue 11, 2019, pp. 1-12.

策和战略上进行了调整与反应。下面将分别介绍北极八国（美国、俄罗斯、丹麦、加拿大、挪威、瑞典、冰岛、芬兰）在气候变化等因素影响下的国家层面的北极战略与国内立法的应对与更新情况。通过分析北极八国在应对气候变化问题时各国北极政策与战略层面的调整与反应，我们可了解北极八国应对北极气候变化的最新动向与发展动态。

（一）美国

近期，因国内政局的变换，美国应对气候变化的北极政策和战略变化较大。特朗普政府主张“美国利益优先”战略，重视北极资源的开发，提升了北极地区在美国全球战略中的地位和美国在北极地区的行动能力。但在气候变化领域，特朗普政府对奥巴马政府的气候政策进行了大范围的改变，主要表现在宣布退出《巴黎协定》，终止执行《巴黎协定》下的事项与条款。气候议题在特朗普政府时期重要性程度明显下降，气候变化治理与环保部门的财政预算也大幅下降。拜登政府对特朗普政府的北极政策进行了调整，除了重新加入《巴黎协定》外，拜登政府对北极地区的军事安全及气候议题的关注度也逐渐提高。2020 年 11 月，拜登提名前国务卿约翰·克里担任美国总统气候问题特使，该职位是为美国国家安全委员会处理气候变化问题而设立的。

在美国 2016 年发布的北极战略中提到了气候变化正在对北极地区、生活在那里的人们，以及相关的社会、经济和安全产生各种不同的、不断加速的影响。气候变化对北极地区的食品和能源安全、人类健康、基础设施、自然资源管理、个人安全，以及水和卫生设施构成了越来越大的风险。2021 年，拜登上台后，美国重启了应对北极事务的北极执行指导委员会。据统计，在美国国会网站显示的法律提案中，涉及北极地区气候变化的法律提案仅在 2021 年一年中就有 32 项之多。[①] 在应对气候变化方面，美国的北极政策与战略的重要性是低于美国北极地区的军事与安全的，随着拜登政府宣布

---

① https：//www. congress. gov/search? q =% 7B% 22congress% 22% 3A% 5B% 22117% 22% 5D% 2C%22source%22% 3A% 22all% 22% 2C% 22search% 22% 3A% 22Arctic + climate + change% 22% 7D&pageSize = 100&page = 1.

美国重新加入《巴黎协定》，美国应对极地地区气候变化的法律与政策也会及时地进行调整与更新。

（二）俄罗斯

根据俄罗斯2020年发布的《2035年前俄罗斯联邦北极国家基本政策》，俄罗斯的新北极政策重申了俄罗斯保护北极环境的意图，明确了应对气候问题需要迫切地采取相关行动。俄罗斯北极地区衰落的重工业、永久冻土层融化等问题深受气候变化影响，这些问题持续下去会对北极脆弱的生态系统造成严重损害。比如，2020年6月，俄罗斯北极地区某处永久冻土层的融化造成了俄罗斯一个大型储油罐下沉，超过2万吨的柴油泄漏到安巴尔纳亚河；2020年，俄罗斯北极地区的森林大火失去控制。因此，俄罗斯的新北极政策建议提高敏感基础设施的等级，以应对气候变化。俄罗斯的新北极政策还计划建设新的自然保护区，并将国家支持转向垃圾处理部门。俄罗斯还将在北极地区建立定期的污染监测制度。

2020年底，俄罗斯总统普京首次正式要求政府采取措施，减少温室气体排放。根据这一要求，俄罗斯政府于2021年10月通过了一项新的发展战略，宣布了一个新的中期目标，即俄罗斯到2030年温室气体排放量比1990年减少70%，到2050年，温室气体排放量比2019年减少60%，到2060年实现碳中和。为实现所宣布的国家战略，俄罗斯政府提出了多项政策与措施，主要包括将以煤为基础的能源生产替换为非煤或低煤能源，增加清洁能源的利用量。俄罗斯于2021年颁布并于当年12月30日生效的关于限制温室气体排放的新法律引入了“碳单位”的概念，规定了每个正在开发气候项目的公司可以获得一定数量的碳单位。俄罗斯杜马目前正在审议一项新的法律草案，在萨哈林地区的项目建立一个特殊的碳中和实验制度，该实验应在2022~2025年进行，如果成功，将扩展应用到俄罗斯其他地区。[①] 2021

① “The Environment and Climate Change Law Review: Russia, Anna Saenko and Sergey Shiposha,” Linklaters LLP, 02 February 2022.

年 10 月 29 日，俄罗斯政府批准了《俄罗斯低碳社会经济发展战略》，该战略计划到 2050 年俄罗斯将温室气体排放量从 2019 年的水平减少 60%，比 1990 年的水平减少 80%。该战略还计划投资约 88.8 万亿卢布以减少温室气体排放。[①]

（三）加拿大

根据加拿大政府的《加拿大北极和北方政策框架》，[②] 加拿大北方地区的变暖速度约为全球平均变暖速度的 3 倍，这正在影响加拿大的环境、生物多样性、文化和传统，以及北极原住民的生活。与此同时，气候变化和科技进步正在使北极地区更容易进入，加拿大的北极区域已成为气候变化、国际贸易和全球安全问题交会的重要地区。随着海冰融化，加拿大开辟了新的航运路线，它使丰富的自然资源触手可及，旅游利益的增加也给加拿大带来了更多的安全方面的挑战，包括搜索、救援以及人为造成的灾难。加拿大政府希望通过建立新的伙伴关系，以减轻气候变化对个人、社区、企业和政府的巨大影响，并确保北极地区拥有更可持续的未来。[③]

加拿大政府在《加拿大北极和北方政策框架》的目标 5 中指出，要在加拿大的北极和北方地区尽力实现气候复原力的目标是现实的需求。加拿大北极地区的气温急速上升，这给北极和北部社区、生态系统和基础设施带来了巨大压力，也对陆地和海洋生态系统产生了广泛影响，加剧了现有威胁对生物多样性的影响，因此需要采取紧急行动来减缓气候变化的影响。加拿大政府在气候复原力的恢复上，采取了以下的政策与方法：通过增强北极地区的信息获取能力以更好地降低决策风险；建立气候监测与观察机制，尽量减轻污染等其他环境压力以减少不利影响；建立恢复自然资源可持续的机制，加强对生物多样性的保障；充分发挥

① Janis Kluge and Michael Paul, "Russia's Arctic Strategy through 2035, Grand Plans and Pragmatic Constraints".

② "Canada's Arctic and Northern Policy Framework," www. rcaanc-cirnac. gc. ca.

③ "Canada's Changing Climate Report," (Government of Canada, 2019), pp. 84, 85, 118, 125, 434.

原住民在北方生态系统管理中的独特作用，与原住民合作，加强原住民在气候治理中的作用。

同时加拿大政府指出，影响加拿大北极和北方地区的一些最紧迫的环境问题，如气候变化、海洋污染，都无法仅通过国内机制来解决，因为问题的根源是该地区以外的其他地区。虽然这些环境问题具有全球性，但对加拿大北方地区特别是对加拿大的北极原住民，产生了很大的影响。因此，加拿大将发挥领导作用，倡导采取更及时和有效的国际行动，以应对气候变化给加拿大北极和北方地区、原住民带来的环境挑战。

通过加拿大政府的北极政策可以看出，加拿大政府对深受气候变化影响的北极地的重视程度较高，而且关注到了深受气候变化影响的北极原住民，但认识到影响只是第一步，加拿大政府需要制定更多的政策和法律，并在实践中去解决气候变化带来的社会与生态问题。

（四）丹麦

丹麦政府在2011年颁布的《丹麦王国北极战略》中有关于气候的专门议题，表现出对气候变化影响下北极环境、经济、能源以及北极原住民生存状况的关注。

2020年，丹麦政府发布了一份名为《一个绿色和可持续发展的世界》的文件，文件中指出，全球气候行动如果要控制在达到《巴黎协定》的1.5℃目标内，必须在未来10年内采取行动，丹麦正以《丹麦气候法》和前所未有的气候与政策来引领气候治理，以引导世界各国齐心协力达成《巴黎协定》的目标。该文件还指出，气候议程必须由政府的所有部门齐心协力共同来执行，从技术层面到最高政治层面，都必须严格地执行气候议程。因此，丹麦政府已经采取了行动。丹麦政府希望加强《联合国气候变化框架公约》，保持《巴黎协定》的地位，使其成为一个可持续发展的工具，以确保建立一个尽可能宏大的框架。丹麦正在努力使《巴黎协定》成为一个运作良好和可信的框架以确保持续加强全球气候议题。在该文件中，丹麦政府指出，丹麦政府要确保建立一个强有力的协商框架机制以应对气候变化，丹麦政府也将成为引领气候政策外交的重要驱动力，努力加强气候外交，增强丹麦政府对气候行动的引领作用。[①]

（五）挪威

挪威属于深受气候变化影响的北极国家之一，在挪威外交部发布的《挪威北极战略》中，[②] 挪威政府认为挪威对确保北极地区所有活动的健全管理负有重大责任，以确保对北极地区的所有活动进行合理管理，以便保护该地区的脆弱环境。挪威认识到气候变化是对北方物种和生态系统的主要威胁，气候变化也使它们更容易受到其他环境压力的影响。因此需要更多的科学知识和新方法来尽量减少人类活动和气候变化对北极环境的影响。这是挪威和北极国家之间合作的一个重要治理议题，也是挪威与北极国家之间合作的一个重要问题。

（六）瑞典

2020 年瑞典政府发布了最新的《瑞典北极战略》，[③] 瑞典作为北极八国之一，其北极战略在国家议题中较为重要并且影响着北极地区的治理。在其北极战略中，瑞典政府强调加强北极地区的国际合作，以应对北极地区不断加剧的气候变化。在保护北极地区气候环境的问题上，瑞典政府认为气候变化对北极环境及瑞典环境的影响是密不可分的。因此，瑞典政府将以严格执行《巴黎协定》为目标，并充分发挥领导作用，充分重视北极环境治理的重要性。2018 年瑞典政府发布了国家应对气候变化适应战略，该战略已经在瑞典国内被议会提交为法案。

---

① "A Green and Sustainable World—The Danish Governments's Long-Term Strategy for Global Climate Action," The Danish Government, 2020, 最后访问日期：2022 年 3 月 26 日。

② "Norway's Arctic Strategy—between Geopolitics and Social Development," Norwegian Ministries, 最后访问日期：2022 年 3 月 26 日。

③ Government Offices of Sweden, "Sweden Strategy for the Arctic Region," 最后访问日期：2022 年 3 月 26 日。

（七）芬兰

芬兰在本国最新的北极政策战略中提出了芬兰在北极地区的主要目标。[①] 芬兰政府指出，人类在北极地区的所有活动都必须建立在生态承载力、气候保护、可持续发展原则和尊重原住民权利的基础上。芬兰北极政策战略的重点是缓解和适应气候变化。芬兰提出其作为一个北极国家，是北极理事会的八个常任理事国之一。芬兰希望通过加强与其他国家的密切合作，实现与北极地区有关的可持续发展目标，并与全球气候治理的措施相结合，减缓不断加速的气候变化，并减轻其有害影响。气候变化的缓解和适应与北极地区的所有行为者有关，包括居民个人、市政当局、区域一级、州和企业。减少温室气体和黑炭排放在缓解气候变化方面发挥着关键作用。旨在减少碳排放的低排放技术解决方案和运输安排也至关重要。芬兰《2022 年国家气候变化适应计划》的更新工作已经开始。芬兰新的《国家气候与能源战略》和《中期气候变化政策计划》的编制工作于 2020 年启动。2022 年 3 月 8 日，芬兰议会在关于新《气候变化法》的提交辩论中讨论了芬兰气候政策。芬兰政府起草的提案是为了确保芬兰 2035 年的碳中和目标得以实现。除了碳中和目标之外，该法案还设定了 2030 年、2040 年和 2050 年的减排目标。

（八）冰岛

2018 年 9 月，冰岛政府宣布了一项新的气候行动计划。[②] 该计划是一个分水岭，因为它是第一个得到政府充分资助的长期综合计划，政府对气候缓解关键措施的资助大幅增加。2020 年 6 月冰岛政府提交了气候行动计划的更新版本，提出了新的详细措施和增加的资金。更新后的计划还包含了显著改进的分析。冰岛政府提出了应对气候变化的集体减缓行动和公民个人减缓

---

① “Finland’s Strategy for Arctic Policy,” Publications of the Finnish Government，最后访问日期：2022 年 3 月 26 日。

② “Iceland’s National Plan,” November 2020，Government of Iceland Ministry for the Environment and Natural Resources，最后访问日期：2022 年 3 月 26 日。

行动——旨在减少温室气体排放和增加大气中的碳吸收。气候行动计划是冰岛实现《巴黎协定》目标的主要工具，特别是2030年的减排目标。该计划还旨在帮助冰岛政府在2040年前实现碳中和的中远期目标。

表1 北极国家应对气候变化的国家战略与法律规制情况（截至2022年3月底）

国家	北极战略(英文)	法律规制现状
美国	Implementation Framework for the National Strategy for the Arctic Region	美国国会网站显示,美国关于"气候变化"的议题已经成为法律文件的共有266项,涉及北极气候变化的提案成为法律的有67项。①
俄罗斯	Russia Arctic Strategy through 2035	在国际条约和《俄罗斯联邦宪法》规定的基础上,俄罗斯政府通过了多项环境法律和条例。俄罗斯环境立法的基石是2001年《联邦环境保护法》。②
加拿大	Canada's Arctic and Northern Policy Framework	根据加拿大议会官方网站,以"北极气候变化"为关键词的提案与立法共有16项。③
丹麦	Kingdom of Denmark Strategy for the Arctic	丹麦议会于2021年12月6日通过了丹麦首部《气候法案》,制订了丹麦将在2030年实现温室气体减排70%的目标。
挪威	Norway's Arctic Strategy—between Geopolitics and Social Development	挪威在2021年更新了《气候变化法》,本法的目的是促进挪威气候目标的实施,作为其在2050年前向低排放社会转型进程的一部分。④
瑞典	Swedish Arctic Strategy	根据瑞典议会网站,瑞典关于"北极气候变化"的报告文件有6项,声明类文件14项。⑤
芬兰	Finland's Strategy for Arctic Policy	芬兰暂未制定气候法,但2022年3月8日芬兰议会在关于新《气候变化法》的提交辩论中讨论了气候政策。⑥
冰岛	Iceland's National Plan	根据冰岛政府网站统计,冰岛政府关于"北极气候变化"的议题暂未发布法律文件,但有关报告类文件共有7项。⑦

注：①https：//www. congress. gov/search？ q = % 7B% 22source% 22% 3A% 22legislation% 22% 2C% 22search%22%3A%22，最后访问日期：2022年3月26日。

②The Environment and Climate Change Law Review：Russia，Anna Saenko and Sergey Shiposha，Linklaters LLP，02 February 2022，最后访问日期：2022年3月26日。

③https：//www. parl. ca/LegisInfo/en/bills？ keywords = Arctic% 20Climate&parlsession = all，最后访问日期：2022年3月26日。

④https：//lovdata. no/dokument/NLE/lov/2017-06-16-60？ q = climate，最后访问日期：2022年3月26日。

⑤https：//www. riksdagen. se/sv/dokument-lagar/？ q = climate + Arctic&st = 2&p = 1，最后访问日期：2022年3月26日。

⑥ https：//www. eduskunta. fi/EN/tiedotteet/Pages/New - Climate - Change - Act - in - referral - debate. aspx，最后访问日期：2022年3月26日。

⑦ https：//www. government. is/publications/reports/ $ LisasticSearch/Search/？ SearchQuery = Arctic + Climate&Ministries = &Themes = &Year = ，最后访问日期：2022年3月26日。

从上文和表1中可看出，北极八国在应对气候变化议题上均作出了国家政策与战略上的反应。在应对气候变化议题的设置上，北极八国有以下几个特点，其一，北极八国在其国家政策与北极战略上给出的反应程度与内容仅包括主要内容与影响，并未全部编制全面详细的应对措施与方案。其二，在法律制定层面，北极八国已经有国家制定了专门性立法，颁布了气候法案，比如丹麦、挪威。俄罗斯、美国、加拿大等北极地区大国在应对气候变化问题的立法时主要体现在法律提案以及其他环境类法律上。其三，北极国家在应对气候变化中发布了专门的报告类文件与国家公告等，此类文件在应对气候变化问题上可以作为法律的补充，但是其作为法律的补充，效力较弱。以上便是北极地区主要国家应对气候变化议题的主要情况。由于气候变化议题的更新及全球性等因素，北极八国国内的法律与战略方面的措施并不能很好地应对气候变化问题及其影响，所以在应对气候变化时需要一个更为完整的实施方案与全球框架体系。

三　北极国家在《联合国气候变化框架公约》体系下的发展动态

这一部分将根据北极国家在《联合国气候变化框架公约》下提交的国家自主贡献（Nationally Determined Contribution，NDCs）来分析北极国家在应对全球气候变化时的国家层面的承诺、采取的措施和相关法律规制情况。由于北极八国在国家层面的减排措施与法律规制也同样适用于该国的北极地区，北极八国的国家自主贡献和承诺在气候议题中较为重要。《联合国气候变化框架公约》是世界上第一个为全面控制温室气体排放、以应对全球气候变暖给人类经济和社会带来不利影响的国际公约，也是国际社会在应对全球气候变化问题上进行国际合作的一个基本框架。公约第二条规定，“本公约以及缔约方会议可能通过的任何相关法律文书的最终目标是：根据本公约的各项有关规定，将大气中温室气体的浓度稳定在防止气候系统受到危险的人为干扰的水平上。这一水平应当在足以使生态系统能够自然地适应气候变化、确保粮食生产免受威胁并使经济发展能够可持续地进行的时间范围内实现”。同时公约第四条规定了相关国家的承诺的部分，规定“所有缔约方，考虑到它们共同但有区别的责任，以及各自具体的国家和区域发展优先顺序、目标和情况，应制订、执行、公布和经常地更新国家的以及在适当情况下区域的计划，其中包含从《蒙特利尔议定书》未予管制的所有温室气体的源的人为排放和汇的清除来着手减缓气候变化的措施，以及便利充分地适应气候变化的措施”。因此制定适应和应对气候变化的措施与法律规制也是缔约国的责任与义务所在。

国家自主贡献（NDCs）是《巴黎协定》实现长期目标的核心。NDCs体现了每个国家为减少温室气体排放和适应气候变化的影响而作出的努力。《巴黎协定》第四条第二款要求各缔约方应编制、通报并保持它打算实现的下一次国家自主贡献。《巴黎协定》第六条规定：“缔约方认识到，有些缔约方选择自愿合作执行它们的国家自主贡献，以能够提高它们减缓和适应行动的力度，并促进可持续发展和环境完整。”NDCs代表了每个国家在缔约方大会下应对全球气候变化问题作出的国家自主决定的贡献和承诺，截至2022年6月，共有194个缔约方提交了第一份NDCs，13个缔约方提交了第二份NDCs，对应对全球气候变化问题具有重要作用与意义，本文将总结北极八国（美国、俄罗斯、丹麦、加拿大、挪威、瑞典、冰岛、芬兰）在其网站上提交的NDCs，并分析其提交的NDCs可能对北极地区应对气候变化治理的发展产生的影响。①

（一）美国

美国根据《巴黎协定》设定的长期目标，即将全球平均气温升幅较工业化前水平控制在显著低于2℃的水平，并努力将温度上升幅度限制在1.5℃以内，制定了2030年国家自主贡献，即2030年排放目标。美国也制

① https：//www4. unfccc. int/sites/NDCStaging/Pages/All. aspx，最后访问日期：2022年3月26日。

定了应对气候变化需要迫切地采取行动的方案。美国是世界上第二大能源生产国和消费国，方案的制定为其通过提高能源效率来减少温室气体排放创造了重要机会。美国是清洁能源创新和部署的领导者，通过增加对清洁能源、其他温室气体减排活动和技术的投资，以支持抵御和适应不断变化的气候。[①] 美国制定了有助于到 2035 年实现符合 NDCs 的减排政策，主要包括：制定尾气排放和效率标准、鼓励零排放的个人车辆的生产和使用、为充电基础设施提供资金，在建筑行业、工业和农业方面，均采取措施以减少碳排放和封存碳的行动等。

同时美国也在探索通过国内行动与国际组织的联合行动以应对气候变化，比如美国与国际海事组织（IMO）、国际民用航空组织（ICAO）联合起来支持国际海事和航空能源使用脱碳的方法。在法律政策方面，美国将实施《美国创新和制造（AIM）法案》，以逐步减少氢氟碳化合物的使用。美国还制订了在 2030 年实现温室气体净排放量比 2005 年减少 50%~52%的经济目标。同时，美国成立了应对气候变化的美国国家气候数据中心，以制定目标与实施政策为主，促进《巴黎协定》目标更好地实现，达到不迟于 2050 年实现全球净零排放的目标。

（二）俄罗斯

俄罗斯提交的国家自主贡献是与其国家战略保持一致的。俄罗斯计划到 2030 年，温室气体排放量比 1990 年减少 70%。俄罗斯在考虑可持续和平衡的社会经济发展目标和履行《巴黎协定》承诺的基础上，制定了 NDCs，并制订了适应气候变化的第一阶段国家行动计划。[②]

俄罗斯还专门提及了气候变化的适应性。涉及国家适应气候变化的优先

① https：//www4. unfccc. int/sites/ndcstaging/PublishedDocuments/United% 20States% 20of% 20America% 20First/United% 20States% 20NDC% 20April% 2021% 202021% 20Final. pdf，最后访问日期：2022 年 3 月 26 日。

② https：//www4. unfccc. int/sites/ndcstaging/PublishedDocuments/Russian%20Federa tion%20First/NDC_ RF_ eng. pdf，最后访问日期：2022 年 3 月 26 日。

事项、战略、政策、计划、目标和行动，确定经济部门和政府领域适应气候变化的优先措施（主要在运输、燃料和能源综合体、建筑、住房和社区服务、农工综合体、渔业、自然管理、卫生保健、工业、基础设施等方面）。同时通过技术监管措施来应对自然和人为的紧急事件，保护俄罗斯公民在俄罗斯北极地区的活动。

（三）加拿大

加拿大在2017年向《联合国气候变化框架公约》提交的第一份NDCs中表明加拿大认识到减少温室气体排放的必要性，[①] 并认为应对气候变化是向强大的、多样化的和有竞争力的低碳经济转型的机会。为了促进《巴黎协定》目标的达成，加拿大政府承诺2030年的温室气体排放量比2005年减少30%。同时提出应对气候变化的具体措施，包括：（1）为碳污染定价，计划通过提高碳定价使投资和企业向低碳型转化；（2）采取补充性的缓解行动，比如制定部门性的减排措施、制定清洁燃料标准；（3）重视建立气候复原力的重要性，建立一个气候服务中心。

加拿大在其提交的第二份NDCs中提到加拿大最新的国家自主贡献计划到2030年将温室气体排放量比2005年的水平减少40%~45%。此外，加拿大承诺到2050年实现净零排放。第二份NDCs提供了3个附件，附件1进一步概述了加拿大增强的国家数据中心，以及为清晰、透明和理解而提供的相关信息。附件2概述了省级和地区的气候行动，附件3概述了加拿大原住民的气候行动。加拿大政府认识到要积极利用法律与政策以达成碳中和目标的紧迫性与积极性。文件指出，距2030年还有不到10年的时间，随着世界各国迅速转向更清洁的经济，加拿大的气候行动目标需要快速实现，同时需要把握住气候行动带来的经济机遇。加拿大的气温变暖速度是全球平均气温变暖速度的2倍，而加拿大北方的气温变暖速度则是全

---

① https：//www4. unfccc. int/sites/ndcstaging/PublishedDocuments/Canada% 20First/Canada% 27s%20Enhanced%20NDC%20Submission1_ FINAL%20EN. pdf，最后访问日期：2022年3月26日。

球平均气温变暖速度的3倍。加拿大在努力减少温室气体排放的同时，也深受气候变化的影响。除了考虑《联合国气候变化框架公约》和《巴黎协定》所涵盖的温室气体外，加拿大正在采取行动以减少短期气候污染物，如黑炭。黑炭对加拿大这个北极国家的影响特别大，因为它对北极变暖起重要作用。

加拿大的NDCs中还提到了与原住民有关的气候政策和合作战略。加拿大政府宣称支持《联合国土著人民权利宣言》，并支持北极原住民的做法，承认原住民知识系统是政策、方案和决策的平等组成部分。支持自决的气候行动对于促进加拿大与原住民的和解至关重要。为了支持原住民适应不断变化的气候，并为国家脱碳努力作出贡献，加拿大政府将继续加强与原住民第一大民族因纽特人的合作，将原住民的气候领导地位作为加拿大加强气候计划的基石。

（四）挪威

挪威于2015年3月3日提交了其计划的国家自主贡献,[1] 计划在2030年之前将温室气体排放量比1990年至少减少40%。在2016年的国家自主贡献更新版本中，挪威计划到2030年将温室气体排放量比1990年至少减少50%，接近55%。《挪威气候变化法案》中提出挪威到2030年温室气体排放量比1990年至少减少40%的气候目标。该法案的目的是促进挪威气候目标的实施，作为挪威到2050年向低排放社会转型过程的一部分。2030年气候目标以及减排政策和措施的实施是挪威迈向低排放社会的重要步骤。

（五）冰岛

气候变化对冰岛的影响包括冰川消退、林地扩大、海平面变化、海洋变

---

① https：//www4. unfccc. int/sites/ndcstaging/PublishedDocuments/Norway%20First/Norway_updatedNDC_ 2020%20（Updated%20submission）. pdf，最后访问日期：2022年3月26日。

暖和物种分布的变化，以及多种自然灾害风险的增加，特别令人关切的是海洋酸化及其对海洋生物和渔业的可能影响。①

冰岛曾于2015年提交了其国家自主贡献计划，该计划于2016年9月24日在冰岛批准《巴黎协定》时生效。冰岛政府宣布冰岛的国家自主贡献计划将成为欧洲国家集体行动的一部分，以实现到2030年温室气体排放量比1990年减少40%的目标。2019年冰岛对《气候法》进行了修正，加强了有关气候问题的行政框架。该法案规定了气候行动计划工作安排的明确方向，以及如何更新和审查该计划，还建立了适应气候变化的框架，并就气候变化对冰岛的影响的科学报告制定了指导方针。2019年，冰岛《气候法》修正案为冰岛建立气候理事会奠定了法律基础。冰岛气候理事会成员的任期为每届四年。作为一个独立机构，冰岛气候理事会的职责是为与气候变化有关的政策目标和具体措施提供建议。2021年冰岛政府提交了其国家自主贡献的更新版本，加强了承诺，即到2030年将温室气体净排放量比1990年减少至少55%，这一目标将通过与欧盟及其成员国和挪威联合行动来实现。

（六）丹麦、瑞典、芬兰

丹麦、瑞典、芬兰作为欧盟的成员国，这3个北极国家在《联合国气候变化框架公约》机制中并没有提交自己国家的NDCs,② 而是应用欧盟统一提交的文件。在这份NDCs中，2020年3月5日，欧盟理事会通过了欧盟及其成员国的长期低温室气体排放发展战略，反映了这一应对气候变化议题的中期目标，并将其提交给《联合国气候变化框架公约》秘书处。该文件规定它们应遵守到2050年前欧盟的气候中期目标，并为实现欧盟2030年新的气候目标作出贡献。自批准《巴黎协定》以来，欧盟制定了一个高效的、具有约束力的立法框架。目前在该框架下生效的欧盟政策的综合效应将至少

---

① https://www4.unfccc.int/sites/ndcstaging/PublishedDocuments/Iceland First/Iceland _ updated _ NDC_ Submission_ Feb_ 2021.pdf，最后访问日期：2022年3月26日。

② https://www4.unfccc.int/sites/ndcstaging/PublishedDocuments/Finland% 20First/EU _ NDC _ Submission_ December%202020.pd，最后访问日期：2022年3月26日。

实现欧盟初始 NDCs 中承诺的各成员国在 2021~2030 年编制综合的国家能源和气候计划，其中包括各国为实现联合能源和气候目标而作出的国家自主贡献以及《巴黎协定》下的相关承诺。通过这些政策和法律的运用与规制，欧盟计划到 2030 年，最终实现温室气体排放量比 1990 年减少至少 40%的目标。

欧盟还通过了一整套具有法律约束力的国内立法，以实施欧盟国家发展目标的各个方面的气候行动与减排目标。各缔约方根据《巴黎协定》第四条作出由国家决定的贡献，包括适应行动和经济多样化计划，从而产生符合第四条第七款的减缓共同利益。

综上，北极八国均提交了应对气候变化的 NDCs，也制定了符合《巴黎协定》目标一致性的应对措施和政策。其中，北极八国制定了符合《巴黎协定》的减排目标，并且也意识到了气候变化对北极地区的影响更为剧烈，比如加拿大在报告中提到了应对气候变化的行动是一个全球性的整体行动，仅仅靠几个国家的行为是不够的，以及要充分发挥政府在行动中的决策与领导作用。因此，如何更好地实施应对气候变化的行动与措施、更好地实现国际社会的气候治理是当今国际社会以及北极地区亟待解决的一个重要议题。

四　对当前北极国家参与气候治理情况的评价

上文对北极八国的北极政策及其提交的 NDCs 的主要内容进行了总结，可以看出北极八国均对气候变化这一全球议题作出了政策与法律层面的反应并制定了相应的措施。但仅靠国内的法律与政策的制定不足以应对气候变化这一全球性问题，特别是从各国的北极战略与政策中可以看出，北极国家对气候变化的应对具有过于概括性、法律体系不完善、强制性效力不足等特点。总的来看，主要存在以下问题。

第一，北极国家在应对气候变化问题上的协调与合作不足。气候变化的影响不可能由一个国家的行动来扭转或减轻，只能通过国家间的共同行动来实现。北极国家应对气候变化的主要方式是制定国内法律法规与政策。但在北极地区合作机制的联动性以及北极国家政策与法律并不相同的情况下，气候变化这样的全球议题显然需要北极国家展开更加深入的国家间合作和政策联动。正如加拿大政府在其北极战略中提及的，气候变化的影响难以靠一个国家的减排行动得到遏制，需要的是一个联合的整体行动。

第二，当前北极治理机制难以有效应对气候变化。北极治理中存在北极理事会、北极经济理事会、国际海事组织、巴伦支欧洲-北极理事会等不同国际机制和国际平台之间的重合与竞合的问题；并不存在可以与《联合国气候变化框架公约》及其缔约方大会这样统摄全球的国际气候治理机制相类似的“北极气候治理机制”。北极地区近年来政治局势紧张，作为北极地区重要治理机制的典范——北极理事会也在近期遭遇了严重困境。俄罗斯在2021年开始担任北极理事会轮值主席国，北极理事会的其他七个成员国在俄乌冲突爆发后集体宣布抵制俄罗斯在担任轮值主席国期间主持的所有会议和活动。作为北极地区治理的政府间高级别论坛，北极理事会的工作尤其是科学合作和气候变化应对下一步将如何进行和展开，存在严重的不确定性。

第三，气候变化议题的重视程度问题。虽然气候变化议题在北极国家的受重视程度颇高，但从大多数国家制定的相关政策与法律的主体来看，负责气候行动的部门是该国的环境部门，这表明气候变化仍然被视为一个环境问题。比如，芬兰的主管部门是农业和林业部，而丹麦的主管部门是气候和能源部。气候变化的影响已经不仅仅是威胁生态环境这么简单，随着气候变化在极地区域的加剧，可能引起更大的潜在的政治上的治理问题。

五　结语

气候变化对北极地区影响的剧烈性已不可忽视，为应对气候变化对北极的影响，北极八国均在其国内发布的北极战略与国家政策上作出了不同层面和程度的反应。2021 年 11 月联合国气候变化格拉斯哥大会开启了国际社会应对气候变化并实施《巴黎协定》的新时代，《巴黎协定》的约束力和实施愿景明显增强。北极八国如何在下一步更好地应对气候变化议题是一份困难且具有挑战性的治理任务。在北极现有的治理格局下应对气候变化问题，既需要北极国家之间加强沟通合作，也需要在国际层面加强多层次多维度的治理机制；与此同时，北极治理的稳定性和确定性还面临着国际局势紧张和冲突带来的阴影。这是北极国家和所有参与北极治理的利益攸关方需要持续密切关注和思考的治理命题。

B.5
北欧国家的北极政策更新：优先事项与合作趋势

李小涵*

摘　要： 北欧的历史、地理、文化、贸易和政治将五个国家紧密结合在一起，促成了它们在北欧以及国际平台中的双多边合作。然而，各国不同的地理、政治、安全和经济身份决定了其在北极地区不尽相同的利益。北欧国家近年更新的北极政策体现了各国存在许多共通的主题，也反映出各国北极事务优先事项的差异。比较北欧不同时期、不同国家及政府间北极政策，可以看出北欧国家如何在北极环境和政治局势变化中不断调整自身战略。由于冰层的融化和工商业活动的增加，北欧国家的北极国家身份为其带来新的挑战和机遇，北欧国家之间进一步加强北极合作是合乎逻辑的选择，统一的立场将使它们能够更好地保护其共同的北极利益，利用新的经济机会，并加强北欧各国在区域乃至全球双多边关系中的政治地位。

关键词： 北欧国家　北极政策　北极战略　北欧合作

北极理事会八个成员国中，有五个是北欧国家[①]。挪威、瑞典和芬兰领土的大部分位于北纬60°的北极圈内，冰岛的小部分领土和大面积海域位于北

---

* 李小涵，法学博士，中国海洋大学法学院科研博士后，主要研究领域为国际海洋法与极地法。

① 挪威、瑞典、芬兰、冰岛、丹麦、俄罗斯、美国、加拿大八个国家，通称为“北极八国”，其中前五个国家通称“北欧五国”。

极圈内，而丹麦则因格陵兰岛与法罗群岛跻身北极国家行列。北欧国家的北极地区存在许多共同点，如该地区自然资源丰富，偏远、寒冷且地广人稀，城市化和基础设施水平不一，是热门的旅游目的地，以林业、采矿和石油为基础的工业运营，还有大规模的渔业和水产养殖业。

尽管存在许多共同之处，但北欧北极地区仍然是一个多元化的地区，不能总是将其称为一个面临相同挑战和机遇的单位。[①] 在过去的 15 年里，所有北欧国家都制定了北极地区战略，有的国家在短时间内修改了其战略或发布了多份政策文件，这些政策和战略文件体现了北欧五国不尽相同的北极地区优先事项。此外，一些与北极地区没有直接关系的政府间区域组织也制定了北极战略文件，如欧盟和北欧理事会。这表明北极地区的未来发展不仅关系到管辖该区域的国家和地区，而且由于其特殊的地理位置和环境，它已成为超国家层面的政策利益问题。

随着人们对北极的兴趣日益浓厚，北欧北极地区的共同发展潜力受到各个北欧国家及政府间国际组织的重视。北欧五国如何调整各自的北极政策，并通过区域组织制定跨国家战略，在维护自身利益的同时推进北欧北极地区多维度合作，值得长期关注和研究。

一　北欧国家北极政策发展情况

2006 年以来，所有北欧国家都为其北极地区制定了北极政策或战略文件，大部分国家于 2020~2021 年更新了北极政策（见表 1）。挪威及瑞典的北极战略更新情况在往年的《北极地区发展报告》中已有详细的专题论著，因此本文不赘述。本文将重点阐述冰岛及芬兰北极政策在 2021 年的更新情况，并讨论即将更新的丹麦北极政策。

---

① Anna Karlsdóttir et al., *Future Regional Development Policy for the Nordic Arctic: Foresight Analysis 2013 - 2016*, (Nordregio, 2017), p. 12. https://nordregio.org/publications/future-regional-development-policy-for-the-nordic-arctic-foresight-analysis-2013-2016/，最后访问日期：2022 年 5 月 11 日。

表 1　北欧国家或地区涉北极政策文件

	2006~2010 年	2011~2019 年	2020~2021 年
冰岛	2009 年《高北地区的冰原》	2011 年《关于冰岛北极政策的议会决议》 2016 年评估报告《冰岛的北极利益》	2021 年《冰岛对北极地区相关事项的政策》
挪威	2006 年《挪威政府的高北战略》 2009 年《新的北方建筑石：政府的下一步高北战略》	2014 年《挪威的北极政策：创造价值、管理资源、应对气候变化和促进知识》 2017 年《挪威的北极战略：在地缘政治与社会发展之间》	2020 年《挪威政府的北极政策：北极地区的人民、机会和挪威利益》
瑞典		2011 年《瑞典的北极地区战略 2011》 2016 年《北极环境政策》	2020 年《瑞典北极地区战略 2020》
芬兰	2010 年《芬兰的北极地区战略 2010》	2013 年《芬兰的北极地区战略 2013》 2016 年《关于更新后北极战略中优先事项的政府政策》 2017 年《更新后北极战略的行动计划》	2021 年《芬兰的北极政策战略 2021》
丹麦（丹麦-格陵兰-法罗群岛）		2011 年《丹麦王国北极战略（2011—2020）》 2016 年外交政策报告《动荡时期的丹麦外交和国防》	（2021 年，延期）

资料来源：根据各国政府官网资料，由笔者整理制作。

1. 冰岛

冰岛位于北极地区重要的海洋十字路口，正日益成为北极地区重要的经济和科学合作中心。冰岛是北极理事会的创始国之一，并成功履行了 2019~2021 年北极理事会轮值主席国的职责。冰岛还是北极理事会各工作组秘书处的东道国，包括：北极动植物保护工作组（1996 年至今）、北极海洋环境保护工作组（1999 年至今），以及国际北极科学委员会（IASC，2017 年至今）。冰岛政府强调，冰岛是唯一完全位于北极地区的民族国家。[①]“很少有国家比冰岛对该地区的可持续发展更感兴趣，北极问题几乎触及冰岛社会的

① Ísland á Norðurslóðum. Utanríkisráðuneytið, Utanríkisráðuneytið, 2009 年, https://www.stjornarradid.is/media/utanrikisraduneyti-media/media/skyrslur/skyrslan_island_a_nordurslodum.pdf，最后访问日期：2022 年 5 月 11 日。

方方面面，是冰岛外交政策的重点。”[①]

（1）冰岛北极政策回顾

冰岛的北极战略在2005年首次尝试将冰岛置于北极国家的框架内，[②] 冰岛外交部在2009年发布了更正式的北极政策报告《高北地区的冰原》，[③] 随后于2011年发布了《关于冰岛北极政策的议会决议》，[④] 其中提出了冰岛北极政策的12项优先事项。它们包括冰岛在该地区的地位、北极理事会和《联合国海洋法公约》的重要性、气候变化、自然资源的可持续利用，以及安全和商业利益等。此外，重点还放在与法罗群岛和格陵兰的合作以及原住民权利上。

2016年9月，冰岛就其北极领域及其在北极背景下的利益发表了一份新的立场文件。[⑤] 该评估报告的目的是绘制冰岛在复杂北极环境中的主要利益，其中包括国际政治和经济机遇，以及与之相关的挑战——尤其是环境。该评估报告重申了冰岛对其北极领域定位的立场：“冰岛及其周边海域大部分位于北极的界定边界内，因此与其他地理上部分位于北极内的国家相比，冰岛具有特殊的地位。很少有国家对北极的有利发展如此重要。”这一情况要求“冰岛的利益不应狭隘地定义在地理上”，而应将北极视为生态、经济、政治和安全相关意义上的健康地区。冰岛希望依赖其气候友好型能源和相关专业知识，在北极国家和非北极国家中创造独特的地位，并在北极事务

---

① “The Arctic Region,” Iceland Ministry of Foreign Affair，https：//www. government. is/topics/foreign-affairs/arctic-region/，最后访问日期：2022年5月11日。

② Fyrir stafni，Skýrsla starfshóps utanríkisráðuneytisins，2005年，https：//www. stjornarradid. is/media/utanrikisraduneyti-media/media/utgafa/vef_skyrsla. pdf，最后访问日期：2022年5月11日。

③ Ísland á Norðurslóðum. Utanríkisráðuneytið，Utanríkisráðuneytið，2009年，https：//www. stjornarradid. is/media/utanrikisraduneyti-media/media/skyrslur/skyrslan_island_a_nordurslodum. pdf，最后访问日期：2022年5月11日。

④ “A Parliamentary Resolution on Iceland's Arctic Policy”（Approved by Althingi at the 139th legislative session），Iceland Ministry of Foreign Affair，2011年，https：//www. government. is/media/utanrikisraduneyti-media/media/nordurlandaskrifstofa/A-Parliamentary-Resolution-on-ICE-Arctic-Policy-approved-by-Althingi. pdf，最后访问日期：2022年5月11日。

⑤ Hagsmunir Íslands á norðurslóðum，Forsætisráðuneytið，2016年，https：//www. stjornarradid. is/media/forsaetisraduneyti-media/media/Skyrslur/HAGsmunamat_Skyrsla-LR-. pdf，最后访问日期：2022年5月11日。

中将环境问题放在首位。该评估报告特别关注五个因素：国际发展、全球变暖、商业开发和资源利用、运输和基础设施、安全。

2019~2021 年冰岛担任北极理事会轮值主席国期间发布的主席国计划主题为"共同实现可持续发展的北极（Together Towards a Sustainable Arctic）"，[①] 该计划强调了四点优先事项：北极的海洋环境、气候与绿色能源解决方案、北极人民与社区、更强大的北极理事会。

2021 年 1 月，冰岛外交部任命的格陵兰委员会发布了一份名为《新北极地区的格陵兰和冰岛》的政策报告，其中详细分析了格陵兰与冰岛目前的合作，并就如何加强合作提出了建议。[②] 这份编写于 2020 年底的报告审查了土地和社会、政府结构和政治、基础设施发展，包括航空和海运的重大发展，特别关注东格陵兰岛及其特殊挑战。报告指出，双方在渔业、航空服务、空中交通管制、旅游和北极事务等方面已经拥有许多共同利益，在采矿业的医疗保健、教育和支持服务方面加强合作可能成为未来的重要合作领域。报告编写委员会提出了 10 项共 99 条政策制定建议，包括建议双方一开始就建立框架协议，签订新的双边贸易协定、新的全面渔业协议，组建新的冰上搜索和救援组织，建设东格陵兰岛的小型水力发电站，以及建立新的文化教育层面国际合作中心，并建议冰岛外交部部长提出关于格陵兰政策的议会决议。

（2）冰岛 2021 年北极政策更新要点及变化

2021 年 10 月，冰岛外交部根据冰岛议会于同年 5 月通过的 25/151 决议，发布了名为《冰岛对北极地区相关事项的政策》的正式政策文件。[③] 该

---

① "The Icelandic 2019 - 2021 Chairmanship Programme, Icelandic Arctic Cooperation Network," 2019 年，https://www.government.is/library/01 - Ministries/Ministry - for - Foreign - Affairs/PDF-skjol/Arctic%20Council%20-%20Iceland's%20Chairmanship%202019-2021.pdf，最后访问日期：2022 年 5 月 11 日。

② "Greenland and Iceland in the New Arctic," Iceland Ministry for Foreign Affairs, https://www.government.is/news/article/2021/01/25/Publication - of - the - Greenland - Committee - Report/，最后访问日期：2022 年 5 月 11 日。

③ "Iceland's Policy on Matters Concerning the Arctic Region," Iceland Ministry for Foreign Affairs, https://www.government.is/publications/reports/report/2021/10/15/Icelands - Policy - on - Matters-Concerning-the-Arctic-Region/，最后访问日期：2022 年 5 月 11 日。

文件提出了新的 19 条冰岛北极政策优先事项，与 2011 年政策文件的 12 项优先事项相比，在具体问题的立场上出现了一些变化（见表 2）。

表 2　冰岛 2011 年与 2021 年北极政策优先事项比较

主题	2011 年 12 项优先事项	2021 年 19 项优先事项
北极国际治理	1. 促进和加强北极理事会这一最重要的北极问题协商论坛，并致力于在北极理事会就北极问题作出国际决定	1. 基于指导冰岛外交政策的价值观，包括和平、民主、人权和平等，积极参与有关北极地区事务的国际合作 2. 继续支持北极理事会，推动其成为最重要的地区事务磋商与合作论坛
冰岛的北极身份定位	2. 确保冰岛作为北极区域内沿海国家的地位，以影响其发展，并根据法律、经济、生态和地理理由就区域问题作出国际决定 3. 促进对北极地区既延伸到北极地区本身，也延伸到与之紧密相连的北大西洋部分这一事实的理解	16. 加强冰岛作为北极国家的地位和形象，发展有关北极事务的地方知识和专门知识，并增加对教育、科学和讨论中心的支持
争端解决及国际法	4. 根据《联合国海洋法公约》解决与北极有关的分歧	3. 促进和平解决北极地区可能出现的争端，并尊重国际法，包括《联合国海洋法公约》和国际人权条约
经济、科技等领域具体国际合作安排	5. 加强和增加与法罗群岛和格陵兰的合作，以促进冰岛和丹麦之间就北极事务的共同利益和政治立场 10. 进一步发展北极地区各国之间的贸易关系，从而为冰岛人争夺北极地区经济活动增加所创造的机会打下基础	10. 利用北极地区可能的经济机会，着眼于资源的可持续性和负责任使用 11. 进一步推进北极地区的商业、教育和服务贸易与合作，特别是与冰岛最近的丹麦所属的格陵兰岛和法罗群岛 13. 提高搜救能力，应对意外污染事件，例如在冰岛建立区域搜救群，并进一步加强国际合作 17. 支持北极地区的国际科学合作，促进科学成果的传播，促进国家研究活动，包括通过制定北极研究计划 18. 在北极圈论坛成功的基础上，建立一个非营利基金会，在冰岛运营一个北极中心，为其创建一个未来的框架 19. 进一步加强阿库雷里作为冰岛北极事务中心的地位，包括支持教育、研究机构和知识中心，加强有关北极地区事务的地方磋商与合作

续表

主题	2011 年 12 项优先事项	2021 年 19 项优先事项
对其他国家立场	7. 在与冰岛在北极地区的利益有关的问题上,以协议为基础,促进与其他国家和利益攸关方的合作	15. 积极看待域外各方对北极事务日益增长的兴趣,但前提是尊重国际法和北极八个国家的地位,并以和平和可持续的方式行事
原住民权益	6. 支持北极原住民的权利,与原住民组织密切合作,支持他们直接参与有关区域问题的决定	9. 关注北极地区的居民的福利,包括他们谋生的机会和获得数字通信、教育和医疗服务,以支持原住民和人人平等的权利,以及保护北极地区人民的文化遗产和语言
气候变化与环境关切	8. 利用一切可用手段防止人为引起的气候变化及其影响,以改善北极居民及其社区的福祉	5. 聚焦应对北极气候变化及其负面影响 6. 把环境保护放在首位,包括保护北极地区的生物群落和生物多样性 7. 保障海洋环境健康,包括对海洋酸化和各种海洋污染造成的威胁采取预防性行动 8. 专注于减少北极地区化石燃料的使用,包括停止在航运中使用重油,改善可再生能源的获取,并采取确保能源转型的支持措施
基础设施建设	无	12. 努力加强监测和更安全的海空运输,包括改善连通性和更紧密的卫星网络系统等,如卫星导航
安全问题	9. 通过民用手段维护北极地区广泛安全利益,反对任何形式的北极军事化	14. 以国家安全政策为基础,以公民为基础维护安全利益,与其他北欧国家和我们的北约盟国合作,全面监测安全发展,反对军事化,有目的地致力于维护该地区的和平与稳定
国内安排	11. 提高冰岛人对北极问题的认识,并在国外推广冰岛作为举行有关北极地区会议和讨论的场所 12. 加强在国内就北极问题的磋商与合作,以确保增进对北极地区重要性的认识,就落实政府的北极政策进行民主讨论和团结一致	4. 以联合国可持续发展目标为基础,制定可持续发展的指导原则

资料来源：根据冰岛 2011 年北极政策和 2021 年北极政策内容，由笔者整理制作。

第一，在北极国际治理及冰岛北极身份问题上，冰岛将继续支持北极理事会作为最重要的北极磋商与合作论坛，与此前相比，冰岛新北极政策结合冰岛的整体外交政策，提出了参与北极地区事务的冰岛价值观。经过 10 年的外交和内政努力，冰岛的北极域内国家地位趋于稳固，冰岛国内各界对冰

岛的北极事务认知趋向协同，国际社会也广泛接受了冰岛对自身北极国家的定位，新政策表示仍将进一步强化冰岛作为北极国家的地位和形象。

第二，在国际北极事务合作问题上，冰岛新北极政策提出了更多涉及具体领域的合作安排，如搜救、科学合作。新政策继续强调与格陵兰岛和法罗群岛合作的重要性，冰岛希望通过加强与其他西欧国家、法罗群岛和格陵兰岛的合作，提高该集团在北极区域的政治影响力。值得注意的是，冰岛2021年的北极政策相较2011年的北极政策关注到了北极域外国家对北极日益增长的兴趣，并对其抱有积极和开放的态度。冰岛外交部此前的报告指出，受气候变化影响的人中约有80%生活在远离北极的地方，“这就是域外国家努力与北极国家合作的原因，这些遥远的国家实际上是在规划自己的未来”[①]。

第三，在北极区域经济发展层面，冰岛的多份官方文件都强调，“冰岛的繁荣在很大程度上依赖于对北极地区自然资源的可持续利用”[②]，2021年冰岛继续提出对北极资源的可持续和负责任利用的目标。此外，不可避免的海冰融化将导致北冰洋在2030~2040年的大多数夏天结束时成为无冰状态，[③] 冰岛新的经济战略部署体现为对北极海空运输基础保障设施的建设目标。相比西北航道，冰岛更关注东北航道及中央航道的情况。一方面，中国已经在东北航道上进行了大量投资，并与俄罗斯谈判，将东北航道作为亚洲和欧洲之间新的“冰上丝绸之路”的一部分，冰岛已经讨论了通过在冰岛东北部建立一个大型航运港口来连接东北航道。[④] 另一方面，中央航道靠近北冰洋的中心，其优势在于它大部分位于国家管辖范围之外。随着北冰洋中部冰盖的加速融化，如果中央航道成为无冰航线，冰岛可能建立一个转运港为中央航道服务。[⑤]

---

① Iceland Ministry for Foreign Affairs, “Greenland and Iceland in the New Arctic,” p. 17.

② 例如2009年及2011年冰岛北极政策文件。

③ Ronald O' Rourke et al., *Changes in the Arctic: Background and Issues for Congress* (Congressional Research Service, 2020), p. 15, https://fas.org/sgp/crs/misc/R41153.pdf, 最后访问日期：2022年5月11日。

④ Iceland Ministry for Foreign Affairs, “Greenland and Iceland in the New Arctic,” p. 12.

⑤ Iceland Ministry for Foreign Affairs, “Greenland and Iceland in the New Arctic,” p. 22.

第四，关于气候变化与环境保护，冰岛新北极政策对此前提出的目标进行了细化，包括海洋污染、海洋酸化、海洋微塑料问题，以及减少北极地区化石燃料的使用和能源转型。进一步强调了“把环境保护放在首位”。

第五，冰岛新北极政策较为明显的变化在于对北极安全问题的立场。2011 年冰岛的北极政策中坚决反对北极军事化的立场已有所松动，虽然冰岛在新北极政策中仍然坚持“反对军事化”，但并未将维护安全的手段限制在民用，且提出将加强与北欧国家和北约组织的合作。

2. 芬兰

（1）芬兰的北极政策回顾

芬兰的第一个北极政策《芬兰的北极地区战略 2010》[①] 于 2010 年发布，最初的战略侧重于对外关系，并讨论了与安全、环境、经济、基础设施和北极原住民有关的问题，以及利用芬兰的北极技术、研究和加强北极理事会，该文件定义了芬兰的北极政策目标并讨论了促进这些目标的方式。2013 年修订后的文件《芬兰的北极地区战略 2013》[②] 提出了制定欧盟北极政策的建议，通过加强芬兰在北极地区的地位来解决更广泛的问题、创造新的商业机会、维护北极环境和该地区的安全与稳定、促进国际合作，以及增加广泛意义上的北极专业知识。与芬兰 2010 年北极政策目标相比，2013 年提出的芬兰北极愿景表明，激励经济发展仍然是芬兰北极地区政策中的稳定目标。芬兰在北极经济活动和专有技术方面的持续目标包括：促进和加强芬兰作为国际组织中北极问题专家的作用；更好地利用芬兰在冬季航运、运输、造船、森林管理、采矿和金属工业以及寒冷气候研究方面的技术专长；扩大芬兰公司在巴伦支地区大型项目中从北极专业知识和专有技术中受益的机会。

芬兰在北极政策中反复强调对北极资源的可持续和负责任开发，2016

① “Finland's Strategy for the Arctic Region 2010,” The Polar Connection，2010 年 5 月 10 日，https：//polarconnection. org/finlands-strategy-arctic-region-2010/，最后访问日期：2022 年 5 月 11 日。

② “Finland's Strategy for the Arctic Region 2013,” Finland Prime Minister's Office，2013 年 8 月 23 日，https：//julkaisut. valtioneuvosto. fi/handle/10024/79544，最后访问日期：2022 年 5 月 11 日。

年修订后的芬兰北极政策，提出立足于“环境、社会和经济可持续性”三大支柱来促进北极地区的环境保护、稳定、活力和生命力（environmental protection，stability，vitality and viability）。[①] 芬兰2017年发布的《更新后北极战略的行动计划》进一步详细地阐释了如何就2016年修订版战略中的四项措施采取行动：北极外交与欧盟政策、北极专业知识的商业化、可持续旅游，以及基础设施建设。[②] 同年（2017年），芬兰总理办公室发布了一份名为《北极欧洲：汇集欧盟北极政策》的政府报告，[③] 其中考虑了欧盟的北极综合政策如何与北欧合作框架进行有效互动，以支持北极欧洲的发展。该报告指出，“北极欧洲是欧盟社会经济格局中不可或缺的一部分，在该地区的投资可以使整个欧洲受益；该地区有潜力促进推动欧洲绿色增长的创新解决方案，欧洲最北端的地区可以越来越多地充当新技术和新治理解决方案的活实验室；北极欧洲的成功将增强其作为欧盟通往俄罗斯和北极的门户的作用”。

芬兰在2017~2019年担任北极理事会轮值主席国，其主席国计划强调北极的挑战不能单独解决，希望“寻找共同的解决方案”。[④] 芬兰认为气候变化是北极政治和经济变化的驱动力，并将气候变化视为所有北极合作的参考框架。除了《巴黎协定》之外，芬兰还希望强调北极地区的第二个国际里程碑：2015年底达成的2030年可持续发展共同议程目标。芬兰的主席国

---

① “Government Policy Regarding the Priorities in The Updated Arctic Strategy,” Finland Prime Minister's Office，2016年9月26日，https：//vnk. fi/documents/10616/334509/Arktisen+strategian+p%C3%A4ivitys+ENG. pdf/7efd3ed1-af83-4736-b80b-c00e26aebc05/Arktisen+strategian+p%C3%A4ivitys+ENG. pdf. pdf，最后访问日期：2022年5月11日。

② “Action Plan for the Update of the Arctic Strategy,” Finland Prime Minister's Office，2017年3月27日，https：//vnk. fi/documents/10616/3474615/EN_ Arktisen+strategian+ toimenpidesuunnitelma/0a755d6e-4b36-4533-a93b-9a430d08a29e/EN_ Arktisen+strategian+toimenpidesuunnitelma. pdf，最后访问日期：2022年5月11日。

③ “Arctic Europe：Bringing together the EU Arctic Policy,” Finland Prime Minister's Office，2017年2月9日，https：//julkaisut. valtioneuvosto. fi/handle/10024/160217，最后访问日期：2022年5月11日。

④ Finland's Chairmanship Program for the Arctic Council 2017-2019，Finland Ministry for Foreign Affairs of Finland，2017年5月18日，https：//julkaisut. valtioneuvosto. fi/handle/10024/79908，最后访问日期：2022年5月11日。

计划中的优先事项是环境保护、气象合作、通信和教育，并将北极理事会的工作领域划分为环境和气候、海洋、人三个领域。

（2）芬兰2021年北极政策更新及其政策要素

2021年6月17日，芬兰政府就新的北极政策文件通过决议。《芬兰的北极政策战略2021》是芬兰继2013年北极政策之后相对正式且大规模的北极政策更新，新文件提出了芬兰在北极地区的主要目标，并概述了实现这些目标的主要优先事项。北极的所有活动都必须基于自然环境的承载能力、气候保护、可持续发展原则和尊重原住民的权利。从这些出发点，还可以评估与经济运营和芬兰经济利益相关的目标，该战略涵盖至2030年。

与此前的芬兰北极政策相比较而言（见表3），可以认为芬兰的北极政策要素近10年来是稳定和一贯的。第一，芬兰对自身北极身份的定位是积极的和有能力的北极专家与北极行动者。这一定位自2010年起明确出现在各版本战略文件中，芬兰总理在2021年北极政策的发布会上再次指出，“芬兰是一个北极国家，芬兰的北极利益和专业知识与整个国家息息相关，芬兰的北极专业知识也是芬兰北极形象的重要组成部分”[①]。第二，芬兰重视北极地区的发展及其潜在的商业机会，对参与各类行业的北极开发持积极态度。第三，芬兰对北极环境的关切从可持续发展原则及防止污染延伸至“将减缓和适应气候变化置于芬兰北极政策的核心”，因为有关气候变化的最新信息表明，北极气候变暖的速度比先前估计的要快得多。与芬兰担任北极理事会轮值主席国期间提出的计划相呼应的是，芬兰2021年的北极政策文件中也指出，北极地区的气候变化需要依靠全球行动加以应对。第四，芬兰2021年的北极政策文件在对外关系和国际合作层面针对更广泛的对象提出了建立伙伴关系的目标，且在继续强调北极安全和稳定的前提下，进一步提出建立“建设性合作”的北极地区的首要目标，这体现了芬兰执行北极战略近10年来取得的关于自身北极地位和话语权的自信。

---

① Government Communications Department, “Finland Revised Its Arctic Policy Strategy,” 2021年6月17日，https://valtioneuvosto.fi/en/-/10616/finland-revised-its-arctic-policy-strategy，最后访问日期：2022年5月11日。

表 3　芬兰 2013 年与 2021 年北极政策中目标及优先事项比较

	2013 年《芬兰的北极地区战略 2013》	2021 年《芬兰的北极政策战略 2021》
目标	1. 以积极的北极行动者身份利用国际合作，以可持续方式协调北极环境与北极商业机会 2. 保障社会可持续性和北极地区人民工作条件，确保原住民权利 3. 加强广泛的跨学科北极研究，发展北极专业知识以强化芬兰的北极专家身份 4. 抓住北极地区商业机会，推广芬兰北极专业知识 5. 确定北极环境所施加的限制、与人类行为相关的风险评估、防止污染是芬兰在北极地区活动的关键要素 6. 保持北极安全和稳定，发展北极国际合作，加强芬兰在对外关系（包括北极理事会、欧盟及双边关系）中的北极地位	1. 建立一个以建设性合作为标志的和平的北极地区，避免紧张局势和冲突 2. 通过全球减排扭转北极地区的气候变化方向 3. 保障北极地区人民生活、参与合作与决策，促进民间跨界对话 4. 以芬兰的北极专业知识实现可持续发展，创造新的商业机会，通过教育和研究投资加强芬兰作为北极专家的身份 5. 发展基础设施和物流能力建设，推进数字化和低排放模式 6. 确保芬兰北极活动的普遍可见性，以较低的门槛与利益相关者形成伙伴关系
主题事项/优先事项	1. 芬兰北极愿景 2. 芬兰的北极人口 3. 教育和北极研究 4. 北极的商业活动 5. 北极的环境稳定 6. 北极的国际合作	1. 减缓和适应气候变化 2. 促进居民福祉和原住民权利 3. 专业知识、工商业机会和前沿研究 4. 基础设施和物流

资料来源：根据芬兰 2013 年北极政策和 2021 年北极政策内容，由笔者整理制作。

3. 丹麦（格陵兰和法罗群岛）

丹麦由于管理格陵兰和法罗群岛而成为北极理事会成员，其北极政策的核心之一是通过维系丹麦王国三个部分的密切合作，加强丹麦的北极国家身份及全球北极事务参与者的地位。[①]

《丹麦王国北极战略（2011—2020）》由丹麦政府通过，并于 2011 年 8 月由丹麦外交部公布。这份联合战略提出了丹麦北极事务的基本原则及首要利益领域，侧重于敦促丹麦与格陵兰和法罗群岛自治领土建立进一步的合作关系，以及可以采取哪些措施来加强丹麦王国在北极的地位。其关键目标包

① “Kingdom of Denmark Strategy for the Arctic 2011-2020,” Ministry of Foreign Affairs of Denmark, 2011 年，https：//um.dk/en/foreign-policy/the-arctic，最后访问日期：2022 年 5 月 11 日。

括：应对北极地区的重大环境和地缘政治变化，以及全球对该地区日益增长的兴趣；重新定义丹麦王国的北极身份并加强其在北极地区的地位。该战略的优先领域包括加强海上安全、进行监视和根据国际法解决海洋边界争端，强调了国际研究合作的重要性以及格陵兰在此类合作中的突出作用，还强调北极地区新兴经济活动的重要性。2016 年 5 月 1 日，Peter Taksøe-Jensen 大使向政府提交了关于丹麦外交和安全政策的报告《动荡时期的丹麦外交和国防》。[①] 报告强调，丹麦王国通过与格陵兰和法罗群岛的统一成为一个北极强国，因此，即使丹麦是较小的欧洲国家之一，丹麦王国在北极地区也具有重要区域影响力和责任。

格陵兰和法罗群岛在丹麦境内都具有自治地位，由格陵兰政府和法罗群岛政府各自负责地方和区域发展。以法罗群岛为例，根据丹麦与法罗群岛间的协定，法罗群岛有权根据国际法同外国和国际组织谈判并缔结任何在其当局管辖范围内事项的协议，[②] 也就是说法罗群岛在对外关系中拥有自主权，且在广泛领域拥有独立立法和治理的专属权限，这些权限包括海洋生物资源的保护和管理、环境保护、地下资源、贸易、税收、劳资关系、能源、运输、通信、社会保障、文化、教育和研究。2013 年，法罗群岛政府发布了一份北极战略评估文件，[③] 广泛深入地分析了法罗群岛未来几年在北极地区发展中的挑战和潜力，以及法罗群岛在北极区域合作中的地位。法罗群岛政府的评估侧重于与法罗群岛土地具体相关和感兴趣的领域，例如气候变化对占法罗群岛出口总额 90% 的渔业的影响，以及北极航道开发前景将为法罗群岛港口带来的经济机会。2016 年，法罗群岛发布文件《更新的欧盟北极政策——更加注重伙伴关系和实施》，对欧盟的北极政策更新倡议表示欢

---

① Peter Taksøe-Jensen, “Dansk diplomati og forsvar i en brydningstid,” Ministry of Foreign Affairs of Denmark, 2016 年 5 月 1 日, https://um.dk/Udenrigspolitik/aktuelle-emner/dansk-diplomati-og-forsvar-i-en-brydningstid，最后访问日期：2022 年 5 月 11 日。

② 参见法罗群岛 Foreign Policy Act of the Faroe Islands，第 1 条第（1）款。

③ “The Faroe Islands—A Nation in the Arctic,” Prime Minister's Office of Faroe Islands，2013 年，https://lms.cdn.fo/media/10243/f%C3%B8royar-eitt-land-%C3%AD-arktis-uk-web.pdf?s=jggeB2qre-4xB5sMlrqpjQdbTrg，最后访问日期：2022 年 5 月 11 日。

迎，并希望为欧盟北极政策的更新提供意见。

丹麦政府与格陵兰政府和法罗群岛政府原计划于2021年更新的联合北极战略受到新冠肺炎疫情及格陵兰选举的影响而推迟，丹麦外交部于2020年7月10日向议会提交的声明中展示了新版政策将考虑的重要内容。[①] 声明提到，新北极战略的意图与之前的战略保持一致，为丹麦、格陵兰和法罗群岛将在何处以及如何在区域和国际北极合作中联手规划全面和长期的愿景。北极的长期发展应继续以《伊卢利萨特宣言》的原则为基础，包括通过谈判和国际法锚定并解决北极地区的任何分歧和重叠的大陆架主张。鉴于丹麦与加拿大、俄罗斯的北极大陆架重叠问题仍未谈判妥善，[②] 预计丹麦在即将更新的北极政策中可能会重申其主权主张，并进一步通过加强与格陵兰和法罗群岛的联系，强化自身在北极事务中的地位及相关北极大陆架主张的依据。

二　不同区域身份影响下的北欧北极政策

北欧历史、地理、文化、贸易和政治将北欧五国紧密结合在一起，促成了它们在北欧以及国际平台中的双多边合作。然而，各国不同的地理、政治、安全和经济身份决定了其在北极地区不尽相同的利益，体现为各国北极政策中优先事项的差异。

1.北欧国家的区域身份差异及其影响

北欧五国都是北极理事会成员国，除自然地理和国家经济利益因素外，各国北极政策的差异在一定程度上源于政治和安全联盟成员身份的差异。

欧盟成员国的身份使瑞典、芬兰和丹麦在北极事务中，尤其是渔业、

① https://www.ft.dk/ripdf/samling/20201/redegoerelse/R3/20201_R3.pdf，最后访问日期：2022年5月11日。

② 丹麦在2009~2014年向联合国大陆架界限委员会（CLCS）提交了5个区域的大陆架划界案，包括2个法罗群岛的区域和3个格陵兰区域。

能源等经济领域需要考虑欧盟的政策立场，如芬兰2021年的北极政策中提出的目标之一是"与瑞典和丹麦一起保持其作为欧盟北极成员国的领导作用"，并强调需要加强欧盟的北极政策，主张在2016年欧盟北极综合政策联合公报的基础上更新欧盟的北极政策。[①] 而挪威和冰岛不是欧盟成员，对挪威来说，由于挪威的GDP很高，如果加入欧盟则必须支付高额的会员费，且挪威农业产出有限、欠发达地区很少，这意味着挪威几乎不会从欧盟获得经济支持；冰岛则由于渔业对自身经济的重要性而拒绝了欧盟成员身份及其共同的渔业政策；丹麦1973年加入欧共体时，拥有自治权的法罗群岛决定不成为欧共体的一部分，因此法罗群岛与欧盟的关系仅基于独立的双边协议，涉及渔业、货物贸易和科技合作；格陵兰岛获得自治权后，也于1985年脱离欧共体，捕猎海洋哺乳动物和捕鱼的传统及未来采矿业发展可能需要的相对宽松的环境政策，使格陵兰在短时间内不会考虑欧盟的共同政策。

国家安全问题在各国北极政策中都占有重要地位，作为北约成员的挪威、冰岛和丹麦在北极政策中对他国的北极军事行动表现出更为敏感的态度。对于北欧国家中除格陵兰地区外拥有最长北冰洋海岸线的挪威来说，高维度北极地区历来是国家安全的核心部分，挪威对北极军事化的密切关注和防御姿态体现在2020年更新的政策中。2021年初，丹麦签署了一项加强北极地区防御能力的协议，根据该协议丹麦将在2023年之前将防御和监测能力的费用增加15亿丹麦克朗，协议内容包括空中和卫星监视、战术远程无人机、军事演习和训练的资金，以及情报分析支出。[②] 而冰岛也在更新的北极政策中指出，冰岛作为一个没有常备军的国家，要通过与其他国家和国际组织的积极合作来确保自身的安全和防御，但冰岛认为北极理事会应遵循其

① Prime Minister's Office of Finland, "Finland's Strategy for Arctic Policy 2021," p. 23.

② "New Political Agreement on Arctic Capabilities for 1.5 Billion DKK," Danish Ministry of Defence, 2021年2月11日, https://www.fmn.dk/en/news/2021/new-political-agreement-on-arctic-capabilities-for-1.5-billion-dkk/，最后访问日期：2022年5月11日。

成立宣言避免讨论军事安全问题。[①] 随着俄罗斯北极军事活动的增加，以及格陵兰岛稀有金属的开发潜力引起世界重视尤其是美国的注意，[②] 北极国家的政策战略在北极安全评估方面出现明显转变。2019 年丹麦国防情报局为丹麦发布了一份新的风险评估报告，该报告认为北极地区的地缘政治力量博弈的风险大于恐怖主义和网络风险，进一步体现了北极地区地位的根本性变化。[③] 瑞典 2020 年新颁布的北极战略也反映了与以前不同的北极安全评估。

表 4　北欧国家和地区政治、地理及经济基本情况对照

单位：欧元

国家/地区	欧盟成员	北约成员	北冰洋沿海	支柱产业	人均 GDP（2020 年）
挪威	×	√	√	海上石油、天然气、渔业、钢铁、航运	45700
瑞典	√	×	×	电子产品、机械、汽车、纸张、钢铁	38200
芬兰	√	×	×	林业、技术、金属工业	35100
冰岛	×	√	√	渔业、采矿业	37100
丹麦	√	√	×（丹麦本土）	石油等能源产业、医疗、农业、航运	40400
格陵兰（丹）	×	√	√	捕猎、捕鲸、渔业及新增的旅游业和采矿业	25000
法罗群岛（丹）	×	√	√	渔业（占出口的 90%）、航运、旅游	—

资料来源：根据北欧理事会网站数据信息，由笔者整理制作。

① Iceland Ministry for Foreign Affairs, "Greenland and Iceland in the New Arctic," p. 22.

② Sarah Cammarata, "U. S. Reopens Consulate in Greenland Amid White House's Arctic Push," *Politico*, 2020 年 10 月 6 日, https: //www. politico. com/news/2020/06/10/us - reopens - greenland-consulate-310885，最后访问日期：2022 年 5 月 11 日。

③ Laurence Peter, "Danes See Greenland Security Risk Amid Arctic Tensions," *BBC News*, 2019 年 11 月 29 日, https: //www. bbc. com/news/world-europe-50598898，最后访问日期：2022 年 5 月 11 日。

2. 北欧国家北极政策中的共同要素与差异

北欧国家的北极政策在一些主题和关键问题上有相似之处，但也存在不同的优先事项。

（1）环境关切与可持续发展

北欧北极国家的政策积极强调利用自然资源的机会，突出了可持续资源管理的重要性，所有国家和地区都力求平衡经济增长和环境保护，就北极环境保护的重要性达成了强烈共识。瑞典在2016年颁布的北极政策就专门针对环境保护，提出北极是具有地方、国家和全球意义的不可替代的资产，瑞典将努力确保北极的所有发展都是环境友好及可持续的，其优先事项包括加强对陆地和海洋生物多样性和生态系统的保护，加强气候应对和资源的可持续利用。

（2）区域治理框架和国际法

关于北极区域治理框架，瑞典、芬兰和冰岛强调了北极理事会的核心地位。冰岛表示希望促成北极理事会成为最重要的北极地区论坛；芬兰的主要目标是加强北极理事会现有安排，认为没有必要制定涵盖整个北极地区的更广泛的公约，且希望确保北极理事会在未来成为实施BBNJ文书[①]的关键机构；[②] 而对于挪威来说，“巴伦支合作在挪威的北极政策中占有核心地位”[③]，巴伦支欧洲-北极理事会（BEAC）在2019~2021年由挪威担任主席国，挪威认为巴伦支合作的价值在很大程度上在于其稳定地专注于相对没有争议的问题，确保了可预测性并促进了多个领域利益相关者之间的良好关系；身为欧盟成员的瑞典、芬兰和丹麦则在政策中阐述了欧盟政策对北极的意义。此外，北欧五国在战略文件或声明中强调了以《联合国海洋法公约》为代表的国际法律框架适用于北极地区的重要性。

---

① BBNJ文书，指根据《联合国海洋法公约》进行谈判的关于国家管辖范围以外区域海洋生物多样性保护和可持续利用的协定。

② Prime Minister's Office of Finland, “Finland's Strategy for Arctic Policy 2021,” pp. 22-37.

③ “The Norwegian Government's Arctic Policy Abstract,” Norway Ministry of Foreign Affairs, 2021年1月26日，https://www.regjeringen.no/en/dokumenter/arctic_policy/id2830120/，最后访问日期：2022年5月11日。

（3）气候变化、能源与碳减排

气候变化带来了前所未有的全球性挑战，但同时也伴随着资源开发和航运等广泛机会，创造了新的北极地区经济和地缘战略利益，成为北欧国家北极政策的共同要素之一。挪威、瑞典、芬兰、冰岛都在北极政策中重申了《巴黎协定》及后续实现碳减排目标的必要性。对于气候变化背景下北极化石能源开发与碳减排的矛盾，芬兰认为在北极条件下开辟新的化石储备不符合实现《巴黎协定》的目标，并与经济不确定性和风险相关；[①] 瑞典不同于北极沿岸国家，瑞典没有自己的油气资源，因而不参与北极地区的能源开发政策合作，且瑞典认为海基石油和天然气开采在北极伴随很高的环境风险，必须尽快淘汰威胁到全球实现《巴黎协定》目标的化石燃料开采；[②] 冰岛将自身碳中和的目标明确在 2040 年，并认为化石燃料的使用必须让位于可再生能源；而挪威的北极政策重点之一依然是油气资源可持续开发及相应的环境风险管理，减排目标为在 21 世纪中叶向低碳社会转型；同样，丹麦（格陵兰）的政策倾向也体现为积极参与制定北极国家海上石油和天然气活动相关的标准和指南。

（4）经济活动和科学研究

北欧五国北极政策在北极经济活动的具体领域、方法和目标方面呈现较明显的差异，这与各国北极地理位置和自然条件密切相关。如海事安全及搜救能力建设在挪威、冰岛和丹麦的北极政策中更为明确。北欧五国对科学研究的重视程度也有差异：芬兰重视将自身拥有的北极专业知识转化为新的商业机会，旨在以科学研究促进这一过程；冰岛将科学研究合作与教育合作视为加强冰岛北极事务中心地位的途径；瑞典和丹麦倾向于将科学研究作为增进北极国际合作及了解气候变化对北极地区影响的方法（见表 5）。

---

① Prime Minister's Office of Finland, "Finland's Strategy for Arctic Policy 2021," p. 26.

② Sweden Ministry for Foreign Affairs, "Sweden's Strategy for the Arctic Region 2020," p. 45.

表 5　2020～2021 年北欧五国北极政策主题事项

挪威 2020 年政策	瑞典 2020 年政策	芬兰 2021 年政策	冰岛 2021 年政策	丹麦 2020 年声明*
·国际法律框架 ·外交与安全政策 ·气候和环境 ·北方社会发展 ·价值创造和能力发展 ·基础设施、交通和通信 ·搜救和海事安全、海洋污染响应	·国际合作 ·安全稳定 ·气候和环境 ·极地研究 ·可持续的经济发展和商业部门的利益 ·良好的生活条件	·北极安全稳定与国际合作结构 ·气候变化 ·居民福祉和原住民权利 ·专业知识和商业机会 ·前沿科学研究 ·基础设施和物流	·北极和平与稳定及北极理事会 ·气候变化与环境保护 ·居民福祉和原住民权利 ·北极经济机会及资源可持续利用 ·航运基础设施和搜救 ·国家防务 ·教育和科研 ·域外国家合作	·国际合作（北极理事会及欧盟） ·自然资源可持续利用 ·北极防务 ·通信、搜救与海事安全 ·监测和评估气候变化 ·大陆架 ·北极科学研究

资料来源：除丹麦之外，其他国家的北极政策内容均来自其最近的官方北极政策。丹麦的北极政策内容来自其外交部最近提交的一份声明，这不是一份正式的政策文件。

三　北欧政府间治理平台的北极政策

除北极理事会之外，以北欧国家为主要参与者的北极区域治理平台在北欧北极政策中扮演重要角色，较为活跃的如巴伦支欧洲-北极理事会、北欧理事会及北极部长理事会，这些政府间区域合作机构发布的关于北欧北极地区发展的战略或声明文件，代表了该地区独有且最高层次的合作，也体现了北欧国家北极地区的外交、经济、环境等方面广泛的共同利益。

巴伦支欧洲-北极理事会（Barents Euro-Arctic Council，BEAC），由挪威倡议于 1993 年成立，是关于巴伦支地区问题的政府间合作论坛。巴伦支欧洲-北极理事会在轮值主席国任期结束时在该国举行部长级会议，主席国在每两年的秋季在芬兰、挪威、俄罗斯和瑞典之间轮换。巴伦支欧洲-北极理事会有 7 个常任理事国：丹麦、芬兰、冰岛、挪威、俄罗斯、瑞典和欧盟委员会。2021 年 10 月，在挪威特罗姆瑟举行的第 18 届巴伦支欧洲-北极理事会部长级会议上，7 个常任理事国签署了基于会议成果的联合声明，概述了理事会在经济、交通、物流、基础设施、环境和原住民事务方面的未来工作优先事项。① 其中的主要成就之一是通过了一项 2021~2025 年的气候变化行动计划。其目的是确保将气候因素纳入所有巴伦支欧洲-北极理事会项目。

北欧理事会（Nordic Council）成立于 1952 年，其成员国为丹麦、冰岛、挪威、瑞典和芬兰，另外包括法罗群岛、格陵兰和奥兰 3 个自治区。北欧部长理事会（Nordic Council Ministers）成立于 1971 年，成立北欧部长理事会最初的目的是应对诸如北欧国家对欧洲意见分歧之类的情况，其中的欧共体成员（如丹麦）努力在其中充当欧共体成员与其他北欧国家之间的桥梁。1996 年以来，北欧部长理事会实施了多项具有不同优先事项的北极合作计划，在巴伦支欧洲-北极理事会和北极理事会成立后，北欧部长理事会也与这些机构保持着合作关系。

2017 年，北欧部长理事会发布了 2018~2021 年北极合作计划《北极的北欧伙伴关系》，② 这是 1996 年以来该机构出台的第 8 个此类计划。该计划指出，北极是一个快速发展的地区，持续、系统和稳定的合作是北极所需发展类型的先决条件，北极的北欧伙伴关系是对这些努力的贡献。北欧部长理事会的政策目标是促进北极的可持续发展，《北极的北欧伙伴关系》致力于实现可持续的北极，并提出四个主题：人民、地球、繁荣、伙伴关系。2021 年北欧部长理事会第 9 个北极合作计划《2022—2024 年北极合作计划》进一步继承了这些主题，③ 并作为北欧部长理事会在 2020 年更新的“2030 年愿景”④

① Alexander Stotskiy, “Barents Euro-Arctic Council Sets Priorities for Future Work,” The Expert Center Project Office for Arctic Development，2021 年 10 月 29 日，https：//porarctic.ru/en/news/barents-euro-arctic-council-sets-priorities-for-future-work/，最后访问日期：2022 年 5 月 11 日。

② “Nordic Partnerships for the Arctic,” Nordic Co-operation，2017 年 11 月 2 日，https：//www.norden.org/en/publication/nordic-partnerships-arctic，最后访问日期：2022 年 5 月 11 日。

③ “Ministerrådsforslag om Arktisk samarbejdsprogram 2022-2024,” Nordic Co-operation，2021 年 10 月 6 日，https：//www.norden.org/en/case/ministerradsforslag-om-arktisk-samarbejdsprogram-2022-2024，最后访问日期：2022 年 5 月 11 日。

④ “Action Plan for Vision 2030,” Nordic Co-operation，https：//www.norden.org/en/information/action-plan-vision-2030，最后访问日期：2022 年 5 月 11 日。

整体政策的北极部分，致力于实现三个战略目标：绿色的北欧地区、有竞争力的北欧地区和社会可持续发展的北欧地区。

四　结语

近 10 年间，北极从一个边缘地区上升为世界范围内的政治焦点，许多迹象表明，北极将成为 21 世纪超级大国之间地缘政治竞争的场所，北欧国家也因此获得了面对外部世界的新的身份定位，作为北极国家在新的风险与机遇中结伴而行。

由于冰层的融化，工商业活动的增加在北极地区是不可避免的。这些活动将给北极地区脆弱的生态系统和生物资源带来新的风险。北欧国家是最依赖北极地区福利的国家，也是世界范围内最重视环境保护和海洋生态系统及可持续利用的国家，随着北极商业活动而增加的世界各国的北极地区利益，将使北欧国家需要在各种区域组织和大国之间进行周旋。考虑到北极的逐渐开放和已经开始的政治进展，北欧国家之间进一步加强北极合作是合理的选择，统一的立场将使它们能够更好地保护其共同的北极利益，利用新的经济机会，并加强北欧各国和自治区在区域乃至全球双多边关系中的政治地位。北欧国家理解域外国家的北极利益，整体上对域外国家参与北极事务持谨慎的欢迎态度。它们共同强调的原则是，参与北极事务的国家需要“尊重国际法和北极国家的地位”，并以和平与可持续的方式行事。

B.6

印度的北极政策：六大支柱与利益考量*

刘惠荣　谢炘池**

摘　要： 印度自1920年签署《斯匹次卑尔根群岛条约》后就与北极产生了联系。百年间印度在北极设立了科考站并定期在北极开展科学探测以研究北极气候与全球气候特别是印度气候之间的关联，积极参与北极能源开发弥补国内能源缺口，更深程度融入北极国际治理，密切与其他国家合作，不断加快“北望”步伐。印度的北极开发进程迫切需要政府层面的政策指引。2021年印度发布了北极政策（草案）征求社会意见并于2022年正式公布了北极政策。印度北极政策聚焦科学研究、气候和环境保护、经济与人类发展合作、交通与连通性、全球治理与国际合作、国家能力建设。印度将这六大支柱作为北极政策的重心，背后有着重要的利益考量，包括确保印度在北极地缘利益之争中不处于竞争劣势、进一步挖掘北极的经济价值特别是能源价值、观测北极气候变化对印度季风和喜马拉雅地区的影响等。

关键词： 印度　北极政策　气候变化　可持续发展　国际合作

2021年1月印度公布北极政策（草案）一年后，2022年3月17日，印度正式发布了《印度的北极政策——为可持续发展建立伙伴关系》（以下简

* 本文系国家社科基金“海洋强国建设”重大研究专项（20VHQ001）的阶段性成果。

** 刘惠荣，中国海洋大学海洋发展研究院高级研究员，中国海洋大学法学院教授，博士生导师；谢炘池，中国海洋大学法学院国际法专业硕士研究生。

称印度北极政策）。与一年前公布的北极政策（草案）相比，印度北极政策关注的事项更加全面，全面反映了现阶段印度参与北极事务的新议题和新举措。印度北极政策将气候和环境保护作为六大支柱之一，以显示其对北极气候和生态环境变化的关心。印度北极政策指出：“北极冰层的融化也带来了在能源勘探、采矿和航运等领域的新的机遇。印度可以在更便利地进入北极、可持续利用资源等方面作出贡献以使其做法符合国际最佳实践。”① 印度作为亚洲新兴国家之一，其极地参与一直呈现“南强北弱”的局面，印度北极政策发布后将会提升该国在北极科学研究、气候和环境保护、海洋和经济合作等涉北极领域的综合竞争力。本文将以印度北极政策为出发点，回溯印度与北极的百年历程，对当下印度北极政策的六大支柱进行梳理，进而分析印度北极政策背后的政策目标和利益考量。

一　印度与北极的关系

北冰洋及其周围的陆地一直是全球科学界重点关注的研究领域，北极独特的科研价值推动了印度北极政策的发布。北极的气候变化会对印度的经济安全特别是农业安全和能源安全产生重要影响。新冠肺炎大流行背景下，印度担心全球气候变暖会导致永久冻土层融化释放出病原体从而增加大流行病的概率。喜马拉雅山拥有全球除南北极之外最大的淡水储备。北极研究和喜马拉雅地区研究之间关系紧密，科学把握二者之间的关系对印度具有重要战略意义。此外，北极冰层的融化也带来了新的机遇，北极的能源开发利用、航道商业航行、渔业资源开发、旅游业发展等优势不断显现，各利益攸关方对北极的兴趣愈加浓厚，世界主要地区与北极的地缘联系日益紧密。在这种情况下，印度政府需要出台专门的北极政策，为其参与北极事务指明方向，使其做法符合国际最佳实践。

① Ministry of Earth Sciences, “India's Arctic Policy—Building a Partnership for Sustainable Development,” https://www.moes.gov.in/sites/default/files/2022-03/compressed-SINGLE-PAGE-ENGLISH.pdf，最后访问日期：2022 年 3 月 1 日。

濒临印度洋的南亚国家印度早在100年前就与北极产生了联系。同中国一样，印度在1920年2月签署了《斯匹次卑尔根群岛条约》，该条约承认挪威在斯匹次卑尔根群岛的主权，但也允许其他签署国在承诺不将该地区军事化的条件下自由进入。印度的极地研究始于1981年，当时其对南极洲进行了首次科学考察。2007年，印度启动了对北极的首次考察，重点关注生物科学、海洋和大气科学，以及冰川学方面的研究。印度希望通过深入研究分析冰层内部的冰芯记录来认知北极气候与印度季风之间的关系。2008年，印度在挪威斯匹次卑尔根群岛新奥尔松（Ny-Alesund）的国际北极研究基地建立了第一个北极科考站Himadri。该科考站自建成以来，每年约有180天有人值守，已有300多名印度研究人员在该站工作过。2012年，印度成为国际北极科学委员会（IASC）的理事会成员，并与中国一起于2013年5月1日获得北极理事会的观察员地位。2014年，印度在孔斯峡湾部署了该国第一个多传感器系泊观测站IndArc。2016年，印度在Gruvebadet建造了大气实验室，该实验室可以研究云层、降水、大气污染物和其他大气参数。2007年以来，印度已向北极派遣了13支科考队，并开展了23个科学项目。①

印度地球科学部国家极地和海洋研究中心（NCPOR）是开展北极研究的中枢机构。印度外交部负责与北极理事会进行外部对接。印度政府其他组成部门也参与到了北极的开发建设中。②

二　印度北极政策的六大支柱

印度北极政策中概述了印度参与北极事务的六大支柱：科学研究、气候

① Ministry of Earth Sciences, " India's Arctic Policy—Building a Partnership for Sustainable Development," https://www.moes.gov.in/sites/default/files/2022-03/compressed-SINGLE-PAGE-ENGLISH.pdf，最后访问日期：2022年3月1日。

② Ministry of Earth Sciences, " India's Arctic Policy—Building a Partnership for Sustainable Development," https://www.moes.gov.in/sites/default/files/2022-03/compressed-SINGLE-PAGE-ENGLISH.pdf，最后访问日期：2022年3月22日。

和环境保护、经济与人类发展合作、交通与连通性、全球治理与国际合作以及国家能力建设。印度的北极活动已由单纯的科学研究拓展至北极事务的诸多方面，涉及区域协同、国际合作、全球治理等多个维度，覆盖经济、政治、文化、社会、科学等多个领域。作为亚洲新兴经济体，印度积极参与北极事务，加快融入北极治理，不断增强印度在北极治理体系建构和完善中的话语权，从而提高自身的国际影响力。

（一）科学研究

北极是地球系统的重要组成部分之一，其通过自身内部及地球系统其他组成部分（海洋、大气、陆地、生物圈）之间的质量和能量交换调节全球气候，从而影响生态系统。印度的北极政策与中国北极政策提出的将探索和认知北极作为北极活动的优先方向和重点领域不谋而合，加大北极地区科学研究力度对于维持印度农业生产的稳定、保障能源特别是稀土的进口安全等具有重要意义。印度政府在南极洲和喜马拉雅地区开展科学研究活动有着丰富的经验，印度在这两个地区建立了许多国家实验室和大学，如瓦迪亚喜马拉雅地质研究所、CSIR－细胞和分子生物中心、贾瓦哈拉尔·尼赫鲁大学等，这将帮助印度更好地利用既有经验在北极开展科学研究。不可否认的是，印度在北极科研领域的投入和努力与政策期待之间仍有较大差距。对于一个有着参与全球治理雄心的发展中国家来说，印度必须对北极科学研究提高重视程度。印度在北极政策中也表示了其将在国家层面为北极研究建立专门的机构并进行资金支持。[①] 持续的国家层面支持将会给印度的北极研究带来更稳定的内生动力。

1. 不断提高北极科学研究能力

印度北极政策指出：“印度将进一步加强其在科学研究领域的能力，并

① Ministry of Earth Sciences, “India's Arctic Policy—Building a Partnership for Sustainable Development,” https://www.moes.gov.in/sites/default/files/2022-03/compressed-SINGLE-PAGE-ENGLISH.pdf，最后访问日期：2022 年 3 月 22 日。

与全球的研究机构建立伙伴关系和合作的桥梁。"① 印度作为一个数十年专注于南极和喜马拉雅地区研究的国家，更应在认知北极和研究北极中有所作为。

第一，推进北极科考站的建设和发展。印度北极政策指出，将凭借不断提升的观测能力和更加丰富的设施完善 Himadri 科考站的建设，确保其能够全年运转，同时印度将在北极地区建立更多的科考站。② 受限于有限的科研投入，印度北极探索的步伐仍然滞后。一是北极科研数据来源空间分布不均。Himadri 科考站建立以来，印度的研究一直局限于获取孔斯峡湾附近的科学数据，对于其他重要地区的数据，如北冰洋中部、霍恩松德峡湾、克罗斯峡湾等地区的研究仍然不足。二是北极科研数据的时效性欠缺。印度在北极研究中获取的数据往往是他国先前已经掌握的数据，而非基于共享和合作的方式获得一手数据。三是印度的极地科考站未能全年运转。NCPOR 的年度报告（2014~2019 年）显示印度的各类科考人员在 Himadri 科考站驻留的时间一般不超过 1 个月，且 10 月至次年 3 月没有研究人员在科考站驻留，这将导致科考队员无法对北极地区的季节性变化进行有效深入的研究。③ 相比于在南极建立 3 个科考站并派驻规模庞大的科考队，印度仍需加强对北极科考站建设和运营的持续性投入。

第二，购置极地研究船并掌握本土建造极地研究船的技术。目前，印度尚未掌握建造极地研究船的技术，不得不依靠租用的极地研究船将其研究人员运往 Himadri 科考站，北极科考的时间成本和运输成本大大增加，Himadri 科考站全年运营的目标遥遥无期。为改善这一不利境况，印度只能向他国购

---

① Ministry of Earth Sciences, "India's Arctic Policy—Building a Partnership for Sustainable Development," https://www.moes.gov.in/sites/default/files/2022-03/compressed-SINGLE-PAGE-ENGLISH.pdf，最后访问日期：2022 年 3 月 22 日。

② Ministry of Earth Sciences, "India's Arctic Policy—Building a Partnership for Sustainable Development," https://www.moes.gov.in/sites/default/files/2022-03/compressed-SINGLE-PAGE-ENGLISH.pdf，最后访问日期：2022 年 3 月 22 日。

③ Nikhil PAREEK, "Assessment on India's involvement and capacity-building in Arctic Science," *Advances in Polar Science* 32（2021）: 55.

买极地研究船或与他国成立合资企业以获取技术。2014 年 10 月，印度内阁经济事务委员会拨款 105.113 亿卢比并指定 NCPOR 作为执行购买计划的机构。2017 年，NCPOR 发起了全球招标，但由于成本增加、设计变更和技术问题等因素，搁置了极地研究船的购买计划。2021 年 3 月，印度议会“科学技术、环境、森林和气候变化”常设委员会在审议印度地球科学部 2021-2022 年度拨款请求时呼吁制订一项切实可行的计划，其中包括购买极地研究船和飞机的资金支出。印度拥有极地研究船不仅可以满足其独立自主开展极地科学研究的需要，极地研究船还将在极地海员培养、极地物资保障、极地深海探测等方面发挥重要作用。

第三，多学科交叉并举推进北极研究。印度北极政策指出，要利用大气和海洋科学、冰川学、海洋生态系统（包括渔业）、地质和地球物理、地球工程、极地基础设施、低温生物学、生态学、生物多样性和微生物多样性研究等领域的现有理论推动北极研究。[①] 同时印度也十分重视社会科学在北极研究中的重要作用。印度北极政策指出：“鼓励社会学、经济学、政治学、人类学、种族学等研究领域与北极开发这一优先事项保持一致。”[②]

第四，加强北极研究领域的国际合作。印度将提高在北极理事会各工作组及其科学活动的参与度，如北极候鸟倡议、减少北极污染的行动计划及其他新兴项目。同时印度还将扩大与北极国家和其他非北极国家的合作交流，分享极地科研数据，争取在印度举办与北极有关的国际会议。印度将参与北极空间基础设施合作框架，以便从北极空间数据基础设施中分享和获取数据。此外，印度将推进本国的研究活动同北极理事会和国际北极科学委员会联合倡议的“斯匹次卑尔根群岛北极综合观测系统”和“北极可持续观测网”相对接。

---

① Ministry of Earth Sciences, “India's Arctic Policy—Building a Partnership for Sustainable Development,” https://www.moes.gov.in/sites/default/files/2022-03/compressed-SINGLE-PAGE-ENGLISH.pdf，最后访问日期：2022 年 3 月 22 日。

② Ministry of Earth Sciences, “India's Arctic Policy—Building a Partnership for Sustainable Development,” https://www.moes.gov.in/sites/default/files/2022-03/compressed-SINGLE-PAGE-ENGLISH.pdf，最后访问日期：2022 年 3 月 22 日。

2. 利用空间技术探测北极

印度空间研究组织（ISRO）是印度的国家航天机构，其先进的遥感和光学成像技术对北极勘测研究具有重要意义。印度重视北极空间探测领域的国际合作。NISAR 是美国国家航空航天局（NASA）和 ISRO 之间的一项地球观测的联合任务，其目标是通过使用先进的遥感成像技术观测冰川和冰盖运动、海冰和永久冻土层的变化进而分析全球气候变化趋势，该项目有望在 2023 年将第一颗卫星送上太空。印度致力于将空间技术应用于海上安全和导航。印度的区域卫星导航系统 IRNSS 已被国际海事组织接受为世界无线电导航系统的一个组成部分，这将协助北极地区的海上安全航行。印度着力推进北极的数字连接。北极地理位置偏远，相较于中低纬度地区其数字连接程度较低。印度在为偏远地区提供更高质量的卫星通信和数字连接服务方面经验丰富，可以有效改善北极地区数字连接程度较低的情况。印度还将积极参与北极的通信设施建设，在北极建立与电信互联、海上安全和导航、搜索和救援、水文调查、气候建模、环境监测、测绘和海洋资源可持续利用有关的服务设施。此外，印度将在北极地区建立卫星地面站，优化极地轨道卫星的利用。

（二）气候和环境保护

北极变暖会对印度的洋流走向、天气模式、渔业和季风产生影响。中国的北极政策彰显了中国政府对北极生态环境保护的重视，同为亚洲国家，印度也将气候和环境保护作为政策支柱之一。早在 2007 年，印度就启动了北极研究计划①，重点关注北极的气候变化。印度北极政策将气候变化视为紧迫和现实的全球性的挑战。印度总理莫迪在联合国气候变化格拉斯哥大会上宣布，将于 2070 年实现碳中和。② 作为《联合国气候变化框架公约》《巴黎

① 该计划的主要目标涵盖研究北极气候变化与印度季风之间的远程联系、分析全球变暖对北极的影响、关注冰川融化对海平面变化的影响、评估北极动植物群对人类活动的反应。参见 Ministry of External Affairs, "India and the Arctic," https://mea.gov.in/in-focus-article.htm?21812/India+and+the+Arctic，最后访问日期：2022 年 3 月 22 日。

② Ministry of Environment, "Forest and Climate Change," https://www.pib.gov.in/PressReleasePage.aspx?PRID=1795071，最后访问日期：2022 年 5 月 13 日。

协定》《生物多样性公约》等条约的缔约国，印度必须在应对全球气候变化中加快步伐。

1. 研究北极气候变化与印度季风之间的远程联系

季风的变化对于印度粮食安全、基础设施建设、经济可持续发展至关重要。印度同中国一样，农业生产依赖夏季风带来的丰沛降水，中印两国都关注北极气候变化对夏季风的影响以保障农业生产稳定。印度北极政策指出："印度的农业严重依赖夏季风带来的降水，年降雨量的70%都集中在夏季，而夏季作物如大米、豆类等占印度粮食产量的近50%。"[①] 北冰洋是印度季风变化的动力源之一。随着北极冰川融化，海水中的盐度平衡打破，洋流受到影响，热带地区陆地和海洋之间温差增大，最终影响印度季风。[②] 同时，北极气候变化会对印度夏季降雨发生的时间和地点产生影响。[③] 现在印度正通过分析北极冰川和北冰洋的沉积物和冰芯记录重构1810~2010年北极气候变暖的过程以研究北极气候变化和印度季风之间的远程联系。

2. 重视环境保护

北极是濒危野生动物的聚集地，北极生态环境安全攸关人类的可持续发展。北极生态环境保护为全球科学界提供了一个机会，以达成关于该地区的变化及其后果的战略共识。北极理事会作为北极地区最权威的政府间论坛就北极生态环境保护开展了广泛的合作。印度作为观察员，参与了北极理事会的北极候鸟倡议（AMBI）以改善北极候鸟种群减少现状并促进候鸟的繁衍，参与了减少北极污染的行动计划（ACAP）以预防和减少北

---

① Ministry of Earth Sciences, "India's Arctic Policy—Building a Partnership for Sustainable Development," https://www.moes.gov.in/sites/default/files/2022-03/compressed-SINGLE-PAGE-ENGLISH.pdf，最后访问日期：2022年3月22日。

② Sahana Ghosh, "How a Melting Glacier over 7000 Km Away Influences Monsoon in India," https://india.mongabay.com/2018/08/how-a-melting-glacier-over-7000-km-away-influences-monsoon-in-india/，最后访问日期：2022年3月22日。

③ Omair Ahmad, "Interview: How Arctic Ice Melt Affects the Monsoon," https://www.thethirdpole.net/en/climate/interview-arctic-shows-how-next-monsoon-will-be/，最后访问日期：2022年3月22日。

极地区的污染和环境风险，参与了北极监测与评估计划工作组（AMAP）以监测污染物和气候变化对北极生态系统和人类健康的影响。印度积极履行其缔结或加入的国际条约中的生态环境保护义务。印度作为《生物多样性公约》的签署国，积极参与关于北极生态系统价值、北极海洋保护区、北极生物多样性和微生物多样性等方面的研究。印度努力为北极地区的环境保护作出贡献，积极参与解决冰冻层的甲烷释放、黑炭和重油污染、海洋微塑料、海洋垃圾等突出环境问题。印度北极政策也指出，印度将积极参与北极理事会的减少北极污染的行动计划，寻求解决方案；与北极理事会突发事件预防准备和响应工作组合作，为应对北极地区的环境事件、开展搜索和救援、处置自然和人为灾害及事故提出预案。印度将与北极理事会下的北极动植物保护工作组和北极海洋环境保护工作组合作，促进相关领域专业知识的交流。印度重视发展绿色循环经济，确保印度企业在该地区从事经济活动时严格遵循北极环境标准。

（三）经济与人类发展合作

北极地区资源开发机遇与挑战并存。北极地区是全球可再生能源和不可再生能源的新产地。北极拥有世界上多达13%的未发现石油和30%的未发现的天然气储量，[①] 这给印度国内的能源商提供了新的商业渠道。但也应看到，经济活动的增加给北极地区带来了许多潜在的不利影响。北极地区需要建立有效的机制，在可持续发展的三大支柱——环境、经济和社会的基础上让商业活动承担更多的社会责任。从中印两国的北极政策中可以看出，两国都倡导保护和合理利用北极，以可持续的方式参与北极能源开发。同时印度北极政策还针对尊重北极原住民利益提出了相关主张。

1. 可持续地开采和利用北极能源

印度国内能源形势十分严峻。2021 年的《BP 世界能源统计年鉴》数据

① “Arctic Oil and Natural Gas Resources,” https://www.eia.gov/todayinenergy/detail.php? id=4650，最后访问日期：2022 年 3 月 30 日。

显示，印度2020年全年的能源消耗量占全球能源消耗量的比例高达5.7%，印度现已成为世界第三大能源消费国。[①] 相比于丰富的煤炭资源，印度国内石油和天然气储量有限，严重依赖进口。印度已成为仅次于中国的第二大石油净进口国。印度对进口油气资源的依赖程度一直在上升，国内85%的原油消费量和52.74%的天然气消费量依靠进口。[②] 新冠肺炎疫情背景下国际形势动荡不安加剧了过度依赖单一渠道获取能源的风险，为了分散风险实现能源供应渠道的多元化，印度将眼光转向北极地区，期望在北极地区获得稳定的油气供给。

俄罗斯在北极地区有丰富的石油和天然气资源。俄罗斯境内未开发油气资源储量占北极未开发油气资源储量的70%，其占比远高于其他北极国家。印度作为第二大石油净进口国，对石油的需求量大，印俄两国合作前景广阔。近年来，印俄双方在北极能源合作方面已经取得了部分成就。2018年6月，俄罗斯北极亚马尔项目通过航运向印度供应了首批液化天然气。[③] 俄罗斯是印度最大的石油和天然气投资目的地，截至2020年3月，印度在俄罗斯已经投资了5个油气项目，金额超过150亿美元。[④] 2021年12月6日，印度和俄罗斯签署了新的能源合作协议，其中包括俄罗斯于2022年向印度运送近1500万桶原油。根据印度石油和天然气部门的“2025油气远景规划”，到2025年，印度天然气消费量占印度能源总消费量的比例将从2010年的14%提高到20%，这将极大推动印度在北极的能源开发。印俄的北极能源合作居于两国伙伴关系的支柱地位，北极地区稳定的能源供给将成为印度经济持续发展的新引擎。

---

① 《BP世界能源统计年鉴》，https：//www.bp.com/content/dam/bp/country-sites/zh_cn/china/home/reports/statistical-review-of-world-energy/2021/BP_Stats_2021.pdf，最后访问日期：2022年3月15日。

② “MoPNG-Annual-Report 2020,” https：//mopng.gov.in/files/TableManagements/MoPNG-Annual-Report-combined.pdf，最后访问日期：2022年3月15日。

③ 陈本昌：《21世纪以来俄印能源合作的进展、动因及影响分析》，《东北亚论坛》2020年第6期。

④ “MoPNG-Annual-Report 2020,” https：//mopng.gov.in/files/TableManagements/MoPNG-Annual-Report-combined.pdf，最后访问日期：2022年3月15日。

北极可再生能源也是印度北极政策关注的焦点。由于北极地区人烟稀少，可再生能源（水能、生物能、风能、太阳能、地热和海洋能）和微电网在北极和亚北极地区发挥着关键作用。[①] 从冰岛的地热能源到加拿大的 Tazi Twe 引水发电项目，利用可再生能源为北极地区供电的发展前景十分广阔。印度正不断寻求与北极国家合作，以期在北极绿色能源的开发和利用方面取得长足进步。

2. 鼓励印度公司获得北极经济理事会的成员资格

印度北极政策指出："鼓励印度国内公司获得北极经济理事会的成员资格，并积极参与北极经济理事会的五个工作组——海洋运输工作组、负责任的资源开发工作组、连接性工作组、投资与基础设施工作组和蓝色经济工作组。"[②] 北极经济理事会（Arctic Economic Council，AEC）由北极理事会于 2013~2015 年加拿大任北极理事会轮值主席国期间创建。北极经济理事会致力于促进北极及其社区负责任的商业和经济发展，主要任务是分享和倡导最佳实践、技术解决方案和标准，支持市场准入，并从商业和经济视角为北极理事会的工作提供建议。[③] 北极经济理事会作为北极地区具有权威性的区域性国际经济行为体，其组织框架逐渐成熟，国际影响力日益深远。[④] 其下辖的连接性工作组在 2021 年的报告中指出北极地区新的经济机会的产生需要现代化的电信基础设施以提高竞争力。[⑤] 印度将利用其在数字经济方面的专长，为在该地区建立商业数据中心提供支持和便利，与北极国家建立数字伙伴关系，促进该地区电子商务的发展。

---

① Ministry of Earth Sciences, "India's Arctic Policy—Building a Partnership for Sustainable Development," https://www.moes.gov.in/sites/default/files/2022-03/compressed-SINGLE-PAGE-ENGLISH.pdf，最后访问日期：2022 年 3 月 22 日。

② Ministry of Earth Sciences, "India's Arctic Policy—Building a Partnership for Sustainable Development," https://www.moes.gov.in/sites/default/files/2022-03/compressed-SINGLE-PAGE-ENGLISH.pdf，最后访问日期：2022 年 3 月 22 日。

③ https://arcticeconomiccouncil.com/about/，最后访问日期：2022 年 3 月 16 日。

④ 参见刘惠荣、夏晓洁《北极经济理事会在北极经济治理中的功能担当》，载刘惠荣主编《北极地区发展报告（2020）》，社会科学文献出版社，2021，第 111 页。

⑤ "Arctic Connectivity Working Group 2021," https://arcticeconomiccouncil.com/wp-content/uploads/2021/05/aec-cwg-report-050721-6.pdf，最后访问日期：2022 年 3 月 16 日。

3. 推进与北极原住民和社区管理合作

北极地区约有 400 万人居住。[①] 由于西方生活方式的影响以及国家政策、现代交通和多元经济等因素的介入，北极原住民的生活发生了重大变化。[②] 印度北极政策也提到经济发展和北极连通性的增强不可避免地冲击着北极地区原住民的生活习惯和文化传统。此种现象与生活在喜马拉雅地区的居民所遭遇的生存困境相似。二者的共同点都在于生态系统遭到破坏和传统文化受到侵蚀。印度在解决这类问题方面有其专业和经验优势，有助于化解北极原住民的生存难题，为北极原住民社区的繁荣稳定做出积极贡献。印度着力通过共享的方式，凭借数字化和创新手段建立高效低成本运行的社会网络的有益经验，优化北极社区治理。印度希望研究在北极地区提供医疗服务和技术解决方案的可行性。与 2021 年印度北极政策（草案）相比，2022 年的印度北极政策提到了印度的医学成就，期盼将印度的传统医学用于北极地区的医疗保健服务并尽可能地为北极原住民提供如远程医疗、机器人治疗、纳米治疗等先进医疗技术，保护北极原住民的身体健康，使北极原住民成为北极开发的真正受益者。

4. 发展北极旅游业

北极旅游业是北极经济发展新的增长点，印度提出，将以负责任、安全和促进环境可持续发展的方式推动北极旅游业。北极被称为地球上最后一个拥有独特自然风貌和丰富历史的原始地区。随着北极冰层融化，北极航线的通行效率显著提高，越来越多的游客将注意力转向了北极。北极理事会北极海洋环境保护工作组（PAME）和英国南极调查局（BAS）联合调查研究显示，通过北极水域的客船数量从 2013 年的 77 艘增长到 2019 年的 104 艘，增长率高达 35%。[③]

---

① "Arctic Human Development Report," http：//norden. diva - portal. org/smash/get/diva2：788965/FULLTEXT03. pdf，最后访问日期：2022 年 3 月 17 日。

② "Arctic Indigenous Peoples," https：//www. arcticcentre. org/EN/arcticregion/Arctic - Indigenous - Peoples，最后访问日期：2022 年 3 月 17 日。

③ "As Arctic Marine Tourism Increases, How Can We Ensure It's Sustainable," https：//arctic - council. org/news/as - arctic - marine - tourism - increases - how - can - we - ensure - its - sustainable/，最后访问日期：2022 年 3 月 17 日。

印度国民不断提高的可支配收入催生了北极旅游消费的增长，北极旅游业将会成为北极地区经济发展的新引擎。

（四）交通与连通性

印度预测北极的无冰条件将很快实现北方海航道的全年通航，运输成本大大降低，全球贸易格局将会重塑，预计到2024年北方海航道的通航量将达到8000万吨。在北方海航道适航性提升的背景下，印度将会在海事人力资源供应、水文测绘和地区环境监测等方面广泛参与航道开发。目前，印度与俄罗斯正在利用双方在建造海军军舰方面的良好合作关系共同探索建立和发展民用船舶业。此外，印度还积极通过国际南北运输走廊（INSTC）[①] 和金奈-符拉迪沃斯托克海上走廊密切与俄罗斯和北极的联系。根据印度北极政策的数据，“印度在海员供应国名单上位列世界第三，满足了全球近10%的需求。印度的海洋人力资源有助于满足北极地区日益增长的需求”[②]。

1. 印俄在北极航道的合作

印度目前正在与俄罗斯讨论通过北方海航道的互联互通与北极国家开展能源合作项目。在2021年12月6日举行的第21届印俄峰会上，印度表示有兴趣与俄罗斯在北方海航道上进行合作。俄罗斯推出了新型核动力极地研究船“西比尔号”（Sibir），这艘极地研究船将入列俄罗斯破冰船队，以维持北方海航道全年开放，使印度得以扩大在该地区的活

---

① 国际南北运输走廊（The International North-South Transport Corridor，INSTC）共有三条走廊：中央走廊，起于印度西部马哈拉施特拉邦（印度洋地区）的贾瓦哈拉尔·尼赫鲁港，连接霍尔木兹海峡的阿巴斯港。然后，它经过诺沙赫尔、阿米拉巴德和班达尔-安扎利穿过伊朗领土，沿着里海到达俄罗斯的奥利亚港和阿斯特拉罕港。西部走廊，通过阿斯塔拉（阿塞拜疆）和阿斯塔拉（伊朗）的跨境节点连接阿塞拜疆和伊朗的铁路网，再通过海路到达印度贾瓦哈拉尔·尼赫鲁港。东部走廊，通过哈萨克斯坦、乌兹别克斯坦、土库曼斯坦等中亚国家，将俄罗斯与印度连接起来。

② Ministry of Earth Sciences，“India's Arctic Policy—Building a Partnership for Sustainable Development，” https：//www. moes. gov. in/sites/default/files/2022 - 03/compressed - SINGLE - PAGE-ENGLISH. pdf，最后访问日期：2022年3月22日。

动范围。[1] 但印度国内对北方海航道的开通也存在质疑声音，北方海航道的开通虽然对国际贸易意义重大，但并没有直接使印度受益，因为该航道没有为前往印度海岸的任何货物或能源的运输提供更短的路线。北方海航道本质上是连接欧洲和东亚的通道，相比于印度，中国、日本和韩国等其他亚洲国家受益更多，而对印度远洋的运输成本和商贸利益影响微乎其微。随着航道使用的增加，它可能会导致传统的马六甲海峡—印度洋—苏伊士运河—地中海的贸易模式逐渐转变，印度洋的通航量减少，对印度在印度洋现有的战略影响力产生不利影响。

2. 将国际南北运输走廊延伸至北极

印度的北极政策还寻求探索将国际南北运输走廊（INSTC）与统一深水系统相连接并进一步延伸到北极的可能性。印度预测，南北连通将比东西连通更能降低航运成本，推动内陆地区和原住民群体的共同发展。随着北方海航道建设以及北极能源开发需求的增加，印度国内有观点提出，INSTC 应该进一步向北欧乃至北极地区延伸，使其与芬兰、挪威共同规划中的“北极走廊”相对接，让 INSTC 成为一条真正的洲际运输走廊。INSTC 最早是在 2000 年由俄罗斯、印度和伊朗共同发起的旨在促进区域之间互联互通的合作项目，它通过波斯湾将印度洋与里海连接起来，然后进入俄罗斯和北欧。该项目若能完全实施，将极大地便利印度与中亚、俄罗斯和北欧之间的联系。沿 INSTC 运输货物，每 15 吨货物可减少 2500 美元的运输成本，运输时间可以减少到 25~30 天，而目前通过苏伊士运河进行运输需要 40~60 天。INSTC 将运输成本降低了 30%，运输时间缩短了 40%。[2]

3. 推进金奈-符拉迪沃斯托克海上走廊建设

在寻求将国际南北运输走廊连接北极的同时，印度还力推“远东政策”，推进金奈-符拉迪沃斯托克海上走廊建设。2019 年 9 月，印度总理莫

---

① “Moscow Offers New Delhi Access to Oil-&-gas-rich Northern Sea Route,” https：//economictimes. indiatimes. com/industry/energy/oil-gas/moscow-offers-new-delhi-access-to-oil-gas-rich-northern-sea-route/articleshow/66113709. cms，最后访问日期：2022 年 3 月 17 日。

② https：//polarconnection. org/india-instc-nordic-arctic/.

迪在访问符拉迪沃斯托克期间签署了一份谅解备忘录，正式确定了修建这条走廊的计划。印方通报称，金奈-符拉迪沃斯托克海上走廊的可行性研究处于前期阶段，研究表明这条走廊建成后将对印俄两国的互联互通和贸易往来产生重要作用。

（五）全球治理与国际合作

与南极不同，北极不受一个全面的国际条约、机构或制度的管理。相反，该区域的治理格局更为复杂，包括北极国家的国内法律和政策、国际条约和习惯国际法规范。寻找有效化解北极地区治理困境的规制模式成为当务之急。印度虽然是亚洲较早参与北极事务的国家，但其主要的关注点仍集中在科研领域，对参与北极治理不够重视。面对北极不断变化的新形势，印度迫切需要以更加积极的姿态参与北极治理，防止本国在北极治理进程中被边缘化。

1. 印度对北极地区法律秩序的认识

北冰洋沿岸都是主权国家，北极地区多种立法交织，尚没有像南极条约体系一样的统一治理体系。作为非北极国家，印度对北极地区既存法律秩序的认识决定了印度参与北极事务的基本立场。印度北极政策指出：“北极地区包括具有自主权管辖权的民族国家，以及国家管辖范围以外的地区。该地区受各国国内法律、双边协议、多边条约和全球公约以及原住民的习惯法管辖。”① 印度承认北极是一个复杂的治理体系，尊重北极地区既存的法律秩序，在这一点上与中国的立场如出一辙。《中国的北极政策》白皮书指出：“尊重是中国参与北极事务的重要基础。尊重就是要相互尊重，包括各国都应遵循《联合国宪章》《联合国海洋法公约》等国际条约和一般国际法，尊重北极国家在北极享有的主权、主权权利和管辖权，尊重北极土著人的传统和文化，也包括尊重北极域外国家依法在北极开展活动的权利和自由，尊重

① Ministry of Earth Sciences, “India's Arctic Policy—Building a Partnership for Sustainable Development,” https://www.moes.gov.in/sites/default/files/2022-03/compressed-SINGLE-PAGE-ENGLISH.pdf，最后访问日期：2022 年 3 月 22 日。

国际社会在北极的整体利益。”[①]

2. 印度与北极理事会

印度北极政策指出：“北极理事会是以环境保护和可持续发展为双重任务而设立的促进北极合作的政府间高级别论坛。”[②] 北极理事会把北极的可持续发展作为“北极治理的优先事项”，这也是印度参与北极事务的根本宗旨。2013 年印度成为北极理事会观察员，并于 2019 年得以延续。印度国内曾就印度是否应当加入北极理事会展开过激烈讨论。反对者认为，北极是全球公地、人类共同的遗产，印度一旦加入北极理事会就意味着承认北极国家对北冰洋的权利，这是对印度负责任大国身份的背叛。支持者认为，印度政府应该从战略层面考虑北极开发可能给印度带来的威胁与机遇，而加入北极理事会有利于印度保持对北极敏感领域事务的参与。[③] 北极理事会聚焦北极环境治理、气候变化及其影响的评估、生物多样性的保护和污染物的持续监测，印度不仅积极参与上述议题，同时在推进北极可持续发展进程中进行了有益实践。印度呼吁减少工业甲烷和黑炭排放，并减轻它们对北极环境的灾难性影响。印度环境、森林和气候变化部为北极理事会北极动植物保护工作组下的北极候鸟倡议（AMBI）作出了重要贡献，加强了对冬季北极飞往印度的候鸟的研究和保护工作。不可否认的是，北极理事会日渐成为北极国家权力博弈的舞台，其发展充满更多不确定性，观察员需要缴纳高额会费却只享有提议权没有表决权，严重限制了非北极国家对北极事务的参与，印度如何“破题”尚不明确。

3. 开展国际合作与交流

印度北极政策提出：“争取与该地区的所有利益相关者进行国际合作

---

① 《〈中国的北极政策〉白皮书（全文）》，http：//www. scio. gov. cn/zfbps/32832/document/1618203/1618203. htm。

② Ministry of Earth Sciences，“India's Arctic Policy—Building a Partnership for Sustainable Development，” https：//www. moes. gov. in/sites/default/files/2022 - 03/compressed - SINGLE - PAGE-ENGLISH. pdf，最后访问日期：2022 年 3 月 22 日。

③ 瞿继文、戴永红：《印度新时期北极政策下的能源开发：转变、局限与影响》，《印度洋经济体研究》2021 年第 4 期。

并建立伙伴关系。”印俄素来有友好传统，印度和俄罗斯在能源等多个领域保持着全面的伙伴关系。两国于2000年建立“战略伙伴关系”，并于2010年提升为“特殊的和有特权的战略伙伴关系”。由于印度的北极科考站Himadri位于挪威的斯匹次卑尔根群岛，印度也高度重视与挪威的关系。印挪两国之间的合作涉及经济、政治、文化教育和科学研究等多个领域。挪威研究理事会和印度地球科学部于印度总统穆克吉2014年访问挪威期间签署了一份合作谅解备忘录。印度国防研究与分析研究所（IDSA）与挪威机构合作开展了为期三年的亚洲利益和北极政策研究项目，最终出版了《北极：商业、治理和政策》一书。除此之外，印挪两国还在高等教育方面加强合作，印度多次向挪威派送极地科学方面的研究生。除双边外交之外，印度还积极参加多边外交场合。2021年5月8~9日，印度参加了第三届北极科学部长会议（ASM3），分享了印度在北极地区研究、工作和合作的愿景和长期计划，还表示希望未来的北极科学部长会议能在印度举办。[①]

4.积极参加与北极相关的国际条约和国际组织

印度北极政策中指出印度要维护国际法秩序，遵守《联合国海洋法公约》等与北极地区相关的国际条约。目前，国家管辖范围以外区域海洋生物多样性（BBNJ）养护和可持续利用国际协定的立法进程已进入关键阶段，北极海域的BBNJ治理也是国际社会关心的问题。2022年2月11日，在法国布雷斯特举行的“同一个海洋”峰会上成立了国家管辖范围以外区域海洋生物多样性高目标联盟（HAC），印度是成员国之一。

（六）印度的国家能力建设

随着北极地区的价值日益显现，印度将提高其参与北极开发与建设的能力。从科学研究到航海和经济合作，印度政府不断推进相关人才的培养并给予行政和经济支持以帮助印度大力进军北极，此项举措符合印度总理莫迪提

① Ministry of Earth Sciences, “India Participates in the 3rd Arctic Science Ministerial: Shares Plans for Research and Long-term Cooperation in the Arctic,” https://pib.gov.in/PressReleasePage.aspx?PRID=1717084，最后访问日期：2022年5月14日。

出的“Aatma Nirbhar Bharat（自力更生的印度）”计划的要求。印度北极政策中，关于国家能力建设的论述主要有以下几方面。一是不断提高北极科学研究能力。印度将不断发挥 NCPOR 在北极研究中的节点机构的作用，让相关的学者和科研机构一同加入进来，促进各个科研机构的交流合作。同时不断提高印度国内大学在地球科学、生物科学、地理学、气候变化和与北极有关的空间探测等领域的研究能力。二是深入挖掘北极的经济价值。印度将不断扩大与北极有关的矿产、油气勘探、蓝色经济和旅游业的专家库规模，为印度参与北极的经济开发提供科学保障。三是为适应北极连通性要求，加强对海员的极地和冰上航行的培训，掌握本土建造极地研究船的技术，并建立与北极航行相关的特定区域的水文能力。四是为北极政策的实施提供人才支撑。印度将在海事保险、船舶租赁、海事仲裁等方面培养训练有素的人才，为印度参与北极事务提供人才支持。五是在研究北极海洋、法律、环境、社会、政策和治理问题上加强机构能力，包括更广泛地适用非法律法规和其他适用北极地区的条约。

三　印度参与北极事务的立场及政策背后的利益考量

（一）印度参与北极事务的立场

印度认为，北极地区的所有人类活动都应该是可持续的、负责任的、透明的并以尊重国际法为基础，其中包括《联合国海洋法公约》。在 2021 年印度北极政策（草案）中，印度认为北极是“人类的共同遗产”[①]，而在 2022 年印度北极政策的正式文本中，印度回避了“人类的共同遗产”这一提法，取而代之的是“印度在北极的利益包括科学、环境、经济以及战略方面，因此数十年来印度与北极地区的接触是一贯的和多层面的”。印度的

① Ministry of External Affairs of India, “India's Arctic Policy,” https://arcticpolicyindia.nic.in/.

定位类似于中国北极政策提出的“重要利益攸关方”。印度之所以在北极政策中回避“人类的共同遗产”这一提法，主要是因为其直接违反北极理事会的原则，即任何观察员或任何成员都必须承认北极国家在北冰洋的主权权利，故印度强调从北极利益攸关本国发展这一立场参与北极事务。

（二）印度北极政策背后的利益考量

北极以其独特的战略位置逐渐成为各国拓展发展空间、谋求竞争优势的“新疆域”。参与北极事务对于印度深度参与全球治理，不断提高其国际影响力具有重要意义。

1. 战略利益的驱动：赢得北极开发的主动权

印度着眼于北极域内局势日趋紧张的大背景。北极对印度的地缘价值不可小觑。从整体上看，北极地区的地缘政治结构相对完整，呈“中心—外围”的结构特征。[①] 自2007年俄罗斯北冰洋洋底插旗事件起，北极利益的争夺愈演愈烈，北极国家为维护本国在地缘政治和经济利益上的需要，在北极地区部署军事设施并开展军事演习，北极的安全局势日趋紧张。正如美国时任国务卿蓬佩奥所说，“权力和竞争的新时代”在北极到来了。北极地缘政治已成为大国的战略政策重点之一，各国纷纷将北极地区作为地缘利益的竞争地。一方面，北极地区的再军事化使北极国家之间原本脆弱的关系出现裂痕，安全局势剑拔弩张。另一方面，近北极国家作为新生力量参与到北极事务中。2013年，印度与中国、意大利、日本、韩国、新加坡成为北极理事会观察员，中国、日本、韩国、新加坡等国先后提出自己的北极政策，开展北极活动。这使北极地区的关系网络呈现美俄两国对立、其余北极国家密切联系、近北极国家积极融入的状态，呈现“中心—次中心—外围”的复杂态势。[②]

① 马腾、李永宁等：《北极地缘环境解析与中国的应对之策——以“冰上丝绸之路”为例》，《热带地理》2021年第6期。

② 马腾、李永宁等：《北极地缘环境解析与中国的应对之策——以“冰上丝绸之路”为例》，《热带地理》2021年第6期。

印度需要尽快扭转与域外国家竞争的不利地位。作为印度的邻国，中国发布了本国的北极政策。中国依托北极航道的开发利用，与各方共建“冰上丝绸之路”，同时在北极地区围绕基础设施和能源领域进行了大量投资。中国第一艘自主建造的极地科学考察破冰船“雪龙2号”于2019年7月交付使用。同时，中国是除俄罗斯之外唯一建造核破冰船的国家。与中国在北极的努力相比，印度的努力尚处于起步阶段。同为亚洲国家的韩国也积极参与北极事务。2021年11月30日，韩国发布了《2050年北极活动战略》，将适时制定并实施极地活动振兴法，引进新一代北极破冰研究船等，为跃升为北极活动先导国家奠定基础。其他亚太国家如日本和新西兰也纷纷出台了自己的北极政策。对于韩国、日本、新西兰等国，印度计划与这些国家在深化参与治理、制度建设、基础设施建设和资源勘探等方面积极开展合作，建立伙伴关系，此举将有利于印度增加其在北极理事会决策中的分量。

2. 经济利益的驱动：实现可持续发展

经济利益也是各国参与北极事务的重要着眼点。北极国家利用地理优势在经济利益竞争中先发制人。俄罗斯在北极理事会轮值主席国任期期间计划举办北极能源开发和北极大陆架资源开发的会议，以彰显其对北极资源的重视。2021年，美国总统拜登签署《基础设施投资和就业法案》，此法案将对美国阿拉斯加州的北极地区基础设施的建设和完善特别是网络宽带的接入产生积极作用。加拿大同样把基础设施问题作为参与北极事务的主题之一，对北极的基础设施建设进行实质性的长期稳定投资。挪威将目光转向北极，近些年来先后批准了多个巴伦支海石油开发项目。芬兰在其2021年发布的北极政策中将基础设施和物流作为优先事项进行了讨论，将不断推进芬兰北部交通系统的发展，改善商业条件。瑞典在2020年发布的北极战略中指出将在三个关键领域采取措施，包括自然资源的利用、运输和基础设施、旅游业，为北极地区可持续发展作出突出贡献。丹麦和冰岛也纷纷在北极开展经济活动。非北极国家同样注重北极的经济开发。中国的北极政策坚持在尊重北极国家根据国际法对其国家管辖范围内油气和矿产资源享有的主权权利和保护北极生态环境的前提下参与北极油气和矿产资源开发。韩国在

《2050 年北极活动战略》中提出要加强绿色能源合作，实现北极渔业的可持续发展，推进本国与北极国家的双赢合作。在北极国家和非北极国家积极参与北极经济开发的大背景下，印度也不能忽视在北极的经济利益。一项基于 NASA 和欧洲航天局（ESA）卫星数据的研究表明，北极冰层在 2018~2021 年 3 年间变薄了 1.5 米。到 2050 年，北极资源储量丰富的地区将完全无冰，其商业价值不可估量。[①] 印度在其北极政策中提出要探索负责任地勘探自然资源和矿产的机会；争取与北极国家、北极理事会观察员和其他经济体合作，进行互利和可持续的经济合作和投资，积极与北极国家建立数字伙伴关系，促进该地区电子商务的发展；积极参与北极的基础设施投资，如海上勘探、采矿、港口、铁路、机场、信息技术等方面，鼓励在这些领域见长的印度公共部门和私营单位参与。

3. 科研和环保利益的驱动：印度参与北极事务的重要切入点

北极地区独特的地理位置和复杂的生态系统蕴藏着丰富的科学研究价值。北极地区是生物学、海洋和大气科学、冰川学、地质学等领域的研究宝库。研究已经证实北极生态圈与其他区域生态圈存在传导效应，北极环境的恶化会对全球造成放大性的影响。印度作为非北极国家，不断加强北极科研和环保的投入以增强其北极存在。

科学研究是北极国际合作的关键节点，也是非北极国家与北极联系的一个重要方面。谁掌握知识体系，谁就拥有决策权威。[②] 一方面，印度参与北极科学研究，可以更清晰地把握北冰洋与印度洋之间的相互关系，从而科学认知季风以改善农业生产；另一方面，"最佳科学证据"是国际极地治理规则制定的重要基础，印度参与北极科学研究有助于其获得在北极治理的话语权，对于推动极地国际治理规则体系深化与细化具有重要意义。印度在其北极政策中对科学研究进行了专章叙述，直击科考站建设、极地研究船建造、

① "How important is the Arctic for India：Explained，" https：//newsonair. com/2022/03/26/how-important-is-the-arctic-for-india-explained/，最后访问日期：2022 年 4 月 3 日。

② Peter Hass，*Epistemic Communities and International Policy Coordination*，International Organization，1989.

空间技术等领域，旨在实现对北极观测的立体化覆盖，加深对北极自然现象的认识和背后规律的把握。印度是新奥尔松科学管理委员会、国际北极科学委员会、北极大学和亚洲极地科学论坛的成员，在北极科学研究领域开展国际合作，把印度在北极的参与提高到新层面。当然印度参与北极科学研究仍然面临许多挑战：一是挪威对于非北极国家的科学研究呈现收紧态势，根据《新奥尔松研究站研究战略》建立的科考管控制度限制了印度在北极的考察内容与考察范围，使印度依据《斯匹次卑尔根群岛条约》所享有的缔约国权利受损。二是北极理事会发布的《加强北极国际科学合作协定》对“科学活动”的定义进行模糊解释，以利用北极理事会既有的“身份规则”对印度等观察员的科研活动进行限制，使北极的科学研究信息垄断在北极国家内部。三是相比于南极科学考察的大规模人员和资金的支持，印度政府对北极科学研究的保障力度不足，尚未实现科考站的全年驻留。

通过对北极气候变化背后机理的把握，各国认识到北极生态环境的极大脆弱性。印度着眼于气候变化，将气候和环境保护作为本国北极政策的六大支柱之一，聚焦冰冻圈与北冰洋因果机制的探索，以应对和改善全球变暖对北极生态造成的不利影响。可持续发展目标贯穿印度北极政策全文，可见印度对北极生态环境保护的重视。不可忽视的是，印度参与北极环境治理同样会遇到很多挑战，诸如各种环境保护政策措施未成体系、软法规则居多缺乏实施保障、北极国家和非北极国家的利益差严重制约了北极地区环境保护政策的实施效果。印度的北极环境治理仍然任重道远。①

四　结语

印度北极政策为其未来参与北极事务提供了总目标和总方针。印度北极政策通过科学研究、气候和环境保护、经济与人类发展合作、交通与连通

① 李振福、李诗悦：《北极地区的治理进程、态势评估及应对之策》，载刘惠荣主编《北极地区发展报告（2020）》，社会科学文献出版社，2021，第41页。

性、全球治理与国际合作、国家能力建设六大支柱阐明了印度当下在北极的核心利益。人类在北极地区面临气候变化等共同的挑战，只有通过集体意志和努力才能成功解决。印度在尊重北极地区既有国际治理秩序的前提下能够且愿意发挥自己的作用，为全球利益作出贡献，与北极国家和其他有志于参与北极事务的国家建立密切的伙伴关系，以确保北极地区的可持续发展、和平与稳定。中国和印度同属于亚洲国家和近北极国家，北极发展攸关本国切身利益，两国都发布了各自的北极政策。中印两国都把尊重北极地区既有的法律秩序作为参与北极事务的前提，把科学研究和环境保护作为北极政策的重点领域，以可持续方式推进北极能源的开发和利用，积极参与北极理事会框架下的国际合作，不断提高自身在北极治理体系中的话语权。印度参与北极开发和治理的雄心不可小觑。在印度北极政策结尾，印度以一个梵语短语“Vasudhaiva Kutumbakam”（四海为家）表达了对北极地区和平发展的美好愿望，在这一点上与中国的人类命运共同体理念异曲同工。中印两国在北极事务中秉持共同理念，应尽可能求同存异，积极开展合作。值得注意的是，2022 年初爆发的俄乌冲突会对印度参与北极事务产生何种程度的影响尚有待观察。

科技与合作篇

Technology and Cooperation

B.7

“联合国海洋科学促进可持续发展十年”背景下的北极科技政策动向*

刘惠荣　李　玮**

摘　要： 为逆转恶化的海洋健康状况，联合国于2021年初开启了“联合国海洋科学促进可持续发展十年（2021~2030）”计划。为了配合联合国在国际层面上推进全球“海洋十年”，非洲、太平洋、大西洋、南极、北极地区的区域“海洋十年”也提上日程。目前，北极区域“海洋十年”仍在筹备中，《海洋十年——北极行动计划》在2021年6月正式发布，下一步将制订“北极海洋十年”的路线图，国际科学北极委员会或将作为“北极海洋十年”的协调机构，成为连接“海洋十年”国际和北极区域层面的重要枢纽。为对“北极海洋十年”作出贡献，设置北极区域科学

* 本文为国家自然科学基金项目“海上划界和北极航线专用海图及其法理应用研究”（41971416）的阶段性成果。

** 刘惠荣，中国海洋大学海洋发展研究院高级研究员，中国海洋大学法学院教授，博士生导师；李玮，中国海洋大学法学院国际法专业硕士研究生。

优先事项，领导科学合作项目，北极科学部长会议和国际科学北极委员会决定了各自的北极科学研究的优先领域和行动，美国、挪威、芬兰、冰岛、法国、日本发布了本国北极科学研究的新文件。

关键词： 联合国海洋科学促进可持续发展十年　北极区域“海洋十年”　北极科技政策

在2021年1月正式启动的“联合国海洋科学促进可持续发展十年（2021～2030）”计划（以下简称“海洋十年”）是联合国发起的海洋大科学综合性顶层计划。作为未来10年最重要的海洋科学倡议，“海洋十年”旨在激发海洋科学领域的变革，增强海洋科学诊断问题、提供解决方案的能力，从而推动海洋可持续发展。站在全球海洋治理的视角，“海洋十年”将增强海洋科学在国际法规则制定和实施过程中的作用，加强科学、法律、政策之间的联动。

“海洋十年”由联合国及其下属机构负责，由联合国教科文组织政府间海洋学委员会（以下简称“海委会”）秘书处下设的协调科负责全球层面的协调工作，由协调中心和协调办公室负责区域层面的协调工作。为了配合联合国在国际层面上推进全球“海洋十年”，各区域的海洋十年计划也纷纷开始筹备或正式启动，北极区域的“海洋十年”计划（以下简称“北极海洋十年”）处于筹备阶段。

对北极海洋治理而言，“北极海洋十年”的到来意味着北极治理格局将会发生新的变化。北极理事会一直是北极认可度最高、参与度最广的区域平台，其与国际北极科学委员会联合开展的北极可持续观测网（SAON）是北极最大的观测网络项目，北极科学部长会议也成为近年来北极科学事项讨论的新机制。但值得注意的是，现已召开的研讨会和《海洋十年——北极行动计划》咨询会上，国际北极科学委员会发挥着领导作用，“北极海洋十年”下一步出台的《北极路线图》将就“北极海洋十年”的治理和协调作出更具体的安排，国际北极科学委员会很有可能成为联系全球“海洋十年”和“北极海洋十年”的枢纽。北极域内国家美国、挪威、芬兰、冰岛和域外国家法国、日本都在2021年发布了本国北极科学研究的优先事项和领域，表现出对北极科学研究的热情和信心。

以联合国发起的“海洋十年”为背景，从宏观层面考察联合国教科文组织推动的全球海洋治理，聚焦联合国教科文组织海委会的最新决定，分析“海洋十年”治理和协调层次、机构及其职权范围；在区域层面考察“北极海洋十年”的具体动态，分析北极国家、域外国家和组织的北极科学研究优先事项，可以助力中国参与“北极海洋十年”计划实施。

一 “海洋十年”发展概况

联合国发布的《第一次世界海洋评估》表明，对人类健康和福祉至关重要的海洋正面临着越来越多的威胁：20世纪90年代以来，全球海洋变暖速度翻了一番，海洋热浪的频率也在上升；在海洋酸化和其他因素的作用下，这种规模的持续变暖预计将导致大规模的珊瑚和其他高生产力的生态系统的消失，而这些生态系统是世界生物多样性的基石和数以亿计的人的食物和生计来源。[①] 海洋问题愈发严重，而人类对海洋仍知之甚少。要想逆转恶化的海洋健康状况，实现海洋可持续发展，需要以科学为基础，海洋数据、知识、能力建设至关重要。

为使海洋科学的产生和使用发生飞跃性的变化，联合国发起了“海洋十年”计划。2020年12月31日联合国大会审议通过了《“联合国海洋科学促进可持续发展十年”实施计划》（以下简称《实施计划》），并宣布于

① United Nations, “The First Integrated Marine Assessment World Ocean Assessment I,” https://www.un.org/Depts/los/global_reporting/WOA_RegProcess.htm，最后访问日期：2022年3月30日。

2021 年 1 月正式启动“海洋十年”。[①]

2021 年是“海洋十年”实施的第一年，《实施计划》确定第一年的主要工作是拓展参与范围，全球层面上围绕“海洋十年”的 7 个目标召开研讨会，海委会根据行动呼吁批准了全球或区域性的大型行动和非洲、不发达国家领导的项目；区域任务组正在召集区域利益相关者并召开区域利益相关者会议，推动制订区域行动计划，以指导“海洋十年”行动。在组织管理机制上，2021 年海委会明确了“海洋十年”的治理协调层次和机构职权范围，《实施计划》确定了治理的三个层次，联合国大会、海委会理事机构和“海洋十年”咨询委员会。2021 年 6 月海委会第 31 次大会通过了“海洋十年”咨询委员会一系列的新安排；海委会进一步明确了协调结构，正式协调机构包括隶属于联合国的中央协调机构和由国家或组织申报设立的地区协调机构；在正式协调机构之外，“海洋十年”国家委员会、执行伙伴和联盟也帮助协调“海洋十年”的实施工作。

（一）2021年“海洋十年”的进展

2021 年 6 月 1 日，德国主办了第一届国际海洋十年会议的高级别开幕式，随后，预计从 2021 年 7 月到 2022 年 5 月，7 个“海洋十年实验室”将围绕着 7 个十年目标展开。

2021 年，海委会批准了两批“海洋十年行动”。2021 年 6 月 5 日，海委会执行秘书和助理总干事批准了第一套旗舰十年行动，它们主要是大型的、全球性的或主要的区域性的行动，包括 28 个计划级行动和 66 个捐助级行动。2021 年 10 月 13 日，海委会批准了 94 项新的“海洋十年行动”。新批准的“海洋十年行动”的核心是由非洲、小岛屿发展中国家和最不发达国家的机构以及早期的海洋专业人员领导的项目。2021 年 10 月 15 日启动了新的“十年行动呼吁”，第 02/2021 号“十年行动呼吁”将重点关注解决优先问题的十年

---

① UN General Assembly, “Resolution Adopted by the General Assembly on 31 December 2020, 75/239,” https://documents - dds - ny. un. org/doc/UNDOC/GEN/N21/000/17/PDF/N2100017. pdf ? OpenElement，最后访问日期：2022 年 3 月 30 日。

计划，包括海洋污染、海洋生态系统的多重压力或海洋与气候之间的关系。[①]

“海洋十年”成功路上的最大风险是资源缺乏，海委会秘书处面临着既要为“海洋十年”筹集维持其核心业务计划所需的预算外资金支持，又要为“海洋十年行动”提供大量额外资源的双重任务。

“南极海洋十年”于2021年6月线上启动，预计将于2022年发布《海洋十年——南极行动计划》。2021年11月25~26日举办的启动会议标志着“西太平洋及其周边区域海洋十年”的启动。因为新冠肺炎疫情，原定于2021年12月13~15日主办的“非洲海洋十年”启动会议，推迟到2022年5月。2021年12月16~17日举办的热带美洲区域“海洋十年”启动会议宣布了“热带美洲海洋十年”正式启动。目前各区域的“海洋十年”都已举办正式启动会议或即将正式启动，在诸多“区域海洋十年”中，太平洋海域的“海洋十年”推进速度较快，图拉基金会即将成为“东北太平洋海洋十年”的协调中心，“西太平洋海洋十年”在海委会西太平洋分委会的协调下推进顺利。2021年上半年“北极海洋十年”劲头较足，“海洋十年”第一个区域行动计划就来自“北极海洋十年”，但在2021年6月《海洋十年——北极行动计划》发布之后，“北极海洋十年”没有明显进展，没有召开新的研讨会或发布新文件。

（二）“海洋十年”的治理结构

“海洋十年”的治理结构自上而下分为三层：联合国大会、海委会理事机构和“海洋十年”咨询委员会。作为联合国大会批准的一项联合国范围内的倡议，“海洋十年”的进展情况需要向联合国大会报告，并经其审议。海委会将定期向联合国大会汇报“海洋十年”实施情况。在联合国大会审议“海洋十年”情况之前，海委会理事机构将先行审查“海洋十年”的进展报告。

---

① https：//www. oceandecade. org/news/ocean－decade－endorses－new－wave－of－actions－across－the－globe/，最后访问日期：2022年3月30日。

“海洋十年”咨询委员会（Ocean Decade Advisory Board）是作为海委会秘书处和理事机构的技术咨询机构而设立的。2021 年 6 月举行的海委会第 31 次大会明确了“海洋十年”咨询委员会的成员组成、职权范围、工作主持安排。①

“海洋十年”咨询委员会由最多 15 名专家成员和 5 名来自联合国机构的代表组成。15 名专家成员来自政府、私营部门、慈善机构、民间社会和科学界，专家成员不代表他们的机构或国家，而是以其专业身份参与咨询委员会的工作，专家成员通过公开征集进行提名。联合国机构在“海洋十年”咨询委员会的 5 个席位由以下三部分组成：联合国法律顾问/海洋事务办公室是联合国海洋网络和联合国海洋法公约的秘书处和协调中心，将在“海洋十年”咨询委员会中拥有 1 个永久席位；海委会秘书处作为“海洋十年”的协调者，也将在“海洋十年”咨询委员会中拥有 1 个永久席位；另外 3 个席位将保留给联合国机构，并将通过联合国海洋网络协商确定。“海洋十年”咨询委员会成员的任期为两年，可连任一次。设在海委会秘书处的“海洋十年”协调科将是“海洋十年”咨询委员会的秘书处。2022~2023 年的咨询委员会成员名单已于 2021 年 12 月 13 日在“海洋十年”官网上公布。② 我国自然资源部第一海洋研究所乔方利研究员当选 2022~2023 年“海洋十年”咨询委员会成员。

“海洋十年”咨询委员会负责向海委会执行秘书提供直接建议，重点是就“海洋十年”行动认可和“海洋十年”行动呼吁的范围提出建议，并向海委会理事机构报告与“海洋十年”行动有关的战略事项。

（三）“海洋十年”的协调结构

随着“海洋十年”实施的开始，迫切需要一个资源充足、功能完善的

① “IOC Resolution A-31/1: Implementation of the United Nations Decade of Ocean Science for Sustainable Development (2021-2030),” https://unesdoc.unesco.org/ark:/48223/pf0000379465，最后访问日期：2022 年 3 月 30 日。

② 2022~2023 年“海洋十年”咨询委员会成员名单见 https://www.oceandecade.org/decade-advisory-board/，最后访问日期：2022 年 3 月 30 日。

“海洋十年”协调机构。根据 2021 年 8 月海委会就“海洋十年”进展情况向联合国大会的报告，“海洋十年”整体协调结构由海委会秘书处下设的协调科和地区协调机构两部分组成，地区协调机构包括“海洋十年”协调办公室和合作中心。在正式的协调机构之外，“海洋十年”国家委员会、“海洋十年”区域任务组或平台、“海洋十年”联盟是支持“海洋十年”协调的三类机构。

1.“海洋十年”协调科

“海洋十年”协调科是实施“海洋十年”的中枢协调机构，设在海委会秘书处下，管理“海洋十年”日常运作。协调科有三重身份：“海洋十年”的协调办事处、“海洋十年”咨询委员会的秘书处、“海洋十年”联盟的秘书处。协调科将得到“海洋十年”协调办公室的支持。协调科通过在线平台每年发起两次行动呼吁，行动呼吁针对“海洋十年”挑战制定优先地理区域或者主题。

2. 地区协调机构

“海洋十年”协调办公室和合作中心位于世界不同地区，由联合国其他机构或政府、国际和区域组织或其他伙伴主持。它们将支持“海洋十年”的工作，帮助协调国家、区域和全球倡议之间的工作，分享知识和开发的工具，在潜在的十年伙伴之间建立联系，监测和报告“海洋十年”的效果。2021 年 6 月海委会第 31 次会议上通过了《十年合作中心和执行伙伴操作指南》，海委会正在与潜在伙伴进行协商。

“海洋十年”协调办公室重点关注特定的区域或者主题，设在现有的联合国或海委会成员国机构内，并配备联合国人员，是协调科的下属机构。“海洋十年”协调办公室对“海洋十年行动”起催化和协调作用，组织和协调“海洋十年”审查进程，促进联合国和会员国伙伴之间的合作、沟通、监测和资源调动。

“海洋十年”合作中心，将由从事相关海洋科学领域工作的国际组织或主要的区域性组织担任，例如研究机构、非政府组织、慈善事业基金会、私营实体或者大学。它们将向“海洋十年”协调科和协调办公室提供支持，在区域或主题层面上促进和协调“海洋十年行动”。合作中心将通过协调办公室向“海洋十年”协调科提供建议，要求批准属于它们职权范围内的“海洋十年”行动。“海洋十年”合作中心在法律上独立于海委会或其下设的联合国机构。

3. 支持协调和治理的机构

“海洋十年”国家委员会、“海洋十年”联盟、“海洋十年”区域任务组或平台是在“海洋十年”正式的协调机构之外，用于支持协调和治理的三类机构。

“海洋十年”国家委员会是自愿的多机构和多利益相关者的国家平台。它支持“海洋十年”的正式管理和协调机构。“海洋十年”国家委员会是现有或新的机构，专门用于协调国家层面的各种利益相关者。它们有助于在国家层面共同设计和共同实施“海洋十年”行动，并获得来自“海洋十年”的数据、信息和技术和能力发展。北极域内国家已经成立“海洋十年”国家委员会的有美国、挪威、芬兰、瑞典、俄罗斯，在 2021 年 10 月 18 日联合国教科文组织的对“海洋十年”第二轮行动呼吁的线上会议上，加拿大、丹麦正在筹备“海洋十年”国家委员会。在“北极海洋十年”进程中积极参与的北极域外国家法国和日本均已成立“海洋十年”国家委员会。[①] 2022 年 8 月，联合国“海洋十年”中国委员会成立。

“海洋十年”执行伙伴是在“海洋十年”的正式管理和协调机构之外的非联合国区域或国际利益相关者组织，“海洋十年”执行伙伴同时向“海洋十年”协调科、“海洋十年”协调办公室和“海洋十年”合作中心提供有针对性的支持，它是构成“海洋十年”利益相关者参与网络的一个重要组成部分。“海洋十年”执行伙伴的范围和任务以及所需的资源投资，预计将大大少于“海洋十年”合作中心或协调办公室所需的资源。随着时间的推移，“海洋十年”执行伙伴的地位可能会演变为“海洋十年”合作中心。

① https：//www. oceandecade. org/national-ocean-decade-ecosystem/，最后访问日期：2022 年 3 月 30 日。

“海洋十年”联盟是“海洋十年”资源调动工作的关键因素。2021 年 2 月 3 日，作为“勇敢的新海洋”活动的一部分，为了利用和增加对“海洋十年”的财政和实物资源承诺，该联盟成立。“海洋十年”联盟是一个由来自政府、联合国机构、工业界和慈善机构的知名合作伙伴组成的网络，旨在通过网络、资源调动和影响，促进对“海洋十年”的大规模资源承诺。成员将以邀请的方式加入联盟，其基础是对“海洋十年”愿景的持续承诺，包括资源提供战略与“海洋十年”优先事项的一致性，以及对“海洋十年”行动或协调费用的大量实物或财务支持的承诺。①

区域任务组是自愿的非正式的区域多方利益相关者团体，它们将确定区域的优先事项和需求。以北极为例，为制订《海洋十年——北极行动计划》，北极区域层面上成立了负责起草工作的北极任务组，成立于2020 年春季的北极任务组最初是为了支持丹麦海洋研究中心在哥本哈根组织的“北极海洋十年”研讨会，后负责起草《海洋十年——北极行动计划》。

二　北极地区对“海洋十年”的响应：“北极海洋十年”

作为受气候变化影响最显著的“海洋热点地区”② 之一，北极正在以高于全球平均水平 2~3 倍的速度变暖，北极海洋环境、社区、生态系统发生了一系列连锁反应，大量海冰融化，20 个北大西洋物种迁入北极，北极区域的变化也产生了全球性影响。北极处于快速变化之中，但现实

① “海洋十年”联盟目前的成员有韩国、葡萄牙、塞舌尔共和国、国际海底管理局、联合国环境规划署、大堡礁基金会、穆罕默德六世环境保护基金会（Mohammed VI Foundation for Environmental Protection）、摩纳哥阿尔贝二世亲王基金会（Prince Albert II of Monaco Foundation）、施密特海洋研究所（Schmidt Ocean Institute）、沛纳海公司（Officine Panerai）、福格罗（Fugro），详情参见 https：//www. oceandecade. org/ocean-decade-alliance/，最后访问日期：2022 年 3 月 30 日。

② A. J. Hobday，G. T. Pecl，“Identification of Global Marine Hotspots：Sentinels for Change and Vanguards for Adaptation Action，” *Rev Fish Biol Fisheries* 24，（2014）：415-425.

情况是，北极是全球海洋数据匮乏区域之一，对北极知之甚少使人类虽然想要适应和应对北极变化，但无从下手。匮乏的数据和北极知识无法满足北极治理需求，受制于高昂的北极科研成本、恶劣的自然环境，单个国家独自开展大规模、多领域的北极科学研究难度较大。

毫无疑问，气候变化是21世纪世界各国北极科学研究兴趣的共同驱动力。《第二次世界海洋评估》将人口增长、经济活动、技术进步、治理结构变化和地缘政治的不稳定、气候变化列为驱动海洋变化的五大因素。五种因素对海洋的影响并不均匀分布，对北极而言，气候变化的影响更为显著。气候变化主题已经深深嵌入了国际北极科学委员会的研究方向和北极科学部长会议的议题，北极域内和域外国家北极科技政策的共同点也在于对气候变化的关注。

美国拜登政府重视气候变化，提高了气候变化在美国北极战略中的地位；挪威将“气候和环境的相互作用”列为“海洋十年”国家十大优先行动领域之一；2021年芬兰发布的《芬兰的北极政策战略2021》以减缓和适应气候变化为中心。气候变化会改变北极环境，北极环境的变化又会产生全球性影响，以日本为例，北极地区长期的气候变化和短期的气流、海水活动均会直接影响日本的气候和天气。[①] 北极域外国家日本和法国建立“海洋十年”国家委员会积极响应“海洋十年”，它们的优先行动领域主要是气候变化、气候变化对北极环境的影响，以及北极环境改变产生的全球性影响。

以联合国发起的“海洋十年”为契机，开展新一轮的北极海洋科学研究合作，增进对处于快速变化下北极的认识，有助于应对气候变化带来的影响。此外，在北极地区开展的“海洋十年”为北极治理带来了新的机遇，不同于北极传统事项上的选择，通过在海洋科学层面的合作，增强对北极的科学认识，无损于各国在北极的权益，是各国所共同期望的。各国将科学研

① 孙笑梅：《日本北极政策法律的新发展》，载刘惠荣主编《北极地区发展报告（2017）》，社会科学文献出版社，2018，第189页。

究能力运用到北极地区，提升北极数据和研究成果的获取、公开和分享，利益相关者将在北极变化中建立新的合作关系。

（一）《海洋十年——北极行动计划》

相较于已正式启动的亚洲、热带美洲、西太平洋和南极“区域海洋十年”，“北极海洋十年”的进程较慢，目前仍未召开正式启动会议，仍处于准备过程中。2020 年 1 月 29 日，挪威研究委员会和 Arctic Frontiers 主持召开了“政策-商业-科学对话会”，该对话会首次讨论了“北极海洋十年”倡议，是“北极海洋十年”的筹备起点。在 2020 年 10~11 月一系列的线上“北极海洋十年”研讨会上，北极任务组组织各界代表讨论了将要制订的行动计划。

为制订《海洋十年——北极行动计划》，北极区域层面上成立了负责起草工作的北极任务组和提供建议的 7 个工作组。每个工作组对应一个“海洋十年”目标，向任务组提供北极面临的挑战和必要的行动建议，任务组把关键建议落实到行动计划中，任务组成员①和工作组主席②几乎全部来自北极域内国家和北极区域组织。2021 年 6 月 1 日，“海洋十年”高级别启动大会发布了“海洋十年”第一个区域行动计划——《海洋十年——北极行动计划》。《海洋十年——北极行动计划》为现有的北极战略和优先事项提供了一个整合的框架，为北极海洋研究、创新活动提供一份指导性文件。

---

① 北极任务组的成员包括北极监测与评估计划/北极可持续观测网（AMAP/SAON）项目代表、加拿大卓越中心网络（ArcticNet）项目代表、阿拉斯加海洋观测系统（AOOS）项目代表、极地早期职业科学家协会（APECS）代表、丹麦海洋研究中心（DCMR）代表、丹麦科学和高等教育机构的极地秘书处（DPS）代表、国际北极科学委员会（IASC）代表、国际海洋探索理事会（ICES）代表、国际海事组织（IMO）代表、联合国教科文组织海委会代表、Kawerak 海洋项目代表、北极理事会北极海洋环境保护工作组（PAME）代表、挪威研究理事会代表，详情参见 https：//www. oceandecade. dk/decade - actions/arctic - process/who-is-behind，最后访问日期：2022 年 3 月 30 日。

② 每个工作组都由来自学术界、管理界和工业界的主要专家主持，每个工作组有 2 位主席。在 7 个工作组共计 14 位主席中，5 位来自美国，4 位来自丹麦，2 位来自挪威，英国、德国、国际海洋探索理事会（ICES）专家各有 1 位，且 5 位美国专家散布在 5 个工作组中，工作组具体信息见《海洋十年——北极行动计划》。

《海洋十年——北极行动计划》指出应推进核心科学领域的研究，以便能够产生改革性的海洋科学解决方案。针对北极科学研究的挑战，《海洋十年——北极行动计划》提出了四项改革方案：提供北极海洋学状况详细的开放性信息清单，记录地理多样性和生物多样性、灾害和污染风险，评估北极生态系统的价值，以支持基于证据的决策；了解北极核心气候和生态系统的动态，了解人类活动对环境和生态系统的影响；观察北极环境状况和发展趋势；预测和预报北极的气候和生态系统的动态。

与《实施计划》一样，在整个“海洋十年”期间，《海洋十年——北极行动计划》中的北极挑战和行动建议将会随着知识和需求的变化不断更新。“北极海洋十年”任务组将继续根据新的需求补充和完善《海洋十年——北极行动计划》，使《海洋十年——北极行动计划》能更好地协调北极科学研究活动。

（二）《“北极海洋十年”实施路线图》

“北极海洋十年”的下一步是实施《海洋十年——北极行动计划》，“北极海洋十年”新任命的任务组将会制订《“北极海洋十年”实施路线图》。《“北极海洋十年”实施路线图》是《海洋十年——北极行动计划》启动之后“北极海洋十年”的前进路线，将会明确《海洋十年——北极行动计划》实施的基础性内容。《“北极海洋十年”实施路线图》将确定《海洋十年——北极行动计划》实施的基础框架，预计将包括治理和协调机构、监管机制、筹资渠道、北极新任务组的职权范围。

国际北极科学委员会将领导北极新任务组制订《“北极海洋十年”实施路线图》。在《“北极海洋十年”实施路线图》起草和修订之前，《海洋十年——北极行动计划》任务组、国际北极科学委员会和“海洋十年”协调科将协商起草北极新任务组的职权范围。在国际北极科学委员会的领导下，将正式建立北极新任务组的体制，并根据需要让多方利益相关者参与进来，国际北极科学委员会和“海洋十年”秘书处协商确定由国际北极科学委员会领导的北极新任务组成员名单。

三　北极科研合作平台和域内外国家的科技政策动向

相较于北极地区军事安全、资源开发、航道利用等传统事务，北极科学研究问题属于非传统安全事务，是低政治敏感度领域。过去，社会科学学者更多关注北极科学考察活动的法律制度、国家北极战略中对科学研究的重视程度。近年来，随着北极治理越来越强调科学在政策和法律中的作用，北极科学研究及其产生的北极知识正在深刻影响北极治理的议题设定和决策。以北极渔业治理重要成果《预防中北冰洋不管制公海渔业协定》为例，该协定在签署生效前成为各国谈判事项的一个重要原因就是有关气候变化的科学发现：中央北冰洋海域温度升高，北大西洋和北太平洋的部分鱼类向北迁移进入北冰洋，北冰洋在未来有可能形成商业渔场。该协定主要措施之一是要求各方制订联合科学研究和监测计划，进行数据共享并召开联合科学会议，以增进关于该区域海洋生态系统的认知，获取和积累科学数据为未来制定适当的渔业管理措施提供依据，可见北冰洋公海渔业的管理严重依赖对北极科学信息的掌握。

在未来的北极治理中，“最佳科学证据”将成为议题设置的推动力。2021 年正值北极理事会成立 25 周年，北极理事会发布《北极理事会战略计划 2021—2030》。在该计划中，北极理事会强调利用现有的最佳科学证据，在政策层面提出有针对性的具体建议，为决策者提供参考。

国际北极科学委员会发布《2021 年国际北极科学委员会北极科学状况报告》，明确该机构下一步的北极科学研究行动；第三届北极科学部长会议在四项议题下确定下一步可以通过国际合作来实现的行动。在“海洋十年”的背景下，北极域内国家和域外科研大国重视北极海洋科学在北极治理中的作用，北极域内国家中，芬兰和冰岛发布了新的北极战略，美国率先成立“海洋十年”国家委员会以响应“海洋十年”，挪威明确北极科学研究优先领域。法国和日本的北极科学研究优先事项表达了它们对北极科学研究的兴趣。

（一）北极科研合作平台

1. 国际北极科学委员会

国际北极科学委员会（IASC）是北极科学研究最重要的非政府组织，但带有明确的政府标志。IASC 积极协调北极考察活动，就重大科学问题组织国际合作计划，具有很强的推动北极科考国际合作的意向。2020 年 IASC 首次发布《IASC 北极科学状况报告》，并于 2021 年更新了报告内容。该报告指出了 IASC 的三个支柱性研究方向：作用于全球范围的北极系统、观测和预测气候和生态系统的反应、理解北极环境和社会的脆弱性和韧性。每个研究方向都包含多学科的研究，作用于全球范围的北极系统是在研究北极变化对全球产生的影响，观测和预测气候和生态系统的反应、理解北极环境和社会的脆弱性和韧性两个研究方向主要围绕气候变化和受气候变化作用的北极环境。

就《海洋十年——北极行动计划》内容来看，IASC 在《海洋十年——北极行动计划》的筹备过程中发挥了至关重要的作用，其领导着《海洋十年——北极行动计划》任务组和未来“北极海洋十年”的实施路线图任务组。IASC 一直致力于鼓励和推动北极科学合作，从“北极海洋十年”的发展趋势来看，国际北极科学委员会可能在“北极海洋十年”的治理和协调中发挥重要作用，在基于科技创新的北极治理体系中大展身手。《海洋十年——北极行动计划》指出：“虽然现有的实体无法完全满足《海洋十年——北极行动计划》中的潜在需求，但随着‘海洋十年’的进行，‘北极海洋十年’可以利用一些现有的科学协调和规划组织，帮助实施和调整该计划，譬如国际北极科学委员会的海洋工作小组。”IASC 的海洋工作小组成员由 23 个成员国任命，职权范围包括：通过规划和协调，支持以科学研究为主导的国际计划，确定采取跨学科行动有利的领域，确保与其他相关的国际、区域和国家北极科学组织的互动，并根据要求向其他组织提供科学研究建议。

2. 第三届北极科学部长会议

相较于国际北极科学委员会，北极科学部长会议吸纳成员范围更广。

2021 年 5 月 8~9 日，北极八国和北极研究主要国家共 25 个国家和地区，以及 6 个原住民组织，参加了日本和冰岛共同主办的第三届北极科学部长会议。此次会议上，由 23 位部长和北极原住民代表签署的《部长联合声明》表示了对“海洋十年”计划的赞同。[①] 本次会议的主题为“知识促进北极可持续发展——观测、认知、应对和加强：四步迭代循环”，旨在通过国际科学合作，为应对北极当前面临的最紧迫挑战采取行动。会议在观测、认知、应对和加强四项议题下确定了可以通过国际合作来实现的行动。四项议题分别为：观测网络建设和数据共享；加强对北极环境和社会系统的了解和预测能力；评估北极生态系统的脆弱性和复原力，通过应用知识落实可持续发展；通过能力建设、教育、联网和复原力为下一代做准备。北极科学部长会议上的议题代表着各方未来国际合作的方向，参会各方将可能在北极观测网络建设和数据共享方面开展合作，第二个和第三个议题对未来北极规则制定极为重要，北极环境和社会系统的知识及预测性研究成果、生态系统脆弱性与复原力的知识和评估结果将作为科学依据成为规则制定的重要参考，科研强国充足的科学证据将成为磋商的有力砝码。

（二）域内国家的行动

在《加强北极科学合作国际协定》为北极国家划设的科研圈中，美国的北极科学研究全力加速，依托科技创新能力优势，美国多个联邦机构聚力北极科学研究；挪威充分认识到科学研究在北极事务中的重要性，在《“海洋十年”挪威优先行动领域》中，挪威北极科研目标指向性明确，科研方向带有引导北极规则制定的意图；瑞典、芬兰、丹麦和冰岛的北极科学研究长期依赖欧盟的资助，国家层面尚未出台详细的北极科学研究计划，芬兰、瑞典成立了“海洋十年”国家委员会，丹麦的“海洋十年”国家委员会正在筹备中，冰岛的“海洋十年”国家委员会情况尚不明晰；加拿大和俄罗斯已召开国内

① “Joint Statement of Ministers On the Occasion of the Third Arctic Science Ministerial,” https://asm3.org/library/Files/ASM3_Joint_Statement.pdf，最后访问日期：2022 年 3 月 30 日。

“海洋十年”研讨会，但两国的“海洋十年”响应措施和具体信息尚未公布。

1. 全力加速中的美国北极科学研究

2021 年，气候变化成为美国北极政策议程的最重要事项，美国以应对气候变化为契机，在服务北极治理需求的跨学科议题上抛出科学合作的橄榄枝，美国政府的多个机构聚力北极科技创新，美国正努力在“海洋十年”这场变革性的海洋科学运动中发挥主导作用。

拜登执政之后，美国政府对气候变化的态度发生明显转变，这与特朗普政府时期消极应对气候变化的战略形成鲜明对比。特朗普在其任期内推翻了奥巴马的一系列北极政策，美国退出《巴黎协定》，削减阿拉斯加气候变化项目的投入、开发油田，引发原住民组织的不满，并于 2019 年解散了北极执行指导委员会①，美国在北极理事会轮值主席国任期内引领议题的效果一般。随着 2021 年拜登上台，美国政府提升了气候变化在北极战略中的重要性，强调采用以科学为基础的方法应对气候变化。拜登政府重启北极执行指导委员会，并新增了 6 位北极研究专家为委员会委员，其中 2 位专家是原住民，3 位专家是女性，4 位专家是阿拉斯加的居民，以重视委员会在北极政策中对阿拉斯加和原住民组织的考虑。②

美国白宫科技政策办公室跨部门北极研究政策委员会（IARPC）于 2021 年 12 月 15 日发布了《2022—2026 年北极研究计划》，这是 IARPC 成为美国科学和技术委员会次级机构以来的第三个计划。与《2017—2021 年北极研究计划》一样，该计划坚持了美国北极地区的四个关键政策驱动因素，反映了美国在北极的长期利益和 IARPC 联邦机构的优先事项。四个关

---

① 美国北极执行指导委员会（Arctic Executive Steering Committee）是由奥巴马总统在 2015 年签发行政命令而设立的，任务是向联邦政府行政部门和机构提供指导，加强联邦北极政策在行政部门和机构之间的协调，具体介绍见 https：//www. whitehouse. gov/ostp/ostps-teams/climate-and-environment/arctic-executive-steering-committee-aesc/。

② “Biden-Harris Administration Brings Arctic Policy to the Forefront with Reactivated Steering Committee & New Slate of Research Commissions,” https：//www. whitehouse. gov/ostp/news-updates /2021/09/24/biden-harris-administration-brings-arctic-policy-to-the-forefront-with-reactivated-steering-committee-new-slate-of-research-commissioners/，最后访问日期：2022 年 3 月 30 日。

键政策驱动因素分别是福祉、管理、安全和北极-全球系统。

该计划列出了美国北极研究的四个优先领域、五项基础活动，旨在帮助联邦机构解决有关北极地区的新兴研究问题。从表1中可以看出《2013—2017年北极研究计划》《2017—2021年北极研究计划》《2022—2026年北极研究计划》研究任务的变化。与前两个北极研究计划不同的是，最新版《2022—2026年北极研究计划》区分了优先领域和基础性活动，行动计划的层次感和可操作性更强；《2022—2026年北极研究计划》以四个交叉领域取代前两个计划自然科学领域的研究任务，结合北极问题需求，强调多个联邦机构共同参与北极研究，聚力北极科学研究，并以IARPC作为联邦机构间的协调部门负责统筹。在2022年北极科学峰会周会议上，IARPC将介绍《2022—2026年北极研究计划》，将为北极科学研究界提供一个了解计划以及参与计划实施的机会。[①]

表1　《2013—2017年北极研究计划》《2017—2021年北极研究计划》《2022—2026年北极研究计划》主要内容对比

<table>
<tr><th colspan="2">《2013—2017年北极研究计划》</th><th colspan="2">《2017—2021年北极研究计划》</th><th colspan="2">《2022—2026年北极研究计划》</th></tr>
<tr><td rowspan="2">研究任务</td><td rowspan="2">· 海冰和海洋生态系统
· 陆冰和海洋生态系统
· 大气表面热量、能量和质量平衡
· 观测系统研究
· 区域性气候模型
· 区域可持续发展的气候适应工具
· 人类健康研究</td><td rowspan="2">研究任务</td><td rowspan="2">· 海冰
· 海洋生态系统
· 大气
· 陆地生态系统
· 多年冻土
· 冰川与海平面
· 健康和福祉
· 沿海地区修复力
· 环境智能（监测、数据管理和建模）</td><td>优先领域</td><td>· 北极地区社区恢复和健康
· 风险管理和减轻灾害
· 北极系统相互作用
· 可持续经济和生计</td></tr>
<tr><td>基础性活动</td><td>· 数据管理
· 教育、培训和能力建设
· 监测、观测、建模和预测
· 参与式研究和研究中的原住民领导
· 技术创新和应用</td></tr>
</table>

资料来源：本表参照刘文浩等《2013—2019年美国北极科学研究大科学计划实施进展》（《极地研究》2021年第1期）一文中“表1 2013—2021年美国两个北极大科学计划的主要任务”的样式，《2022—2026年北极研究计划》内容来自“Arctic Research Plan 2022 - 2026,” https://www.iarpccollaborations.org/plan/index.html，最后访问日期：2022年3月31日。

① “ASSW Session: Arctic Research Plan 2022 - 2026: A Bold Strategy for a Changing Arctic,” https://www.iarpccollaborations.org/events/22086，最后访问日期：2022年3月30日。

美国破冰船数量落后于俄罗斯，冷战后美国只保留了归属美国海岸警卫队管理的“希利号”和“北极星号”破冰船，但美国有着出色的科技创新能力。美国在北极八国中最早成立“海洋十年”国家委员会，并依托“海洋十年”国家委员会发起了两轮科研项目倡议，关联了 80 多个机构和组织。美国凭着出色的科技创新能力，试图在“海洋十年”这场变革性的海洋科学运动中发挥主导作用，在北极治理中以科学研究优势增强自己在未来规则制定方面的影响力。

美国国家科学院在美国国家海洋和大气管理局（NOAA）的支持下，设立了美国“海洋十年”国家委员会，美国“海洋十年”国家委员会成员主要来自美国国家科学院海洋研究委员会。美国“海洋十年”国家委员会的功能定位是国家层面的协调机构，为实现协调目标，该国家委员会建立了“海洋十年”美国关联中心（Ocean Decade U. S. Nexus）。美国“海洋十年”国家委员会通过关联中心协调“海洋十年”参与者的行动，关联中心目前已有 82 个机构和组织。

在既定协调功能之外，美国“海洋十年”国家委员会为鼓励美国科研机构、公益组织等为“海洋十年”作出贡献，发布了“Ocean-Shots”新概念，鼓励各机构和组织提出有变革性意义的研究项目，并收到 100 多份提案。[①]“‘海洋十年’美国贡献的交叉主题”特设委员会根据提案，确定跨领域的交叉主题，研究每个主题如何与联合国“海洋十年”的总体目标保持一致，以支持海洋科学促进可持续发展，并孕育未来的“海洋十年”行动。[②] 目前《交叉主题草案》文件已于 2021 年撰写完毕并在征求意见中，但尚未对外公布。2022 年 2 月的美国“海洋十年”国家委员会会议上，“‘海洋十年’美国贡献的交叉主题”特设委员会主席 Larry A. Mayer 简要介

① https：// www. nationalacademies. org/ our-work/ us-national-committee-on-ocean-science-for-sustainable-development-2021-2030，最后访问日期：2022 年 3 月 30 日。

② “Cuross-Cutting Themes for U. S. Contributions to the Ocean Decade,” https：//www. nationalacademies. org/our-work/ cross-cutting-themes-for-us-contributions-to-the-ocean-decade，最后访问日期：2022 年 3 月 15 日。

绍了《交叉主题草案》的六个交叉主题，它们分别是“包容和平等的海洋”“数据的海洋”“揭示的海洋”“恢复和可持续发展的海洋”“有关气候复原力的海洋解决方案”“健康的城市海洋”。

结合“海洋十年”的7个目标和美国《2022—2026年北极研究计划》优先事项来看，美国的北极科技政策将基础性科学领域和北极治理议题需求相融合，以多学科、跨领域、聚焦北极治理需求的交叉主题统领北极科学研究。

除了定期公布北极研究计划外，在公布最新版北极研究计划的前一天，即2021年12月14日，美国国家海洋和大气管理局（NOAA）发布了《北极报告卡》（Arctic Report Card），这是其连续第16次发布该报告。《北极报告卡》作为经同行审议的环境观测年度报告，旨在分析北极经历的快速且剧烈的天气、气候、海洋与陆地环境变化。2021年的报告从北极地区气温、海洋、陆地、海运影响、新冠肺炎对阿拉斯加原住民食物获取的影响五个方面分析北极经历的各种变化，报告指出，迅速而明显的变暖继续推动北极环境的演变。① 美国国家海洋和大气管理局作为美国北极科学研究的重要机构，将领导、参与“海洋十年”行动。②

2. 挪威“海洋十年”优先行动领域——北极一体化

挪威的北极科研机构是挪威研究理事会（Research Council of Norway），其海洋秘书处负责协调和跟进挪威与“海洋十年”有关的工作。2019年，海洋秘书处成立了一个海洋专家组，负责提出挪威在哪些优先领域可以发挥最大

① NOAA，“Arctic Report Card,” https：//arctic. noaa. gov/ Portals/7/ArcticReportCard/Documents/ArcticReportCard_ full_ report2021. pdf，最后访问日期：2022年3月30日。

② 美国国家海洋和大气管理局领导以下“海洋十年”行动：（1）2030年全球海底地图绘制；（2）加强地球观测卫星用于沿海观测、应用、服务和工具的项目；（3）扩大可持续沿海水产养殖的项目；（4）进一步加强世界海洋数据库的项目。美国国家海洋和大气管理局参与的行动包括：（1）OASIS的空气-海洋相互作用观察战略；（2）关于海洋声学环境的“海洋十年”研究计划；（3）新国际沿海“蓝碳”项目；（4）全球海洋酸化观测系统的转型十年计划；（5）海洋保护区倡议。详情参见 https：// research. noaa. gov/ article/ ArtMID/ 587/ArticleID/ 2768/ NOAA-initiatives-among-the-first-round-of-Ocean-Decade-endorsed-actions，最后访问日期：2022年3月30日。

作用，并规划挪威的贡献、目标和优先领域。2020年8月，挪威研究理事会在吸取了专家组和社会各界意见后发布了《“海洋十年”优先行动领域》(The UN Decade of Ocean Science Proposed Priority Areas)，该文件确定了挪威“海洋十年”十大优先行动领域，在世界海洋中挪威极为关注北极区域海洋，特别将北极区域海洋单独列为一个优先行动领域。挪威“北极一体化”优先行动领域的行动内容体现了挪威北极科技政策的特点。

第一，挪威已经充分认识到科学在北极事务中的重要性，一方面开展研究，以增进物理过程、水文和生物地球化学循环，以及生态系统如何应对气候变化的知识；另一方面，挪威强调加强科学研究和政治之间的联系，在北极理事会等区域行为体中加强科学家和政治家之间的协作。

第二，挪威北极科研目标指向性明确，科研方向带有引导北极规则制定的意图。挪威将开发北极海洋保护区评估的科学知识库，并研究如何将预防性原则应用于北极治理，挪威以建设北极海洋保护区的“最佳科学证据”与预防性原则相配合，推动议题讨论和规则制定。通过在优先行动领域方面的努力，挪威期望在“海洋十年”中占据尽可能重要的位置，产生尽可能大的影响力。①

3. 依赖于欧盟资助的瑞典、芬兰、丹麦、冰岛的北极科学研究

北极国家中属于欧盟成员国的瑞典、芬兰和丹麦，以及欧盟的观察员国冰岛，它们国内科研机构的北极科学研究在财政上依赖于欧盟的资助，丹麦国内目前甚至没有专门针对北极的科学研究项目。以冰岛为例，冰岛北极科学研究的资金主要来自冰岛的国家研究基金和“欧盟地平线2020”计划②，2009~2019年，冰岛的国家研究基金对北极研究项目的年均拨款为118089700冰岛克朗，“欧盟地平线2020”计划在2014~2020年对冰岛北极

---

① “The Ocean Decade-proposed Priority Areas for Norwegian Efforts,” https://www.forskningsradet.no/en/news/2021/the-ocean-decade--proposed-priority-areas-for-norwegian-efforts/，最后访问日期：2022年3月15日。

② “地平线2020”是迄今为止最大的欧盟研究计划，在2014~2020年生效。该计划的资金总额为800亿欧元。该计划的目的是支持所有科学和教育领域的研究和创新，以提高欧洲的竞争力，并创造就业机会。

研究项目的年均拨款为141844917冰岛克朗。① “欧盟地平线2020”计划对于资助冰岛北极研究的重要性并不亚于冰岛的国家研究基金。

在“海洋十年”倡议上值得关注的是，瑞典“海洋十年”的四个重点领域是基于生态系统的管理、创新和数字化、数据和建模、海洋知识。② 此外，瑞典关注海洋连通性，瑞典于2022年5月9~10日举办海洋连通性行动会议，此次会议成为瑞典对“海洋十年”贡献的一部分。③

2021年芬兰发布了《芬兰的北极政策战略2021》，芬兰上次发布北极战略还是在2013年。芬兰新北极战略的中心是减缓和适应气候变化，该政策强调在北极的所有活动必须尊重自然环境，鼓励保护北极气候，并促进可持续发展。该战略还强调了北极理事会是解决北极问题的重要机制。通过采取新的战略，芬兰旨在宣称自己是北极地区可持续发展的先行者。芬兰目前没有出台“海洋十年”的专门行动计划。

冰岛研究中心、斯蒂芬森北极研究所和冰岛北极合作网于2020年发布了冰岛北极研究报告——《冰岛的北极研究图》(Mapping Arctic Research in Iceland)，该报告向国际科学界展示了冰岛北极研究的全貌。报告指出，冰岛已经多年没有出台新的北极政策，上一次的北极政策还是2009年冰岛外交部发布的《冰岛北极立场》。该报告直接推动了2021年冰岛北极新政策的出台。冰岛外交部于2021年10月发布了《冰岛北极政策》。该政策明确将继续发挥以阿库雷里市为中心的北极科学知识集群的作用，冰岛将继续努力获得国际合作计划和基金，并有必要建立一个专门的北极研究计划。④

---

① “Mapping Arctic Research in Iceland,” http://library.arcticportal.org/1985/，最后访问日期：2022年3月30日。

② “National Committee for the UN Decade of Ocean Decade,” https://www.formas.se/en/start-page/about-formas/what-we-do/national-committee-for-the-un-decade-of-ocean-science.html，最后访问日期：2022年3月15日。

③ “One Ocean-One Planet: Ocean Literacy Action 2022,” https://malmo.se/oceanliteracy，最后访问日期：2022年3月30日。

④ “Iceland's Policy on Matter Concerning the Arctic Region,” https://www.government.is/library/01-Ministries/Ministry-for-Foreign-Affairs/PDF-skjol/Arctic%20Policy_WEB.pdf，最后访问日期：2022年3月30日。

4. 尚不明晰的俄罗斯、加拿大北极科技政策

在美国高调地寻求科学合作伙伴、宣传新北极研究计划的时候，俄罗斯和加拿大显得沉默低调。2021 年俄罗斯和加拿大没有更新北极科技政策，加拿大“海洋十年”国家委员会仍在筹备中，俄罗斯“海洋十年”国家委员会刚刚成立，尚未公布更多的信息。俄罗斯和加拿大的暂时沉默不代表它们不参与“海洋十年”，事实上，俄罗斯和加拿大已在国内科学会议上讨论了“海洋十年”的国家实施事项，预计未来俄罗斯将制订“海洋十年”国家行动计划，加拿大将成立“海洋十年”国家委员会。

2021 年 9 月 20~24 日，全俄科学会议“俄罗斯的海洋：俄罗斯联邦科技年——联合国海洋科学十年”在塞瓦斯托波尔举行。会议期间举行了“联合国海洋科学促进可持续发展十年国家行动计划圆桌会议”。“海洋十年”俄罗斯行动计划将由俄罗斯联邦政府海事委员会和部门间国家海洋学委员会制订。①

早在 2018 年的可持续蓝色经济会议期间，加拿大就宣布投资 950 万美元资金以推进“海洋十年”。加拿大将成立一个项目办公室，该办公室将帮助建设科学研究能力，加强海洋事务利益相关者之间的合作和交流，特别是通过海洋研究和观察，以促进联合国“海洋十年”相关活动的规划、推广和协调。2021 年 3 月 3 日，加拿大渔业和海洋部、加拿大海岸警卫队正式启动了加拿大的“海洋十年”，但是未发布任何文件或者宣布成立“海洋十年”国家委员会。

（三）域外国家的涉北极行动

法国和日本将海洋科学作为增强本国在北极存在的跳板，积极参加“海洋十年”，意在以国际科研计划参与方、科学证据持有方的身份在北极理事会等北极治理机制中增强影响力。

① “Round Table National Action Plan for the UN Decade of Ocean Science for Sustainable Development,” Ocean Sciences for Sustainable Development, http://conf.mhi-ras.ru/en/news/2021/7/kruglyy_stol_2021/，最后访问日期：2022 年 3 月 18 日。

1. 法国的涉北极行动

法国在2000年成为北极理事会观察员，是国际北极科学委员会成员，到目前为止参加了三届北极科学部长会议。法国于2016年发布了《北极大挑战——国家路线图》，但目前尚无破冰船。法国海洋开发研究院、法国国家科学研究中心牵头的法国优先研究计划——“海洋解决方案”（“Ocean of Solutions”）是法国对“海洋十年”的重大贡献。该方案涉及北极的主要内容是通过综合性研究预测极地海洋中由气候驱动的变化。

2. 日本的涉北极行动

日本的诸多科研机构长期从事北极科学研究，并与多国建立了合作关系。日本海洋科学技术中心从事北冰洋海水、冻土等研究，并与美国建立长期合作关系；日本国立极地研究所是日本国内承担极地科技任务的重要基地，其下属的北极圈环境研究中心承担过北极大气、海冰等项目的研究；日本国立极地研究所同丹麦合作，加入北格陵兰岛深层冰床挖掘计划等科学考察活动。日本作为北极域外国家，在“海洋十年”中表现得十分积极。日本于2021年2月25日正式启动了“海洋十年”国家委员会。“海洋十年”日本研究小组于2021年6月发布《“联合国海洋十年”日本举措》（以下简称《日本举措》）。[①]《日本举措》按“海洋十年”7个目标逐项介绍了日本的响应举措。其中，为实现“海洋十年”中“一个健康且有复原力海洋”的目标，日本依托2020~2025年“北极可持续性挑战二项目”（ArCS II），开展和提升气象和气候预测水平的极地研究。“北极可持续性挑战二项目”包括四个战略目标：观察北极环境变化，预测天气和气候，探究北极环境变化对社会的影响，改进可持续北极的法律、政策的响应和研究。

四　结语

自“北极海洋十年”第一次研讨会召开以后，“北极海洋十年”进入了

① “Japan's Initiatives for UN Decade of Ocean Science,” https://oceandecade.jp/en/docs/20210610_JapanInitiatives_v2.pdf，最后访问日期：2022年3月15日。

筹备期。国际北极科学委员会、北极科学部长会议、北极域内国家和北极研究主要国家积极推动“北极海洋十年”，在“北极海洋十年”下，通过明确科学研究优先事项为“北极海洋十年”作出本机构或本国贡献。此外，北极八国和日本、法国积极参与“北极海洋十年”区域研讨会，参与制订《海洋十年——北极行动计划》，派出本国科研机构代表进入《海洋十年——北极行动计划》的任务组和工作组中，引领“北极海洋十年”科学研究优先事项的安排。

中国应认识到，在基础设施、北极科学合作的法律制度方面，北极域内国家占有基础性优势；基于设施和考察活动获取的数据将用于分析和研究，北极域内国家的下一步行动计划是在产出科学成果、用于制定规则的科学证据方面发挥领导作用。对北极域外国家而言，科学研究已经是北极域外国家参与北极事务的优先渠道，要在“海洋十年”中抓住参与北极治理的机会。

就目前中国参与情况来看，中国在“北极海洋十年”进程中没有发挥重要的推动作用。在《海洋十年——北极行动计划》的贡献者名单中不见中国机构或组织的身影，2021 年审核通过的多项在北极开展的“海洋十年”行动中，由中国提出的行动只占两项，即香港城市大学海洋污染国家重点实验室发起的全球河口监测计划和华东师范大学河口与海岸研究国家重点实验室发起的“与大江大河相关的三角洲：寻求可持续性问题的解决方案”行动。在接下来的“北极海洋十年”期间，中国应通过研讨会、参与“北极海洋十年”规划过程等多种方式，在北极科学研究事项上发挥作用，以便日后基于科学数据和成果制定的国际规则对中国有利。

B.8

北极核动力平台发展动向及相关政治法律问题

董 跃　申雨琪*

摘　要： 对化石燃料的严重依赖，加剧了北极地区变暖速度，浮动式核动力平台能够适应北极地区恶劣的严寒气候条件，在解决能源短缺问题的同时，有助于北极地区尽快实现“净零排放”，在北极地区具有极大应用潜力。本文聚焦于核动力平台在俄罗斯、美国、加拿大、挪威四个北极国家的发展动向及北极理事会关于核动力平台治理的实践活动，并分析核动力平台所适用的国际法框架及规制现状。为应对北极地区核动力平台放射性风险持续上升的趋势，有必要加强域内外多层次合作，使核动力平台得到适当管理。

关键词： 浮动式核动力平台　核能利用　北极治理

浮动式核动力平台（Floating Nuclear Power Plant，FNPP）是以海上平台或船体为基础建造的核电站，具有一定的机动性，实质上属于小型模块化反应堆（Small Modular Reactors，SMRs），可为近海偏远地区、冰封地区、海岛以及海上石油钻井平台等提供电力及淡化海水。[①] 2019 年 12 月，浮动

* 董跃，中国海洋大学法学院教授、博士生导师，中国海洋大学海洋发展研究院高级研究员；申雨琪，中国海洋大学法学院国际法专业 2020 级硕士研究生。

① 赵松、宋岳：《国内外浮动式核电站发展综述》，载中国核协会编《中国核科学技术进展报告（第五卷）——中国核学会 2017 年学术年会论文集》第 9 册，中国原子能出版社，2018，第 93 页。

式核动力平台“罗蒙诺索夫院士”号（Academic Lomonosov）停泊于俄罗斯楚科奇自治区的佩韦克港，在北极地区正式运营。2021 年，北极监测与评估计划工作组（Arctic Monitoring and Assessment Programme，AMAP）报告指出，北极地区的气温上升速度至少是全球其他地区的 3 倍，[①] 对北极社区和环境具有极其不利的影响。一方面，北极地区严酷的气候条件刺激了极地技术与装备创新，在极地航运、资源开发、基础设施建设等领域，核动力的综合能力远胜于常规动力，从用于破冰开路的核动力破冰船，到可为偏远地区供电的浮动式核动力平台，北极地区的核化程度正日益提升。另一方面，薄弱的核应急响应能力，核污染带来的巨大环境损害，激化了北极地区的非传统安全风险，北极地区正面临着核安全治理挑战。在此态势下，缺乏统一国际标准和针对性规制的核动力平台应用令人担忧，北极核动力平台的发展动向值得关注。

一　北极国家核动力平台发展与相关政策法律状况

（一）俄罗斯

近年来，俄罗斯将自己定位为国际领先的核燃料、核技术和核服务的供应商，积极促进本国核工业扩张，并持续强化北极核力量建设，俄罗斯北极地区现已成为北极圈内民用和军用核设施最为集中的地区。据报道，截至 2019 年，俄罗斯北极地区有 39 艘核动力船舶或设施，共有 62 个反应堆，这一数字在未来 15 年内还会大幅增加，至 2035 年，俄罗斯北极水域甚至可能成为地球上核化程度最高的水域。[②] 随着传统核工业的衰落，俄罗斯北极

① AMAP，“Arctic Climate Change Update 2021：Key Trends and Impacts，” https：//www. amap. no/documents/doc/arctic-climate-change-update-2021-key-trends-and-impacts. -summary-for-policy-makers/3508，最后访问日期：2022 年 4 月 8 日。

② *The Barents Observer*，“Nuclear Reactors in Arctic Russia：Scenario 2035，” https：//thebarentsobserver. com/sites/default/files/atom-rapport_ barents_ observer_ 1. pdf，最后访问日期：2022 年 4 月 8 日。

地区和其他偏远地区存在严重的电力和供暖短缺，北极资源开发也产生了新的电力需求，这促使俄罗斯开始发展新的核电计划。浮动式核动力平台既能有效满足港口城市和偏远地区的供电需求，又能为资源开采、航道开通等活动提供充足的能源支持，是俄罗斯在北极部署核力量的重点方向之一。俄罗斯的浮动核动力平台"罗蒙诺索夫院士"号自 2007 年 4 月开工建造，至 2016 年 9 月最终完成，该平台本身没有动力，移动依靠拖船拖拽进行，平台装载两座小型反应堆，锚于海岸附近，在平台上产生的电能通过海上和陆上设备输送到所需要的地点。[①] 除"罗蒙诺索夫院士"号外，俄罗斯核工业界正积极开发其他浮动核反应堆。2021 年，俄罗斯阿夫里坎托夫机械工程实验设计局（Afrikantov OKBM）针对严寒的极地气候，专门开发了一款称为"冰山"的核电厂设计，用于水下和冰上设施，为钻井和生产设施供电。[②]

在浮动式核动力平台的实践应用过程中，俄罗斯重点展现出两个政策偏好。其一，利用浮动式核动力平台为其在北极的军事和经济活动进行能源支撑。俄罗斯现运行的浮动式核动力平台"罗蒙诺索夫院士"号位于北极圈内的佩韦克港，随着北极航道的开通，该港口将成为北方海航道上的商业航运中心，而"罗蒙诺索夫院士"号所提供的电力旨在帮助佩韦克港成为通往楚科奇地区的门户。楚科奇地区富含金、银、铜、锂和其他金属资源，俄罗斯国家原子能公司（Rosatom）计划于 2030 年前在该地区安装另外四个浮动式核动力平台，为拜姆卡（Baimskaya）铜矿项目提供电力。[③] 其二，通过出口浮动式核动力平台技术获得别国的政治外交支持，强化其在全球能源领域的影响力。在许多情形下，核技术出口的具体条款因谈判条件而异，出口国向进口国出口核技术，对项目进行财务投资，并承担一定程度的财务风

---

① 肖钢、马强编著《海上核能利用与展望》，武汉大学出版社，2015，第 184~187 页。

②《俄罗斯推介适合北极地区的小型模块堆》，https：//www.cinie.com.cn/zhzlghyjzy/gwhxx/1120717/index.html。

③ *Financial Times*，"Floating Nuclear Power Plant Fuels Russia's Arctic Ambitions，"https：//www.ft.com/content/f5d25126-94fc-41fc-bc35-341df0560f4d，最后访问日期：2022 年 4 月 8 日。

险，有可能获得财务收益和外交政策影响。除了通过建造和运营浮动式核动力平台将核电作为国内能源外，俄罗斯还计划通过俄罗斯国家原子能机构将浮动式核动力平台出口到其他国家，使核技术出口成为影响外交政策的工具，维持其在全球能源领域的领先地位。从2010年开始，俄罗斯国家原子能公司与20多个国家签署合同和合作协议书，相关合作内容包括核电站的建立、燃料的供应，以及运营服务的提供。[1] 2020年9月22日，为巩固俄罗斯作为非洲地区核电站供应商的地位，俄罗斯卫星公司与非洲核能委员会（AFCONE）签署了一项协议。俄罗斯签订该核能协议的主要动机之一就是通过保持对非洲大陆的能源控制来强化其在该地区的影响力。[2]

现投入运营的浮动式核动力平台“罗蒙诺索夫院士”号位于俄罗斯领海范围内，其规制将依据俄罗斯国内法和国际法进行。在国内相关立法中，俄罗斯对浮动式核动力平台的标准和规制大体上参考并沿用了核船舶的相关规则。在行业标准层面，俄罗斯船级社《远洋船舶的分类和施工规则》对船舶作出了较为宽泛的定义与解释，浮动设施属于该规则定义的船舶。依据《远洋船舶的分类和施工规则》第1.1条，“与泊位相连的船舶”是一种非自推进的浮动设施，具有浮桥型或船型的船体，在锚定或沉底或停泊在码头时运行。这些船舶包括浮动码头、浮动酒店和旅馆、浮动车间、浮动发电厂、浮动仓库、浮动储油库等。就该条款的文义理解，浮动式核动力平台可表述为“与泊位相连的船舶”。依据《远洋船舶的分类和施工规则》第1.2.2条，核动力船舶和浮动设施的入级和建造标准，应参照《核动力船舶和浮动设施入级和建造规则》，该文件针对核动力船舶的入级检验作出了细致全面的规定。在国家立法层面，俄罗斯民用核能领域的基础性立法《俄罗斯联邦原子能利用法》第八章的内容聚焦于“建造和运行有核电站和辐射源的船舶和其他艇类的特殊条件”，实则也将浮动式

---

① 《能源领域之主》，http://www.polaroceanportal.com/article/865，极地与海洋门户网站，最后访问日期：2022年4月8日。

② *ROSATOM*，“Floating Nuclear Power Plants and Exporting Nuclear Energy，” https://hir.harvard.edu/rosatom-the-cnnc-and-the-nuclear-energy-arms-race/，最后访问日期：2022年4月8日。

核动力平台纳入船舶的范围内，就基本标准、港口准入、放置环境损害等作出了原则性规定。[①] 除此之外，俄罗斯针对浮动式核动力平台的实物保护问题进行了专门立法。俄罗斯联邦生态、技术和原子能监督局于 2019 年批准了关于浮动式核动力平台实物保护要求的条例。[②] 总体而言，俄罗斯浮动式核动力平台的相关政策标准可分为原子能利用领域相关文件、政府法律法规和技术法规、非强制性标准三个层级，各层级相互协调、相互联系，对我国浮动式核动力平台的规制体系建设具有一定指导和借鉴意义。[③]

（二）美国

美国对于海洋核动力平台的研究和应用由来已久，这一概念首先在军事领域得以落地。1967 年，美国军方曾建造世界上第一艘浮动式核动力平台“斯特吉斯”号（Sturgis）驳船，该船搭载了电功率为 10 万千瓦的 MH-1A 反应堆，于 1968～1975 年为巴拿马运河地区的军事基地提供电力。[④] 在民用核能领域，美国西屋电气公司和天纳克公司（Tenneco）率先对这一概念感兴趣，在 1971 年联合成立了离岸电力系统公司，以期将海洋核动力平台投入实践。1972 年，美国新泽西电力公司向离岸电力系统公司订购了 2 个反应堆，计划将其放置在距离新泽西海岸 2. 8 英里的大西洋城东北部。但由于 20 世纪 70 年代初美国电力需求并没有像预计中那样迅速增

① “Russian Federation Federal Law On Atomic Energy Use，No. 170-FZ，” 21 November 1995，http：//www. vertic. org/media/National%20Legislation/Russian_ Federation/RU_ Federal_ Law_ Atomic_ Energy_ use. pdf，最后访问日期：2022 年 4 月 8 日。

② Federal Regulations and Rules of Use of Atomic Energy，“Requirements to physical protection of courts with nuclear reactors，courts of atomic technological servicing，courts transporting nuclear materials and floating nuclear power plants”，https：//cis-legislation. com/document. fwx? rgn = 120683，最后访问日期：2022 年 4 月 8 日。

③ 邹树梁、葛馨、黄燕：《海上浮动核电站发展现状及政策标准》，《舰船科学技术》2019 年第 19 期。

④ 赵松、宋岳：《国内外浮动式核电站发展综述》，载中国核协会编《中国核科学技术进展报告（第五卷）——中国核学会 2017 年学术年会论文集》第 9 册，中国原子能出版社，2018，第 93 页。

长，最终合同被取消。[①] 尽管浮动式核动力平台的概念最早在美国出现，但民用研发进程自离岸电力系统公司申请经营许可证失败后一直被搁置，直至2004 年国际原子能机构宣布重新启动“小型反应堆开发计划”，才再次引发美国核工业界对于浮动式核动力平台的兴趣。与俄罗斯的研究开发方向不同，美国对浮动式核动力平台的研究以麻省理工学院设计的小型海上核电站（Offshore Floating Nuclear Power Plant）为主，该平台以圆柱形船体类型作为浮动结构，通过水下能源传输线与陆地相连，平台空间包括工作人员的住宿空间和运输用的直升机场，与海上石油和天然气钻探行业使用的平台有许多共同特点。[②]

美国没有颁布管理浮动式核动力平台的特别立法，但美国现有的国内环境立法和核能立法为浮动式核动力平台的监管构建了一般性的框架。在美国，浮动式核动力平台的建造、运营及选址方面的监管主要涉及以下机构：核管理委员会（Nuclear Regulatory Commission）、环境保护局（Environmental Protection Agency）、美国陆军工程兵团（Corps of Engineers）、海岸警卫队（Coast Guard）、国家海洋渔业局（National Marine Fisheries Service）和国家海洋和大气管理局（National Oceanic and Atmospheric Administration）。[③] 值得注意的是，美国军方及实务界也倾向于将浮动式核动力平台定性为船舶。1974 年，美国海岸警卫队和原子能委员会（AEC）之间的一份备忘录将核反应堆归为浮动驳船的一个组成部分，该备忘录认为停泊后的浮动式核动力平台仍然是“浮动设施”，这种认定支持了停泊后的浮动式核动力平台仍然是船舶的论点。[④]

---

① John W. Kindt, “Ocean Resources Development: The Environmental Considerations Involved in the Offshore Siting of Nuclear Power Plants,” *Suffolk Transnational Law Journal* (1979): pp. 47-46.

② J. Buongiorno et al., “The Offshore Floating Nuclear Plant Concept,” *Nuclear Technology* 194 (2016): 5.

③ G. P. Selfridge, “Floating Nuclear Power Plants: A Fleet on the Horizon,” *Journal of Environmental Law* (1975): 791.

④ Max K. Morris, John W. Kindt, “The Law of the Sea: Domestic and International Considerations Arising from the Classification of Floating Nuclear Power Plants and Their Breakwaters as Artificial Islands,” *19 VA. J. INT'l L. 299* (1979): 303.

（三）加拿大

尽管加拿大政府和核能实务界还未明确提出发展核动力平台的计划，但已经展现出对于发展核动力平台的关键技术——小型模块化反应堆技术的兴趣。2018 年 11 月，加拿大自然资源部与对此感兴趣的省份、地区和电力公司合作，发布了一份小型模块化反应堆路线图，该项目确定了核工业的发展机遇，认为小型模块化反应堆技术将帮助加拿大实现低碳化的未来。[①] 2020 年 12 月，加拿大政府发布了小型模块化反应堆行动计划，该计划于 2021 年 5 月更新，概述了加拿大各地为将小型模块化反应堆路线图变为现实所取得的进展和正在进行的努力。[②] 加拿大政府认识到，与原住民建立真正的、有意义的伙伴关系对于发展小型模块化反应堆技术十分重要，在加拿大的小型模块化反应堆行动计划中，加拿大自然资源部承诺将与原住民社区就小型模块化反应堆问题进行持续的和有意义的对话。[③]

为偏远地区供电是加拿大开发小型模块化反应堆技术的三大主要应用目标之一，加拿大核试验室（CNL）总裁兼首席执行官乔·麦克布莱蒂（Joe McBrearty）甚至断言："我们相信小型模块化反应堆有可能成为加拿大北极地区的一项变革性技术，成为环境、社会和经济繁荣的基础。"[④] 事实上，核能已经成为加拿大清洁能源组合的一个重要组成部分，提供了加拿大 15%的电力，每年避免了超过 5000 万吨的温室气体排放。加拿大在北冰洋沿岸拥有漫长的海岸线，相较于陆上的小型模块化反应堆，海洋核动力平台

---

① "Canada SMR Roadmap," https：//smrroadmap. ca，最后访问日期：2022 年 4 月 8 日。

② "Canada SMR Action Plan," https：//smractionplan. ca，最后访问日期：2022 年 4 月 8 日。

③ "Canada's Small Modular Reactor Action Plan," https：//www. nrcan. gc. ca/our-natural-resources/energy-sources-distribution/nuclear-energy-uranium/canadas-small-nuclear-reactor-action-plan/21183，最后访问日期：2022 年 4 月 8 日。

④ 加拿大正在开发的小型模块化反应堆主要有三个应用范围：并网发电（150 兆瓦~300 兆瓦）、重工业（10 兆瓦~80 兆瓦），以及偏远社区（1 兆瓦~10 兆瓦）。IHS Markit Energy Expert, "Canada explores small modular nuclear reactors for Arctic areas," https：//cleanenergynews. ihsmarkit. com/research-analysis/canada-explores-small-modular-nuclear-reactors-for-arctic-areas. html，最后访问日期：2022 年 4 月 8 日。

将可能是为加拿大北极及偏远地区供电的最佳方案。为实现温室气体减排目标，加拿大未来很有可能持续探索小型模块化反应堆技术的应用场域，借鉴俄罗斯的产业模式，在北冰洋沿岸布设海洋核动力平台。

在核政策层面，加拿大致力于通过出口核技术、示范核监管制度和开展良好核能外交，来强化国际核领导力和参与度。[①] 2020 年，加拿大计划加强与美国的关键矿产（包括铀和稀土资源）供应合作，通过跨境整合，提高相关制造业所需关键矿产供应链方面的安全性。[②] 2021 年 6 月，加拿大核工业组织（OCNI）与乌克兰核电站运营商（Energoatom）签署了一份合作意向书，该意向书正式确定了加拿大与乌克兰在核能领域实施联合项目的协议，计划交流包括小型模块化反应堆在内的全球最新核能发展信息，由此加拿大与乌克兰建立了更紧密的核工业联系。[③] 在核法律层面，加拿大最重要的核立法为《核安全与管制法》（Nuclear Safety and Control Act），该法于 2000 年 5 月 31 日生效，加拿大根据该法建立了核安全委员会（CNSC），同时该法规定 CNSC 有权管理本国核能的开发、生产和使用，以及核物质、规定设备和规定信息的生产、拥有和使用。[④] 依据《核安全与管制法》，加拿大于 2000 年出台了《核物质包装和运输条例》（Packaging and Transport of Nuclear Substances Regulations），该条例是加拿大在放射性物质运输安全监管领域的行政法规，对核物质运输的各个环节，包括货包包装的设计、建造以及货包的运输等提出了详细的监管要求，他国浮动式核动力平台通过加拿大水域的运输活动将可能受到该条例约束。

---

① "Canadian Nuclear Roadmap to 2050," https://www.nrcan.gc.ca/sites/www.nrcan.gc.ca/files/energy/pdf/GenEnergy/Canadian%20Nuclear%20Roadmap%20to%202050_ SNC-Lavalin%20（002）.pdf，最后访问日期：2022 年 4 月 8 日。

② "Canada and USA to Collaborate on Critical Minerals," https://www.world-nuclear-news.org/Articles/Canada-and-USA-to-collaborate-on-critical-minerals，最后访问日期：2022 年 4 月 8 日。

③ "Canada and Ukraine Forge Closer Industry Links," https://www.world-nuclear-news.org/Articles/Canada-and-Ukraine-forge-closer-industry-links，最后访问日期：2022 年 4 月 8 日。

④ "Canadian Nuclear Safety Commission," https://nuclearsafety.gc.ca/eng/acts-and-regulations/acts/index.cfm，最后访问日期：2022 年 4 月 8 日。

（四）挪威

挪威作为北冰洋沿岸国家，与俄罗斯存在地理上的邻近性和生态上的关联性，随着俄罗斯不断加强北极地区的核力量，挪威海域受到核污染的可能性增加。为维护国家安全，挪威的北极战略一贯密切关注并积极应对北极潜在的环境风险，[①] 故而挪威较早地察觉到浮动式核动力平台的应用可能为北极地区带来一定的现实影响。2008 年，挪威辐射与核安全局（NPRA）结合俄罗斯浮动式核动力平台的安全设计和技术方案，发布了《北方地区的浮动式核动力平台及相关技术》报告。[②] 该报告较为全面地梳理了浮动式核动力平台所面临的包括设施安全、运输安全等在内的安全问题，详细评估了浮动式核动力平台的建造和运营所面临的环境风险和事故风险，指出浮动式核动力平台在北极地区存在应用潜力，但同时可能带来一系列法律问题。在相关国家实践中，挪威政府尤为重视对浮动式核动力平台运输和运营可能造成的跨境放射性污染进行预防与控制。2018 年，“罗蒙诺索夫院士”号从圣彼得堡出发，穿过波罗的海和斯卡格拉克海峡，沿挪威海岸线到摩尔曼斯克，这是首次将浮动式核动力平台的装置沿挪威海岸拖动。挪威海岸管理局和挪威辐射与核安全局为此与俄罗斯政府进行了建设性对话，制订了拖动的“罗蒙诺索夫院士”号不装载核燃料的托运方案，使其在挪威水域的运输风险得以显著降低。由于装载反应堆燃料的浮动式核动力平台一旦发生事故，放射性物质可能在事故发生后迅速扩散，并在很长一段时间内影响大面积海域，对人类和环境造成严重后果，挪威政府后续持续跟踪了“罗蒙诺索夫院士”号从摩尔曼斯克到佩韦克港

① “The Norwegian Government's Arctic Policy: People, Opportunities and Norwegian Interests in the Arctic,” https://www.regjeringen.no/globalassets/departementene/ud/vedlegg/nord/arctic_strategy.pdf，最后访问日期：2022 年 4 月 8 日。

② NRPA Report，“2008 Floating Nuclear Power Plants and Associated Technologies in the Northern Areas,” https://dsa.no/en/search/_/attachment/inline/4bb90b75-0ad1-42b3-948a-927d779f2b45:23a93d054f344f8589c2067c4759b47053701a2a/StralevernRapport_15-2008.pdf，最后访问日期：2022 年 4 月 8 日。

的运输过程。①

为预防、控制放射性物质的跨境污染和放射性材料的误入风险，1995年以来，挪威与俄罗斯开展核安全合作，现已取得了良好的成果。双方合作的核心内容为核设施的安全、安保，以及乏燃料和放射性废料的处理，具体举措包括成立挪威-俄罗斯核安全双边委员会、建立核事故相互预警系统等。② 2014年，挪威和俄罗斯对倾倒在喀拉海和巴伦支海的放射性废料进行了联合考察，以获得关于放射性污染水平和倾倒的放射性材料状况的最新信息。③

二 北极核动力平台的国际法律规制内容

（一）《联合国海洋法公约》相关规定

1982年签署的《联合国海洋法公约》（United Nations Convention on the Law of the Sea，UNCLOS）是当代国际社会关系海洋权益和海洋秩序的基本文件，确立了人类利用海洋和管理海洋的基本法律框架。④《联合国海洋法公约》中直接涉及核领域的条款是第22条、第23条，就外国核动力船舶和运载核物质的船舶通过缔约国领海时如何行使无害通过权作出了限制性规定。《联合国海洋法公约》第22条规定沿海国在考虑航行安全且认为必要

① Norwegian Radiation and Nuclear Safety Authority，“Floating Nuclear Power Plant to be Transported along the Norwegian Coast，” https：//dsa. no/en/search/_ /attachment/inline/4bbe1fd1-b403-4e54-b629-398779165f92：7a3052f6468e9e202f5f84ad799102d3bc642d55/StralevernInfo_ 6-2018. pdf，最后访问日期：2022年4月8日。

② Norwegian Radiation and Nuclear Safety Authority，“Priority Areas under the Nuclear Action Plan，” https：//dsa. no/en/the-nuclear-action-plan/priority-areas-under-the-nuclear-action-plan#IN%20SHORT，最后访问日期：2022年4月8日。

③ “Nuclear Safety Cooperation in the Arctic，” https：//www. regjeringen. no/en/topics/high-north/nuclear-arctic/id449322/，最后访问日期：2022年4月8日。

④ 杨泽伟主编《〈联合国海洋法公约〉若干制度评价与实施问题研究》，武汉大学出版社，2018，第1页。

时，可要求为行使无害通过其领海权利的外国核船舶指定海道和分道通航；第23条规定外国核船舶在行使无害通过他国领海的权利时，应持有国际条约为这种船舶所规定的证书并尊重国际条约所规定的特别预防措施。此外，《联合国海洋法公约》第192条规定了国家负有“保护和保全海洋环境”的一般性义务，即要求各国采取积极的措施来保护和保全海洋环境并确保这些措施得以执行。该义务适用于所有国家以及海域，义务内容通过《联合国海洋法公约》第十二部分的其他条款以及习惯国际法得以进一步阐明。[①]《联合国海洋法公约》第194条特别阐述了各国涉及海洋环境污染的义务，该条第2款重述了风险预防原则，第3款和第5款明确了各国可采取的措施，第4款对可采取的措施作出限制，即“不应对其他国家依照本公约行使其权利并履行其义务所进行的活动有不当的干扰”。浮动式核动力平台运营国在建设、运营、管理平台时，需要遵循《联合国海洋法公约》所规定的相关义务。

现运营的浮动式核动力平台“罗蒙诺索夫院士”号的选址位于俄罗斯领海内，由于领海隶属于国家主权之下，沿海国享有对浮动式核动力平台的立法和管辖权，俄罗斯可就领海内浮动式核动力平台的运营和监管制定有关法律法规。出于尽可能降低浮动式核动力平台运营成本的考量，俄罗斯不太可能制定阻碍小型模块化反应堆运行的规则和法律，因而，浮动式核动力平台选址于领海内的核污染预防与控制，在很大程度上依赖于平台运营国的自觉监管。

（二）国际海事组织出台的相关规定

目前，国际海事组织（International Maritime Organization，IMO）尚未针对浮动式核动力平台的活动开展任何正式工作，但由于其主持制定的一系列国际公约和相关法律文件的规制范围十分广泛，且浮动式核动力平台的法律地位至今尚不明确、法律适用存在相当的模糊性，所以国际海事组织出台的

---

① 〔法〕皮埃尔·玛丽·杜普、〔英〕豪尔赫·E. 维努阿莱斯：《国际环境法》，胡斌、马亮译，中国社会科学出版社，2021，第134~135页。

关于放射性物质运输的相关规定，也有可能成为管理浮动式核动力平台的正式国际法依据。

1.《国际海上人命安全公约》

《国际海上人命安全公约》（International Convention for the Safety of Life at Sea，SOLAS）是涉及海上安全的最为重要的国际公约，旨在提高船舶安全管理水准，以达到“使航行更安全，让海洋更清洁”的目的。SOLAS 第 7 章规定了包括放射性物质在内的危险货物的运输，D 部分专门规定了“船舶装运密封装辐射性核燃料、钚和强放射性废料的特殊要求”，其中第 15 条和第 16 条规定要求对装运上述物质的船舶进行检验和发证。SOLAS 第 8 章“核船舶”规定了核动力船舶的基本要求，并特别关注辐射危害，第 8 章第 4 条规定“核反应堆装置的设计、构造以及检查和装配的标准均应经主管机关认可和满意，并应考虑因辐射而使检验所受到的限制”，第 5 条规定在设计核反应堆装置时，应考虑“装船使用的适用性”，第 6 条规定主管机关应当采取措施，确保核船舶的辐射安全。依据该章规定，核船舶在进入各缔约国港口前及在港时均应受到特殊控制，证实已具备有效的安全证书，并证实在海上或港内没有不当的辐射或其他核危害。① 由此可见，作为维护海上生命安全和防止船舶污染的重要国际法律文书，SOLAS 对放射性物质运输和核船舶的安全标准作出了详细规定，若能直接适用于浮动式核动力平台，将可以成为对浮动式核动力平台进行安全管理的国际法依据，从而有效提高浮动式核动力平台的安全管理水准。

2. 其他相关法律文件

《国际海运危险货物规则》（Amendments to the International Maritime Dangerous Goods，以下简称 IMDG 规则）是由国际海事组织海上安全委员会以 MSC. 122（75）号决议通过的，是专门用于指导全球海洋运输包装危险货物的强制性规则，其制定原则是除非符合规则的要求，否则禁止装运危险货物。SOLAS 第 7 章第 3 条规定“包装危险货物运输应符合 IMDG 规则的有

① 陈刚：《国际原子能法》，中国原子能出版社，2012，第 253 页。

关规定”，由此确定了 IMDG 规则的拘束力。此外，国际海事组织与国际原子能机构联络，制定了《国际船舶装运密封装辐照核燃料、钚和高放射性废物规则》（以下简称 INF 规则），该规则补充了 IMDG 规则中有关船舶设计和建造要求的规定，并为运输某些高活性放射性材料（如辐照核燃料、高放射性废物和钚）的船舶制定了国际标准。

浮动式核动力平台虽不直接装运危险货物，但平台上设计有存储乏燃料的装置，有被归类为 IMDG 规则下 B 型货包的可能。[①] 浮动式核动力平台上的乏燃料能否以 IMDG 规则所规定的包装形式储存尚不确定，如果浮动式核动力平台在某种程度上确实属于 SOLAS 的适用范围，并以 IMDG 规则所规定的包装形式在平台上储存乏燃料，那么乏燃料有可能被归类为危险货物，从而适用 IMDG 规则和 INF 规则的相关规定。

（三）国际原子能机构出台的相关规定

国际原子能机构是规范全球范围内民事核活动的多边机构，它通过制定技术标准或提出建议，使民用核能利用及相关活动实质上受到国际法律的约束。国际原子能机构促进成员国遵守和执行在其主持下通过的国际核安全法律文书，其中与浮动式核动力平台相关度较高的主要包括《核安全公约》《乏燃料管理安全和放射性废物管理安全联合公约》《及早通报核事故公约》。

1.《核安全公约》

《核安全公约》（Convention on Nuclear Safety，CNS）是第一个直接涉及核电站安全问题的国际法律文书，由 4 章 35 条正文组成，于 1996 年 9 月 24 日正式生效。《核安全公约》特别强调各国应采取立法、监管和行政措施确保核安全的落实，明确管理核设施安全的立法和监管框架需要包括以下四方面的内容：（1）制定适合本国安全要求的安全法规；（2）核设施实行许可证管理制度；（3）对核设施进行监管性检查和评价制度；（4）违法行为的强制执行

① Molinari Elia，“A New Vessel on the Block：How the Law of the Sea Applies to Floating Nuclear Power Plants，”（Master's thesis，UiT Norges arktiske universitet，2020），p. 35.

制度，包括中止、修改和吊销许可证。《核安全公约》为管理浮动式核动力平台提供了基本的立法和监管框架，但因所规定的“核设施”是指在一国管辖下的陆基民用核动力厂，所以该公约并不能直接适用于浮动式核动力平台。

2.《乏燃料管理安全和放射性废物管理安全联合公约》

《乏燃料管理安全和放射性废物管理安全联合公约》（Joint Convention on the Safety of Spent Fuel Management and on the Safety of Radioactive Waste Management）于 2001 年 6 月生效，分别规定了乏燃料管理、放射性废物管理的一般安全要求、选址和设施管理的要求，适用于民用核反应堆运行产生的乏燃料的管理安全以及民事应用产生的放射性废物的管理安全，但为后处理而在其设施中保存的乏燃料除外。《乏燃料管理安全和放射性废物管理安全联合公约》主要针对乏燃料管理、放射性废物管理等具体活动而不针对实质问题，与《核安全公约》类似，该联合公约不具有约束性的法律地位，鼓励各缔约国根据联合公约规定的各项义务提出国家报告。[①] 目前该联合公约已被国际原子能机构的成员国采用，成为有关国际组织和部分国家制定管理法规和安全标准的准则和基础，因而该联合公约对于浮动式核动力平台的乏燃料储存和管理具有一定的指导价值。

3.《及早通报核事故公约》

《及早通报核事故公约》（Convention on Early Notification of a Nuclear Accident）1986 年于维也纳通过，其宗旨在于通过加强核能的国际合作，在缔约国之间尽早提供核事故的情报，进而将跨界的放射性损害的后果降到最低。该公约适用于涉及缔约国管辖或控制下的核设施或开展的核相关活动造成的任何事故，而这些事故已经发生或者可能导致发生放射性物质释放的危险时，特别是针对可能发生跨国放射性损害的事故。《及早通报核事故公约》第 1 条明确规定的适用范围包括：（1）核反应堆；（2）核燃料循环设施；（3）放射性废物管理设施；（4）核燃料或放射性废物的运输和储存；（5）用于农业、工业、医

① Franz-Nikolaus Flakus，Larry D. Johnson，《有约束力的核安全协定：全球核安全法律框架》，《国际原子能通报》1998 年第 2 期。

学和有关科研目的的放射性同位素的生产、使用、贮存、处置和运输；（6）用放射性同位素作空间物体的动力源。由此可见，《及早通报核事故公约》可适用于浮动式核动力平台。如果核动力平台的运营国为《及早通报核事故公约》缔约国，则该运营国有义务将此类事故向有关国家和机构通报，通报内容应包括核事故及其性质、发生的时间、地点和有助于减少辐射后果的情报。

三　北极理事会的核动力平台治理活动

北极理事会是由北极国家组建的政府间高级论坛，是公认的最为重要的区域性北极合作机制。放射性污染是北极理事会主要关注的污染问题之一，应对放射性污染问题涉及减少北极污染的行动计划（ACAP）、北极监测与评估计划工作组（AMAP）、北极海洋环境保护工作组（PAME）、突发事件预防、准备和响应工作组（EPPR）等的工作范畴。其中，EPPR 负责对北极发生的环境紧急事故的风险作出评估，发布相应的指南来应对包括核事故和放射性突发事件在内的紧急事件。[①] 为了执行关于放射性和核紧急情况的战略计划框架，EPPR 于 2019 年 12 月成立了辐射专家组，专家组工作的核心内容是促进各主体间在核应急、预防与响应领域的交叉合作以及提高公众对放射性事件的认识。辐射专家组主席、挪威辐射与核安全局高级顾问奥伊文·阿斯·汉森（Øyvind Aas Hansen）表示："如果北极地区发生辐射紧急情况，应急响应行为体和北极国家之间的交叉合作将非常重要，专家组工作的重要部分不仅是突发事件预防、准备和响应，还要提高北极居民对放射性事件的关注和风险意识，专家组希望从北极居民的角度来解决他们的担忧，并进行合作。"[②] 2021 年，EPPR 发布的《北极地区的辐射

---

① 陈奕彤：《国际环境法视野下的北极环境法律遵守研究》，中国政法大学出版社，2014，第 128 页。

② Arctic Council, "Are We Prepared for A Radiation Emergency in the Arctic?", https://www.arctic-council.org/news/are-we-prepared-for-a-radiation-incident-in-the-arctic/，最后访问日期：2022 年 4 月 8 日。

/核风险评估》(Radiological/Nuclear Risk Assessment in the Arctic)报告直接涉及北极地区浮动式核动力平台的过境问题，报告就未来10年北极地区核活动或核材料可能导致的直接风险进行了概述，确定了EPPR必须采取行动的11类紧急情况，在北极国家间取得了一定共识，从而构成了未来北极核应急工作的基础。[①] 在报告中，浮动式核动力平台过境事故被评估为中等风险，未来的事故风险将随着平台数量在北极地区的增加继续上升，明确了现阶段可能受到浮动式核动力平台事故跨境影响的北极国家为挪威和俄罗斯。辐射专家组将在2021~2022年重点关注北极地区辐射风险的量化水平，并继续分析在北极国家内部减轻放射性风险的现有能力和差距。

表1　北极地区放射性及核事故紧急情况风险评估

序号	启动场景	风险等级	风险趋势	可能受影响国家
1	核动力船舶事故	中	上升	加拿大、冰岛、丹麦、挪威、俄罗斯、美国
2	浮动式核动力平台事故跨境	中	上升	挪威、俄罗斯
3	小型模块化反应堆事故	低	上升	加拿大、俄罗斯、美国
4	核材料运输事故	低	上升	加拿大、冰岛、丹麦、挪威、俄罗斯、美国
5	医学放射性同位素密封性丧失	低	持平	所有北极国家
6	核电站事故	低	下降	芬兰、挪威、俄罗斯、瑞典
7	回收海底事故中核反应堆堆芯	低	下降	俄罗斯
8	废弃物储存设施事故	低	下降	俄罗斯
9	意外污染事故	低	下降	所有北极国家
10	放射性散布装置	低	下降	所有北极国家
11	放射性照射装置	低	下降	所有北极国家

资料来源：北极理事会官网，https://oaarchive.arctic-council.org/handle/11374/2619。

① Arctic Council EPPR, "EPPR Consensus Report: Radiological / nuclear risk assessment in the Arctic," https://oaarchive.arctic-council.org/handle/11374/2619，最后访问日期：2022年4月8日。

AMAP 分别在 1998 年、2002 年、2009 年、2015 年发布了关于评估北极地区放射性污染水平的工作报告。AMAP 指出，虽然放射性在北极造成的污染水平很低，而且似乎正在减少，但继续监测北极的放射性污染的必要性仍然没有改变，浮动式核动力平台在北极的应用，带来了新的放射性污染源，是北极地区放射性新威胁，目前 AMAP 正在准备对北极地区的放射性污染进行新的评估，新报告预计将于 2023 年公布。①

四　结语

北极地区已发生过诸多核事故事件，例如，1992 年美国海军“巴吞鲁日”号核潜艇在摩尔曼斯克附近撞上一艘俄罗斯潜艇；1993 年美国海军“茴鱼”号核潜艇在巴伦支海与一艘俄罗斯潜艇发生碰撞。可见，在核技术利用过程中，核风险和核事故的发生不可避免，浮动式核动力平台在北极水域的应用，进一步扩大了北极放射性污染的来源，对北极地区的核安全法律秩序提出新的具体要求。然而，北极地区现有的核安全治理机制表现出多样化、交叉性和碎片化特征，在实践中发挥的作用有限。② 综合北极各国国内法及相关国际公约、区域组织治理来看，全球、区域、多边、国家层面都制定了不同的制度，这样复杂的规制结构引发了两种问题：第一，对浮动式核动力平台规制的制度虽互相联系，但不成体系，牵涉环境、海洋、海事、核能等多重维度，可能造成规则间的不协调乃至冲突；第二，浮动式核动力平台涉及的国际法律文件多具有软法性质，在实践中相互交叉管理，可能造成制度运行模糊不清的问题。为了使浮动式核动力平台的规制在北极地区有序进行，有必要澄清国际条约、相关协议、技术规范等法律文件间的法律层级和效力。

① AMAP Projects，“Radioactivity in the Arctic，” https：//radioactivity. amap. no，最后访问日期：2022 年 4 月 8 日。

② 唐尧：《核安全观视角下的北极核污染治理问题研究》，《南京政治学院学报》2015 年第 1 期。

总体而言，北极核大国较为重视浮动式核动力平台在北极发展中的作用，认为发展小型模块化反应堆技术能有效解决北极偏远地区的能源困难问题，有助于实现当地能源现代化。目前，俄罗斯正积极发展浮动式核动力平台产业，美国、加拿大等国重视小型模块化反应堆的技术研究和应用探索，浮动式核动力平台在北极地区的发展趋势整体向好。作为核领域的新技术，浮动式核动力平台既不是纯固定式的核电站，也不是纯移动式的装载核燃料的船舶，而是一个兼具“可固定”性与“可移动”性的复杂规制客体，面临着一定程度的法律空白。在北极地区，浮动式核动力平台具有一定功能性，可以推动航道利用、促进能源开发、改善能源布局，并对北极地区的地缘政治格局施加影响。要应对北极核动力平台发展的挑战，一方面需要国际原子能机构、北极理事会等规制主体尽可能地追求核能发展和环境保护的平衡，基于有意义的公众参与和必要的科学研究，制定有针对性的安全标准和政策，以保证浮动式核动力平台得到适当管理；另一方面也要认识到北极地区核动力平台的治理是全球性问题，其影响不仅限于北极地区，构建合理、有效的治理机制离不开域外国家的协同参与。

B.9
北极地区科技合作的发展趋势与中国的对策*

张 亮 杨松霖**

摘 要： 科技活动一直是各国参与北极事务的重要组成部分，一方面，北极地区恶劣的自然环境使科技水平的高低直接影响到各国北极参与的有效性，另一方面，科技活动的低政治属性也使科技合作成为弥合各国北极竞争的重要场域。但是，随着国家间竞争向科技领域延伸导致的各国科技观念的转变、北极地区地缘政治环境的剧烈变化带来的各国合作关系的恶化，北极地区的科技合作也面临着巨大挑战。对于中国来说，近北极国家的身份决定了科技利益是中国北极参与的重要利益之一，科技合作则是中国实现北极科技利益的主要途径。因此，北极科技合作遇冷对于中国这样的北极域外国家冲击尤其重大。针对这一局面，中国应在继续加强自身北极科技实力建设的同时，对美国等西方国家继续推进合作共赢的新型国际关系建设，对俄罗斯等国抓紧经济合作这一关键节点以推动双方北极科技合作深化，从而维护中国的北极利益。

关键词： 北极 科技合作 地缘政治

* 本文是山东省泰山学者基金（tsqn20171204）和山东省高校青年创新计划“北极治理与外交研究”创新团队项目（2020RWB006）的阶段性成果。

** 张亮，中国海洋大学马克思主义学院讲师、海洋发展研究院研究员；杨松霖，华南农业大学马克思主义学院讲师。

北极在全球科学研究、环境保护、资源利用和应对气候变化等方面具有不可替代的重要作用和全球性的影响，因此，北极不是北极国家的北极，更是世界各国的北极。[①] 如何将北极地区打造成和平、稳定的北极，考验着各国的政治智慧。长期以来，北极地区的科考活动，构成了各国北极参与的重要组成部分，在推动人类加深对北极认识的同时，北极科考活动也因在其中展现出来的人类的互助精神与合作实践而成为消弭各国分歧、促进国际合作的重要场域。

一　北极地区科技合作的现状与意义

北极地区陆海兼顾的基本特点和极北之地的恶劣自然环境，使人类在北极地区的活动面临着巨大的挑战。[②] 人类对于北极地区的早期探索是伴随着探险精神展开的，虽然早在 1650 年，荷兰地理学家瓦烈尼马斯就已经明确划分了北冰洋，但是直到 1909 年，随着美国北极探险家皮里徒步抵达北极点，人类对于极北之地的探索才终于实现，这一事实充分说明了在没有现代科技支撑的情况下，对于北极的探索将遇到何种程度的艰难。在此之后，求知精神推动着各国扩大在北极地区的活动，追求对自然界运行规律认识水平的提高，加强人类对客观世界控制、支配和利用的能力是科技活动的内驱动力，也是推动各国北极科考活动的内驱力。[③]

（一）北极科技合作的基本模式

北极科技活动涵盖的内容非常广泛，各国在相关领域展开的合作也非常多，就其形式来说，主要可以分为北极治理框架内的多边合作与北极活动参

---

① 《〈中国的北极政策〉白皮书（全文）》，国务院新闻办公室网，http：//www. scio. gov. cn/zfbps/32832/Document/1618203/1618203. htm。

② 《〈中国的北极政策〉白皮书（全文）》，国务院新闻办公室网，http：//www. scio. gov. cn/zfbps/32832/Document/1618203/1618203. htm。

③ 晏智杰：《西方经济学说史教程》，北京大学出版社，2002。

与国之间的双边或多边合作。

第一，北极治理框架内的多边合作。成立于1996年的北极理事会是目前北极治理体系中的制度核心，其涉及范围非常广泛，在科技合作领域北极理事会同样处于核心地位。2017年5月11日，北极理事会第十届部长级会议在美国费尔班克斯市召开，正式出台了第三份具有强制约束力的《加强北极国际科学合作协定》（Agreement On Enhancing International Arctic Scientific Cooperation）。[①] 这一协定既体现了北极理事会对科技合作的重视，也体现了北极理事会谋求建立具有强制力的硬法体系的雄心。按照《加强北极国际科学合作协定》的定义，北极科技活动是指通过科学研究、监测和评估促进对北极认识的所有相关努力。这些努力包括但不限于：规划和实施科学研究项目；培训科技研究人员；组织科学研讨会等学术交流活动；收集、处理、分析和分享科学数据；制定在北极地区实施科学活动的相关规定和协议；建设和使用后勤设施与基础设施等。[②]

始于2016年的北极科学部长会议也是北极科技合作中的重要组织。作为北极科学领域的新机制，北极科学部长会议为世界各国、国际组织与科学团体等相关行为体参与北极科学合作提供了平等的交流平台。虽然受到北极理事会的深刻影响和主导，[③] 但毫无疑问，北极科学部长会议仍旧在很多方面有改进的空间，北极科学部长会议为促进北极事务决策者和科学界的“直接沟通”、超越北极治理中的“门罗主义”发挥着重要作用。[④] 2021年5月8~9日，第三届北极科学部长会议在日本东京召开，会议主题是“知识促进北极可持续发展——观测、认知、应对和加强”。参与者们集中讨论了应对北极挑战的措施，并认为这些措施只有通过国际科学合作

① 肖洋：《北极科学合作：制度歧视与垄断生成》，《国际论坛》2019年第1期。

② “Agreement On Enhancing International Arctic Scientific Cooperation,” *China Oceans Law Review*, (2017)：290-296.

③ 陈留林、刘嘉玥、王文涛、俞勇：《域外国家参与北极科学合作的路径——以北极科学部长级会议机制为例》，《极地研究》2021年第3期。

④ 潘敏、徐理灵：《超越“门罗主义”：北极科学部长级会议与北极治理机制革新》，《太平洋学报》2021年第1期。

才能实现。①

第二，参与北极地区事务的国家或国际组织自行展开的双边或多边合作。以中俄两国之间的北极科技合作为例，双方的北极科技合作涵盖了不同层次不同类别的合作。首先，中俄双方进行了科考活动方面的合作，俄罗斯的极地研究专家可以参与中国的北极科考，中国的专家也可以参加俄罗斯的极地科考。② 其次，中俄双方还针对北极地区的研究与开发，以联合设立实验室等方式展开合作，如中国-俄罗斯极地技术与装备“一带一路”联合实验室，就是以北极航运、能源合作、极地科考等为主要合作领域，以中俄双边合作为核心的北极科技合作创新。③ 最后，中俄双方在亚马尔等项目中的经济合作，也带动了双方在相关领域科技研发的投入和科技实力的提升。除中俄两国的北极合作之外，中日韩三国的北极科技合作也在持续向前推进中。④ 2021 年是中国与冰岛建交 50 周年，国务委员兼外交部部长王毅在同冰岛外长视频会晤时，也呼吁双方继续就北极事务保持密切沟通协作。⑤ 可以说，参与北极地区事务的国家或国际组织自行展开的双边或多边合作，构成了北极地区科技合作十分重要的组成部分。

（二）科技活动是各国北极参与的基础

可以看到，北极科研活动涵盖的范围非常广泛，形式也非常多样，而这种广泛性和多样性是与科研活动在北极活动中的基础性密切相关的。

第一，北极地区自然环境恶劣，因此没有坚实的科技实力便无法展开

---

① 《冰岛将向俄罗斯移交北极治理权》，极地与海洋门户网，http：//www. polaroceanportal. com/article/3659。

② 《中俄专家呼吁加强北极科研国际合作力度》，新华网，http：//www. xinhuanet. com//world/2014-07/24/c_1111790048. htm。

③ 《中俄共建极地技术与装备“一带一路”联合实验室》，中国发展网，http：//cyfz. chinadevelopment. com. cn/gjcnhz/2019/06/1528605. shtml。

④ 《第二轮中日韩北极事务高级别对话在日本东京举行》，中韩海洋科学共同研究中心网，http：//www. ckjorc. org/cn/cnindex_ newshow. do？ id=2541。

⑤ 《王毅同冰岛外长吉尔法多蒂尔举行视频会晤》，澎湃网，https：//www. thepaper. cn/newsDetail_ forward_ 15974062。

其他的活动。一方面，北极的开发活动要以基础科研为基础。以北极航道的开发与利用为例，促进北极西北航道和东北航道在世界航运体系中扮演更加重要的角色一直是各国尤其是航道沿岸国的重要目标，虽然航道的走向等已经由长期的科学探索予以明确，但是北极航道的各项地理条件、磁极对导航系统的影响、北极地区的冰雪消融情况等这些关系航道运行安全的知识，必须要以充分的北极科考作为支撑。另一方面，北极的基础科研设施也可以为后续活动提供支撑。以北极地区的后勤设施和基础设施建设为例，北极地区特殊、恶劣的自然环境使科学研究需要依托极地破冰船等基础设施才能稳步推进。而像破冰船这样为了科研活动建立起来的基础设施，在后续的使用中可以成为经济发展的利器。因此，北极科技外交往往成为各国参与北极事务的起点和实现北极利益的先导。冰岛前总统格里姆松就曾说，北极理事会的桌子有多宽，取决于观察员的知识贡献和科技贡献。①

第二，北极地区生态环境脆弱，这使科学研究活动成为在北极地区唯一能够得到各国普遍认可的活动。北极地区脆弱的生态环境，令任何在其他地区可以自由展开的活动，在北极地区都可能因其对环境的破坏而被禁止。但是，北极地区特殊的科研条件对相关科研活动又具有不可替代的作用。因此，极地科学研究成为唯一得到全世界所有国家普遍认同的极地活动。

第三，北极地区的治理结构，使科研活动成为扩大域外国家北极参与的有效手段。随着时间的推移，参与北极地区事务的国家越来越多，这其中较为重要的有 21 个国家，即构成目前北极地区治理的核心机构——北极理事会的 21 个国家。但这 21 个国家的地位并不平等，其中，北极理事会的 8 个成员国，即俄罗斯、美国、加拿大、丹麦、挪威、瑞典、芬兰、冰岛占据了核心地位；北极理事会的 13 个观察员，即法国、德国、荷兰、波兰、印度、西班牙、瑞士、英国、中国、日本、韩国、新加坡、意大利则处于从属地

---

① 杨剑：《参与北极治理，中国科技率先破冰》，《文汇报》2017 年 5 月 23 日。

位。对于北极理事会成员国来说，地利之便使其不仅对于北极地区的科考活动享有天然便利，还在领土、经济开发等方面占有先机。科技活动也往往成为领土竞争的先声，俄罗斯总统普京就声称，要以科考结果作为判定北极归属的依据。[①] 而对域外国家来说，科技活动是其参与北极地区事务的重要组成部分，也是各国在其他领域展开合作或竞争的基础，是增强一个国家在极地治理中话语权的基础。

（三）科技合作的意义

第一，科技合作的低政治属性弥合了各国在北极地区的竞争关系。所谓低政治领域，即不涉及国家权力竞争的领域，科技合作一直被视为是低政治领域而有利于各国合作的展开。科学研究作为北极领域非传统安全议题，具有较高的国际共享度，[②] 这是美俄两国能够跨越众多国际问题分歧在北极地区展开对话进行合作的基础。[③] 1991 年，北极八国根据《北极环境保护战略》联合成立了北极监测与评估计划工作组（AMAP），这是北极国家科技合作的重要内容，致力于从科学角度监测、评估和发布有关北极地区气候与污染的相关信息。2021 年 5 月 AMAP 发布了《北极气候变化 2021 更新：关键趋势和影响》，成为各国科学决策的重要参考。

第二，科技合作提升了北极地区科学研究的效率。北极地区的恶劣环境以及由此导致的北极科研活动的巨大成本，使得单独一国很难完全依靠自身展开各个领域的科研活动，因此，各国的优势互补就能够有效促进北极地区科研活动的效率。效仿国际空间站的实践，俄罗斯担任北极理事会轮值主席国后，提议建设两座国际北极站，得到了韩国等国的大力支持，中国也透露出合作意愿。

① 《俄总统普京称科学考察结果“应成为北极归属依据”》，中国新闻网，https://www.chinanews.com.cn/gj/oz/news/2007/08-08/997524.shtml。

② 杨松霖：《中美北极科技合作：重要意义与推进理路——基于“人类命运共同体”理念的分析》，《大连海事大学学报（社会科学版）》2018 年第 5 期。

③ 郭培清、杨楠：《论中美俄在北极的复杂关系》，《东北亚论坛》2020 年第 1 期。

二 北极地区科技合作的发展趋势

北极地区的科技合作，不仅促进了人类社会对北极的认知，也促进了各国间合作关系的深化，但是，随着国家间竞争向科技领域延伸导致的各国科技观念的转变、北极地区地缘政治环境的剧烈变化带来的各国合作关系的恶化，北极地区的科技合作也面临着巨大挑战。

（一）北极科技的高政治转向降低了各国北极科技合作的意愿

北极科技知识正在被迅速政治化，这一趋势影响了北极科技合作的展开。哈贝马斯指出，科学与技术不仅是第一位的生产力，还是统治合法性的基础。[①] 这一论断在北极地区正显示出越来越强的预见性。北极日益激烈的领土权益争夺，以及北极地区特殊的环保压力，使得相关的科学证据成为有关国家维护和扩大本国北极利益的重要武器。由此导致相关的北极科学问题政治化，个别北极国家利用科学话语权抢占主导地位甚至剥夺域外国家参与北极治理的权利，这一事实激起了其他国家加强自身北极科研实力，以从科学上赢得北极外交和北极治理主动权的行动。在北极地区具体议题的谈判或协商中，更多的科学知识意味着更多的“话语权”，也意味着在利益分配中占据更有优势的地位，互利共赢的科技合作被严酷的科技竞争所取代，各国在北极地区的科技合作意愿因此显著地降低了。

以美国为首的部分国家正在将高政治思维带入北极科学领域。美国正在用更加“传统”的视角看待他国的北极活动，比如，部分美国智库在报告中声称，中国的北极参与是由地缘政治利益驱动的。[②] 在特朗普政府时期，美国政府曾提出所谓“北极竞技场”的论调，之后，美国的海空军事力量

① 〔德〕尤尔根·哈贝马斯：《作为“意识形态”的技术与科学》，李黎、郭官义译，学林出版社，1999，第69页。

② “China Launches the Polar Silk Road,” https://www.csis.org/analysis/china-launches-polar-silk-road.

迅速重返北极。在美国对北极事务的规划中，科学研究不仅可以增强北极气候认知，还能协助美国在日益严峻的北极地缘博弈中占据优势。北极争端的解决在很大程度上依赖于科学研究的最新进展。在北极科研中美国如果能够占据优势地位，则有利于美国在大陆架争端、航道划界等问题上掌握主动地位和话语权。

（二）北极地区地缘政治竞争的升温破坏了各国合作的基础

良好的北极地区治理形势是北极地区科技合作顺利展开的制度基础，但是，由于传统地缘政治的回归，北极地区的治理结构正面临巨大的挑战。这突出表现在美俄两国之间的地缘政治竞争上。美俄分别是世界最强的两个核大国，冷战时期，美国与俄罗斯的前身苏联就围绕着北极地区展开军事竞争，大量的战略核潜艇游弋在北极的冰盖之下。一直以来，美国都将俄罗斯认定为北极地区的主要威胁。美俄两国在北极地区的军事化措施，不仅导致了两国军事安全博弈日益加剧，而且使威胁外溢，导致周边国家也纷纷采取军事化措施以维护自身安全。[①] 随着 2022 年俄罗斯与乌克兰危机的升级，美国在军事手段之外，更是全面提高了对俄罗斯的制裁手段，策动盟友对俄罗斯进行孤立。同时，各国在北极地区的部署也达到了新的高度，美国及其盟友纷纷表示将提高国防开支，在北极地区增强保卫自身利益的实力。俄罗斯面对西方全面制裁，只能继续扩军备战，北极地区的安全困境将继续升高，北极地区的科技合作更是无从谈起。也正是基于此种背景，2021 年 5 月 20 日，在冰岛首都雷克雅未克出席北极理事会第 12 届部长级会议的俄罗斯外长拉夫罗夫呼吁北极国家在有关地区未来的会谈中加入军事问题，以稳定地区局势。

此外，北极地区的治理结构也受到地缘政治考量的严重冲击。2014 年乌克兰危机之后，西方国家虽然对俄罗斯采取了经济制裁等手段，但与俄罗

---

① 孙凯、张现栋：《美俄北极军事安全博弈态势及其走向》，《边界与海洋研究》2021 年第 6 期。

斯的合作关系并未完全破裂，在北极地区的搜救、渔业、航运、北极理事会等功能性领域双方的合作依然继续。[①] 但是，2022 年俄乌冲突爆发之后，美欧等国对俄罗斯的制裁措施也蔓延到了北极领域。按照北极理事会的议事程序，2020~2022 年由俄罗斯担任北极理事会轮值主席国。2022 年 3 月 3 日，北极理事会除俄罗斯之外的其他七个正式成员国发表联合声明，称由于俄罗斯对乌克兰的军事行动违反了北极理事会有关尊重主权和领土完整的核心原则，因此将不会前往俄罗斯参加北极理事会会议，并将暂停参加其附属机构的所有会议。北极经济理事会也紧随其后，将俄罗斯排除在相关的线上会议之外。可以说，2022 年俄乌危机的深度和广度都远超以往，北极地区的治理结构也已经受到严重波及。

三　北极科技合作遇冷对中国的冲击

中国作为北极地区的域外国家，在北极科考方面拥有重要利益。中国对北极地区没有领土和资源方面的要求，而更为重视以北极地区的科学考察增进自己的科技利益，服务于人类社会，中国也是通过极地科学外交实现了极地事业从无到有、从小到大的历史性跨越。[②] 因此，北极科技合作遇冷将对中国北极利益的实现造成重大冲击。

（一）对“人类命运共同体”理念的冲击

北极地区是影响世界可持续发展和人类生存的新疆域，是“人类命运共同体”构建的重要场域。“人类命运共同体”理念充分体现了人类的共同利益，要求对北极资源的开发与利用遵循可持续发展的理念，对北极地区资源的开发在“适当利用”与“有效保护”之间保持平衡。北极科学技术的进步是应对资源利用和环境保护之间矛盾的有效手段，可以丰富北极治理的

① 邓贝西、邹磊磊、屠景芳：《后乌克兰危机背景下的北极国际合作：以“复合相互依赖”为视角》，《极地研究》2017 年第 4 期。

② 唐尧：《上海参与中国极地科学外交研究》，《极地研究》2022 年第 1 期。

“工具箱”，为绿色利用北极资源奠定技术基础，促进北极地区的可持续发展。北极地区科技合作遇冷，自然会影响相关领域的保护。

同时，“人类命运共同体”理念强调关注全人类共同利益，注重通过有效的国际合作推动全球治理走向“善治”。在全球层面，推动建立平等相待、互商互谅的气候治理伙伴关系。北极地区是全球气候变化的“显示器”和“放大镜”，对气候变暖的反应极为敏感。气候变化与北极航道、渔业、原住民生活等问题息息相关，是引发北极自然环境、地缘政治变迁的重要变量。[①] 北极各领域问题的治理需要与世界各国共商共建，而北极科技合作遇冷，对于相关领域的合作展开也会构成重大冲击。

（二）对中国的北极科技利益的冲击

北极科技合作遇冷毫无疑问地将会冲击中国的北极利益的实现。到2019年，中国形成了“两船、六站、一飞机、一基地”的极地考察保障格局，跻身极地考察大国行列,[②] 但是，相比于1909年即已登陆北极点的美国等北极国家，实力仍然非常弱小。要扩大中国在北极地区的实质性存在，当务之急是要增进中国的北极科技实力。中国是《斯匹次卑尔根群岛条约》的缔约国，中国公民拥有自由进出斯匹次卑尔根群岛的权利，并可以在遵守挪威法律的范围内从事正当的生产和商业活动。在北极地区建立北极考察的后勤基地、开展正常的科学考察活动是中国的权利，但是，基于地理上的便利与种种客观条件，挪威等北极国家的善意与合作也是中国北极科考活动顺利展开的重要保证。与此同时，由于国际合作在极地科学研究中越来越重要的作用，加强极地科技研究的国际合作，是增强中国极地科技竞争力、提升中国在国际极地科技领域和极地事务中国际地位的重要途径。一直以来，中国北极科技外交以长期的国际科技合作为基础，融入和影响已有的国际机

---

① 刘惠荣、陈奕彤：《北极法律问题的气候变化视野》，《中国海洋大学学报（社会科学版）》2010年第3期。

② 《我国形成“两船、六站、一飞机、一基地”的极地考察保障格局》，中国政府网，http：//www.gov.cn/xinwen/2019-10/08/content_5437178.htm。

制，并自主发起科学合作机制，在为国家决策提供科学依据、塑造公共政策和推动议程设置等方面扮演了积极角色。[①] 2021 年 7 月，中国第十二次北极科学考察队搭乘“雪龙 2”号极地科学考察船从上海出发，前往北极执行科学考察任务。北极科技合作遇冷，尤其是以美国为首的西方国家对中俄等国的防备心态，将严重影响中国与有关国家合作的展开，并因此严重影响中国的北极科技实力发展和北极科技利益的实现。

（三）对中国的北极经济利益的冲击

中国在北极地区也参与了很多的经济项目建设，这些经济项目因其特殊的环保要求，对中国相关技术的研发也起到了推动作用，同时也构成了中国对北极地区实质性参与的重要途径。北极地缘政治回归的新趋势，不仅冲击了中国在相关领域的科技合作，而且也对中国的部分北极经济合作项目，尤其是中俄两国之间的北极经济合作产生了影响。近年来，中俄之间在开发北极地区经济潜力方面合作较多，油气资源开发和航道利用既是俄罗斯北极经济开发的两大核心支柱，也是中俄两国北极经济合作的两大重头戏，但是，目前这两方面的合作都受到了西方国家的巨大压力。

在航道利用方面，部分西方国家正试图以环保之名迟滞俄罗斯的相关努力。[②] 至少从 2013 年起，穿越俄罗斯近海的东北航道（俄罗斯称之为“北方海航道”）就拉开了商业航运的序幕，虽然仅限于季节性航运，货运物资主要以散货为主且须依赖破冰船护航，但北极航线还是吸引了国际社会的广泛关注。2014 年 9 月，由中国交通运输部海事局组织编撰的《北极航行指南（东北航道）2014》一书正式出版发行，2016 年又出版了《北极航行指南（西北航道）2015》，为计划在北极东北航道航行的船舶提供海图、航线、海冰、气象等全方位航海保障服务。但就在中国对推进北极航道的开发积极准备时，西方国家却以保护北极环境的名义，声称将放弃使用北极航

① 苏平、项仁波：《中国科技外交的北极实践》，《国家行政学院学报》2018 年第 5 期。

② 郭培清、宋晗：《北极环保的真假命题——西方企业缘何纷纷放弃北极航线》，中国社会科学网，http：//ex. cssn. cn/zx/bwyc/202005/t20200514_5128384. shtml。

道，其背后的真实考虑，则是防止俄罗斯从北极突围。

在油气资源开发方面，西方国家则可能以长臂管辖的形式干涉中俄两国之间的北极合作。[①] 2014 年克里米亚事件后，美国和欧洲各国就对俄罗斯石油工业实施了制裁，2022 年俄乌冲突爆发之后，美国和欧洲各国更是进一步扩大了对俄制裁范围。目前，美国等西方国家正在以长臂管辖等手段对俄罗斯的企业、商人进行打击，未来这种打击会不会蔓延到中俄两国之间的北极合作项目上，对此也必须保持警惕。

四　促进北极科技合作的中国对策

中国北极利益的实现需要一个良好稳定的北极治理环境和北极科技合作格局，但是当前的局势发展正对中国的北极利益产生不利影响。面对这一新局面，中国需要在增强自身科技实力的同时，尽可能维持对美交流、扩大对俄合作，以实现中国的北极利益。

（一）维护北极多边治理框架的稳定有效

稳定有效的北极多边治理框架是中国顺利参与北极事务的重要保证。面对当前北极地区地缘政治回归、各国北极军事准备持续升温的局面，中国应尽可能推动各方的沟通，维护北极地区的和平与稳定。中国可以发挥自身在北极地区不存在领土声索和安全诉求的有利条件，在俄罗斯与西方国家之间扮演好调停、沟通的角色，从而降低北极地区日益升高的安全困境，增强各方的互信。

同时，中国应努力推动北极理事会和北极经济理事会等北极治理机构的正常运转及其改革。目前西方国家在北极理事会框架内对俄罗斯的抵制行为存在将多年形成的良好治理体系破坏的风险，中国应联合北极理事会的观察

① 田野：《博弈“北溪-2”——美欧俄乌多方角力天然气管道项目启示》，《中国石油企业》2020 年第 9 期。

员，共同维护北极理事会的有效运转。此外，由于北极理事会日益形成的制度垄断，此次由部分国家抵制俄罗斯所造成的北极理事会分裂危机也可以成为北极理事会观察员推动北极理事会改革、扩大观察员权利的良好契机。一直以来，作为北极国家间合作的最权威制度机制，北极理事会事实上只是政府间论坛，其宣言、决议、计划等不具有法律约束力。任何决议都需由八个成员国协商一致作出，这对北极理事会的治理效能实际上产生了很大的影响。[①] 而北极经济理事会作为最大的北极经济治理制度，其与北极理事会保持着特殊关系，独立性显得不足，[②] 因此在议题设置和权益分配的过程中，往往以设置权限门槛来维护北极国家的集体制度霸权，阻滞非北极国家通过经济参与获取北极经济理事会的话语权。[③] 这对于域外国家的利益实现，对于北极地区长期有效、公正合理的治理结构的实现都是不利的。因此，在此次北极理事会、北极经济理事会等制度框架面临分裂危机的背景下，中国等域外国家积极发挥作用，维持其运转、推进其改革，就成为应有之义。

（二）采取多重措施增强自身北极科技实力

增强自身科技实力是中国对北极地区事务实施有效参与的基础。与世界上极地科研实力较强的国家相比，中国的极地科研能力还有不小的差距，主要表现在：极地考察基础设施和保障体系规模仍然偏小，缺少必需的应急救援能力；在两极海洋和南极内陆开展大范围、长周期科学考察与研究的能力偏弱，缺乏统一部署和专项研究；极地考察和研究队伍较为分散，专业化程度不高等方面。[④] 要解决当前的被动局面，就必须采取多重措施，加强中国的北极科研能力。

首先，中国应进一步强化北极科研的硬实力建设。这些硬实力以各种基

---

① 郭培清、杨楠：《俄罗斯任职北极理事会主席及其北极政策的调整》，《国际论坛》2022 年第 2 期。

② 郭培清、董利民：《北极经济理事会：不确定的未来》，《国际问题研究》2015 年第 1 期。

③ 肖洋：《北极经济治理的政治化：权威生成与制度歧视——以北极经济理事会为例》，《太平洋学报》2020 年第 7 期。

④ 孙立广：《中国的极地科技：现状与发展刍议》，《人民论坛 · 学术前沿》2017 年第 11 期。

础设施和后勤设备为基础，包括但不限于北极科考站、极地破冰船、极地科考船等。要形成以大项目为核心、以重点项目为引领的北极地区科研装备的研发工作，为我国的极地科考奠定坚实的物质基础。其次，中国应进一步强化各部门之间的协同，形成北极科研领域的合力。科学技术的发展依赖国家提供经济资助、政策规划、科技立法等，同时，国家的政治、经济、军事、文化发展则依赖科学技术提供强有力的物质和精神基础。[①] 北极领域的科研活动依赖于国家对其进行规划及协调，迫切要求政府对科研机构之间、科研人员之间进行协调、组织。科技活动在其发展过程中，容易面临来自政治干预和控制的风险，以国家的政治偏好为转移，导致科学独立性和客观性的丧失。因此，制订协调各方、科学合理的科学规划作为中国北极科研活动的政策基础，就显得十分必要。目前，中国的北极参与已经形成了以政府为主导、科研团体为先锋、环境 NGO 和企业为新兴力量的多元主体参与机制，未来，要促进各主体由形式性参与向实质性参与转变，以维护中国极地利益实现、促进北极地区善治为目标，在确保政府“不缺位”又“不越位”的前提下构建多元主体协同参与机制。[②]

（三）把握对俄经济合作关键节点

北极地区的经济合作，不仅对地区经济的发展有积极作用，更可以在经济开发的引领下推动相关的技术创新。在俄罗斯极地经济开发项目因俄乌冲突而遇到抵制的背景之下，中国更应该加强与俄罗斯在相关项目上的正常合作，以免遭前期投入缩水的风险。

首先，中国应继续运营好亚马尔项目等旗舰项目，以旗舰项目引领，推动其他领域合作的展开。亚马尔 LNG 项目的成功，将成为中俄之间加强战

① 胡春艳：《科学技术政治学的“研究纲领”——对科学技术与政治互动关系的研究》，湖南人民出版社，2009，第 53 页。

② 王晨光：《中国参与极地治理的多元主体协同机制研究》，《中国海洋大学学报（社会科学版）》2020 年第 6 期。

略互信与战略互需、深化北极能源合作的突破口与标杆。[①] 在中俄北极油气资源开发合作中，要注意客观地评估北极油气开发项目风险，维护现有北极油气资源开发项目稳定性，注意环保政策的有效性。其次，中国应在“一带一路”的视野下处理北极航线问题，北极航线的意义在于其可以成为丝绸之路经济带的海上通道、21 世纪海上丝绸之路的拓展航线以及中国对外经贸网络的重要组成部分。[②] 2017 年，中俄两国正式提出合作共建“冰上丝绸之路”，在北极航道遇冷的情况下，中国应克服挑战、抓住机遇，促进北极航道开发，为“冰上丝绸之路”的向前推进奠定基础。[③]

五　结语

当前世界正面临百年未有之大变局，北极地区的科技合作正面临巨大挑战。而俄罗斯和乌克兰的冲突给本就在升温中的传统地缘政治推波助澜，北极地区的和平与稳定也受到了挑战。针对这一局面，中国应坚持对于北极的“共赢导向”和“贡献导向”，[④] 在继续加强自身北极科技实力建设的同时，对美国等西方国家继续推进合作共赢的新型国际关系建设，对俄罗斯等国抓紧经济合作这一关键节点以推动双方北极科技合作深化，从而维护中国的北极利益。

---

① 孙凯、马艳红：《“冰上丝绸之路”背景下的中俄北极能源合作——以亚马尔 LNG 项目为例》，《中国海洋大学学报（社会科学版）》2018 年第 6 期。

② 刘惠荣、李浩梅：《北极航线的价值和意义：“一带一路”战略下的解读》，《中国海商法研究》2015 年第 2 期。

③ 杨振姣、王梅、郑泽飞：《北极航道开发与“冰上丝绸之路”建设的关系及影响》，《中国海洋经济》2019 年第 2 期。

④ 董跃：《我国〈海洋基本法〉中的“极地条款”研拟问题》，《东岳论丛》2020 年第 2 期。

B.10
北极海底电缆铺设的实践发展探析*

王金鹏　姜璐璐**

摘　要： 海底电缆被视为关键的基础设施，关乎数据和信息安全。海底电缆对北极地区可持续发展具有重要作用。近年来全球气候变暖、北极无冰区面积的增加以及北极地区可通航时间的延长为海底电缆的铺设提供了更多机会。俄罗斯、芬兰、挪威等北极国家均在推动北极海底电缆的铺设。其中既有主要分布于这些国家沿海水域的海底电缆，也有试图通过国家间的合作推进的跨大陆和泛北极的海底电缆系统。但北极海底电缆铺设的实践发展仍面临特殊生态环境、国家博弈和水域竞争性使用等带来的挑战。中国可通过双边或多边合作，参与北极国家铺设海底电缆的相关活动，推动国内海底电缆相关科技的发展，保障中国数据传输的安全。

关键词： 北极　海底电缆　数据传输　北极国家

第一条海底电缆于19世纪50年代接通，它横跨英吉利海峡，实现了英法两国的数据传输。时至今日，海底电缆已经成为全球数据传输最为重要的载体和通道之一。全球目前总计有436条海底电缆，全长130万公里，为世界各国和地区提供互联网和通信连接，大约95%的洲际互联网数据传输和

---

* 本文系国家社科基金“新时代海洋强国建设”重大研究专项（20VHQ001）的阶段性成果。

** 王金鹏，中国海洋大学法学院副教授，中国海洋大学海洋发展研究院研究员；姜璐璐，中国海洋大学国际法专业硕士研究生。

国际互联网数据传输都是通过海底电缆完成的。[①] 海底电缆系统与卫星系统相比，在数据传输速度、信号强度、寿命长度、建设成本等方面具有显著优势。近年来，海底光缆承担了全球99%以上的数据传输。[②] 在北极地区铺设海底电缆被视为北极进一步发展的关键因素之一，近年来备受关注。不过鉴于北极地区独特的气候条件，跨越极地铺设海底电缆也是一项极具挑战性的任务。连接欧亚大陆数据传输最短的路径是穿越北极地区，这样可以大大缩短数据传输的距离，提高数据传输的速度和质量，减少在欧亚大陆之间数据往返所需要的时间。截至目前，相关北极国家已在北极地区成功铺设了数个海底电缆系统。2021 年北极理事会第 12 届部长级会议在冰岛雷克雅未克召开，会议通过了《雷克雅未克宣言》。该宣言申明了优先发展北极地区基础设施的关键性，也着重强调了北极地区数据传输对于北极地区发展的重要性。[③] 近年来，俄罗斯、芬兰、瑞典等北极国家也在着力推动北极海底电缆的铺设。本文旨在分析跨越北极地区铺设海底电缆的相关实践，探讨其面临的挑战以及对我国的启示。

一　北极海底电缆铺设的背景与实践概况

联合国政府间气候变化专门委员会（IPCC）在第四次评估报告中指出，近百年来北极地区地面平均温度的上升幅度是全球平均温度上升幅度的两

---

① Karen Scott, "Tonga a Reminder of Need to Modernise Outdated Undersea Cables Laws," https://www.rnz.co.nz/news/on-the-inside/459961/tonga-a-reminder-of-need-to-modernise-outdated-undersea-cables-laws，最后访问日期：2022 年 4 月 8 日。

② EllaLink, "Fibre-optic Cables: The Present and Future of Digital Technology," https://ella.link/2021/08/31/fibre-optic-cables-future-of-digital-technology，最后访问日期：2022 年 4 月 10 日。

③ "Declaration of the Foreign Ministers of the Arctic States at the 12th Ministerial Meeting of the Arctic Council," held in Reykjavik, Iceland, 20 May, 2021, Arctic Council, https://oaarchive.arctic-council.org/handle/11374/2600，最后访问日期：2022 年 4 月 9 日。

倍，北极地区近年来海冰覆盖面积逐年缩小，无冰区海域范围不断扩大。[①]随着近年来全球气候变暖，北极地区的海冰消融给穿越北极地区铺设海底电缆带来了新的机会，同时气候变暖也延长了北极地区的可通航时间，这也给在北极地区进行工程作业提供了便利。穿越北极地区铺设海底电缆、缩短亚欧大陆和美洲大陆之间的连接距离，成为人们探索的焦点。

北极事务没有统一适用的单一国际条约，它由《联合国宪章》《联合国海洋法公约》《斯匹次卑尔根群岛条约》等国际条约和一般国际法予以规范。北极国家依国际法对其在北极地区的领土享有主权，也据此享有相关海洋权益。其他国家则享有国际法规定的科学考察、航行等权利，并应在相关国际法约束下行使权利。北极海域包括沿海国主权范围内的领海，沿海国可行使特定的国家主权权利和管辖权的专属经济区和大陆架，以及国家管辖范围以外的公海和国际海底区域。[②]《联合国海洋法公约》（以下简称《公约》）第113~115条对海底电缆的铺设和保护作出了框架性的规定。《公约》相关章节也有一些具体性规定。[③]例如，《公约》第79条规定所有国家均有在大陆架上铺设海底电缆和管道的权利，但是在大陆架上铺设海底电缆，其路线的划定须经沿海国同意。在专属经济区内，其他国家享有铺设海底电缆以及实施与之相关的行为的自由，无须经过沿海国同意，但是沿海国对其专属经济区内的海底电缆具有管辖权。《公约》第87条规定，公海对所有国家开放，所有国家具有铺设海底电缆和管道的自由。同时《公约》也规定了各国铺设海底电缆时的义务，包括适当顾及已铺设的其他海底电缆管道所有者的利益，以及必要时就穿越点进行协商。

---

① 顾洋、李萍、刘杰等：《北极海缆路由工程地质勘察问题探析》，《海洋开发与管理》2020年第1期。

② Robin Churchill, Geir Ulfstein, "The Disputed Maritime Zones around Svalbard," in Myron H. Nordquist, John Norton Moore, Tomas H. Heidar, *Changes in the Arctic Environment and the Law of the Sea*, Brill Nijhoff, 2010, pp. 551-594.

③ Daria Shvets, "The Legal Regime Governing Submarine Telecommunications Cables in the Arctic: Present State and Challenges," in Mirva Salminen, Gerald Zojer, Kamrul Hossain, *Digitalisation and Human Security: A Multi-Disciplinary Approach to Cybersecurity in the European High North*, Palgrave Macmillan, 2020, 175-203.

此外，目前国家间有关铺设和保护海底电缆的双边条约较少，各国关于海底电缆的合作项目主要通过谈判、声明、备忘录来进行。[①] 21 世纪初，穿越北极地区铺设海底电缆逐渐有了成功的实践。本文将从俄罗斯、芬兰、挪威等北极国家相关实践出发介绍北极地区海底电缆铺设的实践发展情况。

二　俄罗斯北极海底电缆铺设相关实践分析

俄罗斯重视海底电缆的铺设与管理。《俄罗斯联邦大陆架法》在《公约》的基础上进一步细化了在本国大陆架上铺设海底电缆的限制与管制条件。《俄罗斯联邦大陆架法》第 5 条规定了允许各国在俄罗斯联邦的大陆架上铺设海底电缆，但是在大陆架上铺设海底电缆的管道、线路需要经过俄罗斯联邦政府授权的联邦执行机构的批准。[②] 这些机构包括：俄罗斯国防部，俄罗斯教育和科学部，俄罗斯联邦渔业局，俄罗斯联邦运输监督局，俄罗斯联邦海关局，俄罗斯联邦海运河运署，俄罗斯联邦通信、信息技术和大众媒体监督局，俄罗斯联邦安全局。《俄罗斯联邦大陆架法》第 22 条规定，俄罗斯公民和外国公民均有权在俄罗斯联邦大陆架上铺设海底电缆，铺设海底电缆和管道应按照国际法规则进行，但此类行为不应对大陆架的地质研究、矿产资源的勘探和开发造成任何障碍。[③] 近年来俄罗斯北极地区的区域发展计划对通信网络提出了新的要求，这也意味着俄

---

① Sam Bateman, "Solving the Wicked Problems of Maritime Security: Are Regional Forums up to the Task?", *Contemporary Southeast Asia: A Journal of International and Strategic Affairs* 1 (2011): 1-28.

② Federal Law on the Continental Shelf of the Russian Federation, adopted by the State Duma on 25 October 1995, https://www.un.org/Depts/los/LEGISLATIONANDTREATIES/PDFFILES/RUS_1995_Law.pdf, 最后访问日期：2022 年 4 月 9 日。

③ Daria Shvets, "The Legal Regime Governing Submarine Telecommunications Cables in the Arctic: Present State and Challenges," in Mirva Salminen, Gerald Zojer, Kamrul Hossain, *Digitalisation and Human Security: A Multi-Disciplinary Approach to Cybersecurity in the European High North*, Palgrave Macmillan, 2020, 175-203.

罗斯穿越北极地区铺设海底电缆的实践服务于俄罗斯政府在北极地区的发展计划。[①]

（一）ROTASCS 海底电缆系统

近年来，俄罗斯试图推动铺设跨北极海底电缆系统（Russian Optical Trans-Arctic Submarine Cable System，ROTASCS）。作为俄罗斯实施其北极政策的一部分，俄罗斯联邦交通部于 2011 年 10 月决定铺设穿越北极地区的海底电缆。该项目由俄罗斯国有公司 Polarnet 公司牵头，于 2012 年 4 月启动，预计于 2016 年投入使用。该项目计划从英国海域穿过斯堪的纳维亚半岛和俄罗斯以北的北冰洋到达日本，为英国伦敦和日本东京之间提供数据传输。该项目第一阶段的建设计划分为三个部分，即西段、北极部分和东段三个部分。西段从英国伦敦到捷里别尔卡，北极部分自捷里别尔卡到阿纳德尔，东段自阿纳德尔到日本。第二阶段计划自俄罗斯北极海岸附近的阿尔汉格尔斯克地区连接至诺里尔斯克最终连接至哈坦加。第三阶段计划自俄罗斯的萨马拉地区连接至鄂木斯克地区。[②] ROTASCS 项目将绵延大约 16373 公里。该海底电缆系统跨越北极地区可以极大地缩短欧亚大陆之间数据传输的距离，并将两者之间的数据传输往返所需时间大大缩短，减少大约 60 毫秒，这是海底电缆系统跨越北极地区进而连接欧亚地区的第一次尝试。海底电缆系统除了连接最终目的地以外，还将在北极地区建立额外的电缆登陆站，从而为北极地区提供高速可靠的数据传输系统。[③]

ROTASCS 项目自 2000 年初就已经开启谈判。2011 年 10 月俄罗斯信息和通信技术政府委员会已经批准了该项目的计划，Polarnet 公司与美国 Tyco Electronic Subcom（TES）公司签署协议共同建设开发 ROTASCS 海底电缆系

---

① E. V. Kudryashova et al.，"Arctic Zone of the Russian Federation：Development Problems and New Management Philosophy，" *The Polar Journal* 2（2019）：445-458.

② Michael Delaunay，"A New Internet Highway，" *Arctic yearbook* 1（2014）：1-9.

③ САУНАВААРА Юха，"Арктические подводные коммуникационные кабели и региональное развитие северных территорий，" *Арктика и Север* 32（2018）：63-81.

统。2013 年俄罗斯通信部向该项目提供了资金支持，俄罗斯联邦勘探公司也完成了一次大规模的远洋勘探。但是由于 2014 年克里米亚事件，该项目被搁置。[①] 克里米亚事件以后，俄罗斯与西方国家关系持续降温。欧盟的制裁措施对俄罗斯国内经济产生剧烈影响。美国时任总统奥巴马也宣布对俄罗斯进行新一轮制裁，尤其是对俄罗斯的高科技产品进出口实施严厉制裁。在北极极端条件下长期耐用的海底电缆需要从西方国家进口，西方国家对俄罗斯的制裁阻止相关企业向俄罗斯出售和安装电缆，这也导致了俄罗斯无法推进 ROTASCS 系统。2018 年在中国“一带一路”倡议推动下，ROTASCS 系统开始得以复兴。中国的“一带一路”倡议的北极部分已吸引了俄罗斯和芬兰。芬兰也认为 ROTASCS 系统有助于欧洲、俄罗斯和亚洲实现共赢。[②] 但是 ROTASCS 海底电缆系统计划未能重启，仍被继续搁置。

（二）极地快运海底电缆

2021 年 8 月俄罗斯交通部下属的联邦海运河运署和塔斯社在莫斯科的新闻发布会上公布了“极地快运海底电缆（Polar Express Subsea Cable）”项目。该项目是俄罗斯继 ROTASCS 海底电缆系统停滞后规划的首条穿越北极地区的海底电缆。俄罗斯铺设此条海底电缆旨在改善其远北地区落后的通信和基础设施。俄罗斯已经扩大了在其远北地区的军事布局，并在此地区建设基础设施以开发北方海航道，促使其成为俄罗斯重要的航运路线。[③] “极地快运海底电缆”将通过俄罗斯连接北极、欧洲、亚洲，构成一个可为北

---

① Martti Lehto, Aarne Hummelholm, Katsuyoshi Iida et al., “Arctic Connect Project and Cyber Security Control,” https://www.jyu.fi/it/fi/tutkimus/julkaisut/it-julkaisut/arctic-connect-project_verkkoversio-final.pdf, pp. 4-5，最后访问日期：2022 年 4 月 9 日。

② 顾洋、李萍、刘杰等：《北极海缆路由工程地质勘察问题探析》，《海洋开发与管理》2020 年第 1 期。

③ Daria Shvets, “The Polar Express Submarine Cable: The First Transarctic Cable and Security Concerns in the Arctic,” https://lauda.ulapland.fi/bitstream/handle/10024/64902/The%20Polar%20Express%20Submarine%20Cable%20-The%20First%20Transarctic%20Cable%20and%20Security%20Concerns%20in%20the%20Arctic.pdf?sequence=1，最后访问日期：2022 年 4 月 10 日。

极偏远地区提供高速互联网服务的新系统。此项目使用的是中国和俄罗斯企业生产的海底光纤零部件。此项目第一阶段将穿越巴伦支海到达涅涅茨自治区的前军事基地阿德玛，并建立海底电缆登陆站。下一阶段从阿德玛到达俄罗斯最北端的大陆城镇迪克森岛，进一步连接雅库特的提克西港，然后到楚科奇半岛的佩韦克和阿纳德尔进入太平洋，在彼得罗巴甫洛夫斯克-堪察斯基设立一个登陆站，再往南到纳霍德卡的尤日诺-萨哈林斯克，最终连接符拉迪沃斯托克。该海底电缆全长 12650 公里，沿着俄罗斯整个北极海岸线，由 6 对光纤组成，系统容量高达 104Tbps。“极地快运海底电缆”将埋在海床下 1.5 米处，以确保路线近海段的安全。在由于地质原因无法挖入地下的一些地方，电缆将搁置在由单层或双层铠装保护的海床上，据说可以抵抗 50 吨的压力。这在西伯利亚北部的浅水地区尤为重要，因为那里的水可能会冻结到底部。从捷里别尔卡到西伯利亚的电缆计划于 2021~2024 年铺设，而东部部分将在 2026 年之前铺设。整个“极地快运海底电缆”项目预计将于 2026 年完工。

三　其他国家北极海底电缆铺设相关实践分析

除了俄罗斯外，挪威、芬兰、加拿大等北极国家也有在北极铺设海底电缆的相关实践，以下详述之。

（一）挪威北极海底电缆铺设相关实践

挪威认识到海底电缆对于本国经济的重要性，2012 年《挪威网络安全战略》指出：“在经济发展中海底电缆的数据传输能力愈来愈重要，数据传输的速度和质量对经济发展至关重要。”[①] 此后，挪威借鉴《公约》中有关海底电缆的规定，结合本国情况，制定了《海底电缆和管道保护法》（Act

① Norwegian Ministers, “Cyber Security Strategy for Norway,” https://www.regjeringen.no/globalassets/upload/fad/vedlegg/ikt-politikk/cyber_security_strategy_norway.pdf，最后访问日期：2022 年 4 月 9 日。

on the Protection of Submarine Cables and Pipelines)，旨在保护海底电缆免受不同种类的物理损坏。此外，挪威《电子通信法》（Electronic Communications Act）也涉及对海底电缆铺设活动的规制。在挪威，海底电缆系统多由企业铺设。为保障本国的数据传输安全，挪威政府指出，在一定情况下，政府有权强制购买海底电缆的使用权乃至所有权。①

2003 年，挪威大陆和斯匹次卑尔根群岛之间铺设了双海底通信电缆——斯瓦尔巴海底电缆系统（Svalbard Undersea Cable System）。此海底电缆系统由两段组成。第一段从哈尔斯塔到诺德兰县北部，第二段从诺德兰县北部到斯匹次卑尔根群岛的朗伊尔城北部。第一段海底电缆长约 1375 公里，第二段海底电缆长 1339 公里。每段由 8 对光纤和 20 个光通信中继器组成，每段的速度为 10Gb/s，潜在容量为 2500Gb/s。挪威航天中心于 2002 年开始规划该海底电缆，由一家英国公司 Global Marine Group 作为供应商进行铺设。该电缆系统于 2003 年 7 月开始铺设，并于 2004 年 1 月投入运营。②

斯匹次卑尔根群岛是世界上最北端的定居地点。该群岛也是世界上第一个获得 4G 网络的岛屿之一，该群岛自 2019 年接通 5G 网络以来给本地居民带来了极大的便利。但是 2022 年 1 月 7 日，该海底电缆系统的一条电缆出现了连接故障。挪威情报局在年度威胁评估报告中指出，俄罗斯国内正在发展的破坏水下海底管道和电缆的能力是值得注意的可能原因。③ 英国武装部队总司令托尼·拉达金爵士也声称，俄罗斯潜艇对全球海底电缆系统构成越

① Norwegian Ministry of Local Government and Modernisation, "Digital Agenda for Norge: IKT for en enklere hverdag Digital Agenda for Norway in Brief," https://www.regjeringen.no/contentassets/07b212c03fee4d0a94234b101c5b8ef0/en-gb/pdfs/digital_agenda_for_norway_in_brief.pdf，最后访问日期：2022 年 4 月 10 日。

② "Svalbard Undersea Cable System," https://www.wikiwand.com/en/Svalbard_Undersea_Cable_System，最后访问日期：2022 年 4 月 9 日。

③ "Norwegian Intelligence Service's Annual Report 2021," https://www.forsvaret.no/en/organisation/norwegian-intelligence-service/focus/Focus2021-english.pdf//attachment/inline/a437a870-375e-4b4b-a007-b8c4492e4f9a:21c5241a06c489fa1608472c3c8ab855c0ac3511/Focus2021-english.pdf，最后访问日期：2022 年 4 月 9 日。

来越大的威胁。但这一切都没有可靠的证据，警方并没有取得合理证据指向任何一个责任方，该事件目前仍在调查之中。①

（二）芬兰北极海底电缆铺设相关实践

芬兰《海底电缆和管道保护法》（Act on the Protection of Certain Submarine Cables and Pipelines）的第三章规定如果海底电缆在铺设、运营、维护过程中造成其他海底电缆的损害，应当承担民事赔偿责任。这一点是基于《公约》第114条的具体规定。《公约》第114条规定“每个国家应制定必要的法律和规章，规定受其管辖的公海海底电缆或管道的所有人如果在铺设或修理该项电缆或管道时使另一电缆或管道遭受破坏或损害，应负担修理的费用”。《海底电缆和管道保护法》同时规定在建设新的海底电缆项目的过程中，必须遵守计划铺设电缆的所有地区的当地法律法规，并随后向相关海事当局提供反映任何新海底电缆位置的地图。《公约》本身没有明确要求对即将进行的海底电缆安装进行环境影响评估，而芬兰政府明确要求在芬兰铺设海底电缆要进行环境影响评估。② 此外，芬兰《海底电缆和管道保护法》第3条规定新建电缆的所有者，如果在建设过程中对另外一条海底电缆造成了损坏，必须赔偿受损坏电缆的修护和损坏费用。③《公约》第113条规定“每个国家均应制定必要的法律和规章，规定悬挂该国旗帜的船舶或受其管辖的人故意或因重大疏忽而破坏或损害公海海底电缆，致使电报或电话通信停顿或受阻的行为，以及类似的破坏或损害海底管道或高压电缆的行

---

① PA Media, “UK Military Chief Warns of Russian Threat to Vital Undersea Cables,” https://www.theguardian.com/uk-news/2022/jan/08/uk-military-chief-warns-of-russian-threat-to-vital-undersea-cables，最后访问日期：2022年4月9日。

② Juha Saunavaara, “Connecting the Arctic While Installing Submarine Data Cables Between East Asia, North America and Europe,” in Mirva Salminen, Gerald Zojer, Kamrul Hossain, *Digitalisation and Human Security: A Multi-Disciplinary Approach to Cybersecurity in the European High North*, Palgrave Macmillan, Cham, 2020, pp. 205-227.

③ Daria Shvets, “The Legal Regime Governing Submarine Telecommunications Cables in the Arctic: Present State and Challenges,” in Mirva Salminen, Gerald Zojer, Kamrul Hossain, *Digitalisation and Human Security: A Multi-Disciplinary Approach to Cybersecurity in the European High North*, Palgrave Macmillan, Cham, 2020, pp. 175-203.

为，均为应予处罚的罪行”。芬兰国内法的相关规定是对《公约》相关规定的转化与衔接，明确了相关问题。[①]

“北极连接”（Arctic Connect）海底电缆是试图改善北极地区通信连接的项目。该项目的研究起步于2015年初，随后于2016年进行了政治可行性研究。芬兰运输和通信部于2016年发布的政治可行性报告指出，中国、日本、瑞典、芬兰、美国及俄罗斯都对此项目表现出强烈的兴趣，认为该项目具有可行性。2015年中国《推动共建丝绸之路经济带和21世纪海上丝绸之路的愿景与行动》提出“共同推进跨境光缆等通信干线网络建设，提高国际通信互联互通水平，畅通信息丝绸之路。加快推进双边跨境光缆等建设，规划建设洲际海底光缆项目，完善空中（卫星）信息通道，扩大信息交流与合作”。[②]。2016年芬兰国有企业Cinia公司宣布选择中国华为海洋网络有限公司作为建造连接欧洲和亚洲的北极连接海底数据电缆的平台。[③] 但在美国的干预下，该项合作未能实现。

2019年6月，芬兰国有企业Cinia公司和俄罗斯公司Megafon就“北极连接”海底电缆项目签署了一份谅解备忘录，表示在北极合作建造海底电缆系统用于数据传输。2019年12月，Megafon与Cinia成立合资企业Arctic Link Development Oy，双方各占合资企业50%的股份。Megafon负责网络的建设和运营，Cinia则负责吸引俄罗斯以外的项目投资。2020年，Cinia与日本贸易投资公司双日株式会社签署合作协议，后者将为该项目提供资金支持。[④] 合作方计划该项目的海底电缆将穿越芬兰、挪威、

---

① Laurence Reza Wrathall, “The Vulnerability of Subsea Infrastructure to Underwater Attack: Legal Shortcomings and the Way Forward,” *San Diego Int’l LJ* 12 (2010): 223.

② 《推动共建丝绸之路经济带和21世纪海上丝绸之路的愿景与行动》，http://lb.mofcom.gov.cn/article/jmxw/201504/20150400941645.shtml。

③ Frank Jüris, “Handing over Infrastructure for China’s Strategic Objectives: Arctic Connect and the Digital Silk Road in the Arctic,” 2020-07-03, https://sinopsis.cz/en/arctic-digital-silk-road/，最后访问日期：2022年4月10日。

④ Winston Qiu, “Trans-Arctic Cable Project Arctic Connect Comes to a Suspension,” 2021-04-29, https://www.submarinenetworks.com/en/systems/asia-europe-africa/arctic-connect/trans-arctic-cable-project-arctic-connect-comes-to-a-suspension 2021-4-29，最后访问日期：2022年4月9日。

俄罗斯北极的沿海地区，然后到达日本。这条 13800 公里长的海底电缆可以缩短亚洲和欧洲之间的通信距离，最大限度地减少数据传输的延迟，也将改善沿线北极国家网络通信的安全性。按照计划，这条海底电缆将于 2025 年底投入使用。该项目已进行了第一阶段的海上勘探。不过日方一直推迟就该项目的共同融资计划进行谈判，导致该项目停滞不前，各利益相关方只能暂且搁置项目。2020 年 5 月，芬兰 Cinia 公司宣布暂停此项目。[①]

2021 年芬兰 Cinia 公司和美国 Far North Digital 公司宣布共同建造一个通过北极连接欧洲和亚洲的海底电缆系统“远北光纤”（Far North Fiber）项目。两个公司签署了一份谅解备忘录。Alcatel 海底网络公司将牵头进行项目设计和安装。该海底电缆系统将从日本通过西北航道到达欧洲，并连接阿拉斯加和加拿大北极地区，以及欧洲的芬兰、挪威和爱尔兰。该项目计划于 2025 年底前完成，成本估计为 10 亿欧元。[②] 其后，日本的 Arteria 网络公司也加入该项目，并与 Cinia 公司签署了一份谅解备忘录。Cinia 公司称该项目成员代表了欧美亚三大洲，将成为第一个跨大陆和泛北极的海底电缆系统。其在亚洲的主要门户在日本。[③]

（三）丹麦北极海底电缆铺设相关实践

为缩短北美和欧洲之间数据传输的距离，丹麦 2009 年铺设了一条穿越北极地区连接格陵兰岛和加拿大、冰岛的“Greenland Connect”海底电缆系统。该海底电缆的营运商是 Tele Greenland。该海底电缆长约 4800 公里，包

---

① Winston Qiu，“Trans-Arctic Cable Project Arctic Connect Comes to a Suspension,” https：//www. submarinenetworks. com/en/systems/asia-europe-africa/arctic-connect/trans-arctic-cable-project-arctic-connect-comes-to-a-suspension 2021-4-29，最后访问日期：2022 年 4 月9 日。

② “Cinia and Far North Digital Sign MoU for Pan-Arctic Fiber Cable,” https：//www. cinia. fi/en/news/cinia-and-far-north-digital-sign-mou-for-pan-arctic-fiber-cable，最后访问日期：2022 年 4 月 10 日。

③ “Far North Fiber Moves Ahead—Cinia and Arteria Sign MoU for Pan-Arctic Fiber Cable,” https：//www. cinia. fi/en/news/far-north-fiber-moves-ahead-cinia-and-arteria-sign-mou-for-pan-arctic-cable，最后访问日期：2022 年 4 月 10 日。

括两段，第一段是从格陵兰的努克到纽芬兰的米尔顿，第二段是将努克和马尼伊索克、西西穆特地区连接起来。[①]

（四）加拿大北极海底电缆铺设相关实践

1993年加拿大《电信法》（Telecommunications Act）从立法层面定义了海底电缆的概念，规定了海底电缆活动的行为界限。加拿大法律禁止私有财团铺设海底电缆，除非该公司已经取得《加拿大环境评估法》（Canadian Environmental Assessment Act）中所要求取得的许可证。2014年，位于多伦多的加拿大Arctic Fibre公司试图铺设穿越北极地区的15700公里长的海底电缆系统，并与位于阿拉斯加地区的美国公司Quintillion合作开展。其中，Quintillion公司负责阿拉斯加地区的铺设，并于2015年夏季开始铺设海底电缆系统。[②] 该项目旨在通过北极地区连接亚洲、加拿大和欧洲。该项目第一阶段从阿拉斯加州的诺姆连接至普拉德霍湾，是电缆的主线，总里程约1850公里。该部分也将连接到阿拉斯加的巴罗、温赖特、霍普角和科策布社区。Quintillion公司于2016年5月收购了该海底电缆系统。[③]

（五）美国北极海底电缆铺设相关实践

2017年3月Quintillion公司与阿拉斯加通信公司签订合作协议建立海底电缆系统，旨在确保阿拉斯加西北部的通信传输。该项目试图通过西北航道在亚洲东部、欧洲和北美之间建立海底电缆系统，为阿拉斯加地区的教育、

---

① Camilla TN Sørensen, "Chinese Investments in Greenland: Promises and Risks as Seen from Nuuk, Copenhagen and Beijing," in Kristian Søby Kristensen, Jon Rahbek-Clemmensen, *Greenland and the International Politics of a Changing Arctic*, Routledge, 2017, pp. 83-97.

② Molly Dischner, "Quintillion Preps for $60M in 2014 Work Connecting Arctic," https://www.alaskajournal.com/business-and-finance/2014-05-28/quintillion-preps-60m-2014-work-connecting-arctic，最后访问日期：2022年4月10日。

③ Winston Qiu, "Arctic Fibre Acquired by Quintillion Networks," https://www.submarinenetworks.com/systems/asia-europe-africa/arctic-fiber/arctic-fibre-acquired-by-quintillion-networks，最后访问日期：2022年4月10日。

卫生保健、本土企业、政府部门和其他部门提供数据传输服务。该项目使用稳定可靠的高速光纤。[①] 穿越北极地区将成为这一项目的最短路径。该项目有助于大幅提升数据传输的速度，减少网络延迟现象。[②] 该项目共分三个阶段：第一阶段是建立普拉德霍湾和费尔班克斯之间的连接，进而连接阿拉斯加周围地区，第二阶段是建立阿拉斯加地区与日本的海底电缆系统，第三阶段是建立阿拉斯加地区与伦敦的海底电缆系统。

此外，其他北极国家也关注海底电缆的铺设与开发。瑞典、冰岛等制定了关于海底电缆铺设和管理的相关立法。《瑞典大陆架法》（Continental Shelf Act Continental Shelf Ordinance）规定了在瑞典大陆架上铺设海底电缆，需要通过瑞典政府办公室（能源通信部）的评估继而获得许可证后才可以进行。评估的内容包括管道勘探开发可能性评估、预防和减少污染评估、保护和使用现有海底电缆评估、路线规划评估等。该法第六章规定为勘探大陆架或者进行自然资源开采作业，不得损坏原有和正在铺设的海底电缆。[③] 瑞典《关于对现有的电缆和管道造成损害的责任赔偿法》（Act on Liability to Pay Compensation for Damage Caused to Existing Submarine Cables and Pipes）中进一步规定了现有海底电缆被损坏后的赔偿责任。该法还规定如果船舶所有人能够证明其已经采取了《公约》第 115 条规定的所有预防措施，且为防止海底电缆受损而损害了船锚，则有权利寻求赔偿。冰岛《海洋和沿海防污染措施法》（Act on Marine and Coastal Antipollution Measures）和《海底电缆和管道保护法》（Submarine Cables and Underwater Pipeline）也对海底电

---

① Alaska Communications，“Alaska Communications Contracts with Quintillion to Secure Fiber Optic Access for Northwest Alaska，” https：//www. alaskacommunications. com/-/media/Files/Press-Releases/2017/ALSK_ News_ 2017_ 3_ 8_ General. pdf，最后访问日期：2022 年 4 月 10 日。

② Michael Delaunay，“Submarine Cables：Bringing Broadband Internet to the Arctic，a Life Changer for Northerners?”，https：//arcticyearbook. com/arctic - yearbook/2017/2017 - briefing - notes/250-submarine - cables - bringing - broadband - internet - to - the - arctic - a - life - changer - for - northerners，最后访问日期：2022 年 4 月 10 日。

③ “Continental Shelf Act Continental Shelf Ordinance，” https：//resource. sgu. se/dokument/publikation/sgurapport/sgurapport200815rapport/s0815-rapport. pdf，最后访问日期：2022 年 4 月 10 日。

缆铺设和管理作出了规定，指出铺设海底电缆要首先符合《公约》中的规定，其次要取得冰岛环境和食品安全局的许可，同时注意保护海洋生态系统。[①]

四　北极海底电缆铺设实践面临的挑战

全球气候变暖使得北极地区冰雪融化，无冰区面积逐渐扩大，这降低了在北极水域铺设海底电缆的难度。但是穿越北极地区铺设海底电缆仍面临特殊生态环境复杂、国家博弈、水域竞争性使用等挑战。[②]

（一）特殊生态环境复杂带来的挑战

北极地区生态环境复杂、气候恶劣。在北极水域铺设海底电缆与普通水域条件下的施工环境不同，受气候影响，北极水域每年的通航时间和可施工时间都较短，对铺设技术和效率的要求较其他水域都更加严苛。[③] 常年低温冰冻的环境易造成海底电缆系统冻裂和损坏，加大了故障的可能性。若在非通航季节出现海底电缆损坏的情形，只能等到通航季节再进行维修。这给穿越北极地区海底电缆的安全性、稳定性带来了很大的挑战。2022 年 1 月斯瓦尔巴海底电缆系统出现故障，而此时正处于北极地区非通航季节，只能等到北极地区通航季节再进行维修。[④] 这给斯匹次卑尔根群岛的海底通信带来了极大不便。穿越北极地区的海底电缆也可能受到冰山移动的影响。冰山的整体

① Mirva Salminen, Gerald Zojer, Kamrul Hossain, "Comprehensive Cybersecurity and Human Rights in the Digitalising European High North," in Mirva Salminen, Gerald Zojer, Kamrul Hossain, *Digitalisation and Human Security: A Multi-Disciplinary Approach to Cybersecurity in the European High North*, Palgrave Macmillan, 2020, 21-25.

② Michael Delaunay, "A New Internet Highway," *Arctic Yearbook* 1 (2014): 1-9.

③ Stephen Lentz, New applications for submarine cables. In Yves Ruggeri, Valey Kamalov, Neal S. Bergano, *Undersea Fiber Communication Systems*, Academic Press, 2016, pp. 301-340.

④ Thomas Nilsen, "Disruption at One of Two Undersea Cables to Svalbard," https://thebarentsobserver.com/en/arctic/2022/01/disruption-one-two-undersea-optical-cables-svalbard，最后访问日期：2022 年 4 月 9 日。

迁移会给海床上的海脊施加压力，造成凿槽或冲刷。若冰山与海底电缆一旦相遇，就会给海底电缆带来巨大的冲击，导致海底电缆的断裂和损坏。[①] 此外，铺设海底电缆也会对北极生态环境造成一定的影响。铺设海底电缆可能会造成海床扰动，导致海底电缆铺设水域浑浊度增加、污染物增多，激起海底大量的沉积物，破坏海底植被，影响海底栖息生物。[②] 此外，当海底电缆进行电力运输时，会损耗一定的热量，电缆表面温度会随之升高，导致周围环境变暖。

（二）国家博弈带来的挑战

从经济和政治角度来看，海底电缆被视为关键的基础设施，关乎数据和信息安全。许多国家开始“倾向于减少以美国为中心的电缆线路和额外的备用线路，以避免美国的监视和服务中断”[③]。穿越北极地区连接欧亚大陆和美洲的海底电缆可以缩短欧亚大陆和美洲之间的数据传输距离，提高数据传输的速度，同时也有助于促进北极地区经济、教育、科学和文化的发展。俄罗斯、芬兰、瑞典、美国、加拿大等国对铺设穿越北极的海底电缆都很重视。但国际关系的变化以及国家之间的博弈对北极海底电缆的开发产生重要的影响。如前所述，俄罗斯推动的连接欧亚的ROTASCS 项目因克里米亚事件陷入停滞。俄罗斯也因斯匹次卑尔根群岛附近海底电缆的故障被指责和怀疑。而芬兰 Cinia 公司与中国华为海洋网络有限公司的合作也未能实现。当北极海冰渐渐融化，北极的资源、航运能力、战略地位渐渐凸显。各国在北极的博弈与冲突会进一步加剧。[④]

---

① Carter Lionel et al., *Submarine Cables and the Oceans: Connecting the World*, Cambridge: Lavenham Press, 2010, pp. 21-25.

② OSPAR Commission, “Assessment of the Environmental Impacts of Cables,” https://qsr2010.ospar.org/media/assessments/p00437_Cables.pdf，最后访问日期：2022 年 4 月 9 日。

③ Alan Cunningham, “Underneath the Ice: Undersea Cables, the Arctic Circle, and International Security,” https://www.thearcticinstitute.org/underneath-ice-undersea-cables-arctic-circle-international-security/，最后访问日期：2022 年 4 月 10 日。

④ 汪杨骏、张韧、钱龙霞等：《北极海冰消融情景下环北极国家利益争端的动态博弈建模技术》，《极地研究》2016 年第 1 期。

作为涉及国家安全的重要基础设施，海底电缆的铺设、管理和保护仍面临国家博弈的挑战。

（三）水域竞争性使用带来的挑战

与长期以来在北极地区进行的捕鱼、航海、海洋科学研究等活动相比，铺设海底电缆是北极地区一项新的活动。虽然迄今在北极地区已有铺设海底电缆的相关实践，但是仍面临着与北极地区其他活动竞争性使用水域的问题。首先，在极地水域中的航行活动会对海底电缆构成威胁。近年来极地科考船和商船的船只数量和吨位普遍增加，航运量也随之增加，这会增加海底电缆被损害的风险。这就需要合理规划船舶行驶的路线，避免损坏海底电缆。① 其次，随着北极地区海底电缆的数量增加，对海底电缆相关的前期测量、铺设都会与石油天然气管道的铺设与利用产生水域的竞争性使用问题。② 例如，如果俄罗斯 ROTASCS 海底电缆系统建成，将穿过巴伦支海和卡梅拉的一些生产石油和天然气的海域。此外，国际电缆保护委员会（ICPC）虽在主动参与全球海底电缆的铺设活动，但其作出的决议不具有法律约束力，只被当作一般性建议。在联合国体系下也未设立管理海底电缆的专门机构，在组织架构层面造成了空白。③ 若存在管理国际海底电缆的专门机构，对海底电缆铺设活动与其他活动的水域竞争性使用问题进行协调会相对容易一些，有助于减少对海底电缆造成损害的可能性。专门机构也可以更好地应对海底电缆遭到蓄意损坏造成服务中断等问题。④

---

① Matthew Peter Wood, Lionel Carter, "Whale Entanglements with Submarine Telecommunication Cables," *IEEE Journal of Oceanic Engineering* 4 (2008): 445-450.

② B. Clark, "Undersea Cables and the Future of Submarine Competition," *Bulletin of the Atomic Scientists* 4 (2016): 234-237.

③ Daria Shvets, "The Legal Regime Governing Submarine Telecommunications Cables in the Arctic: Present State and Challenges," in Mirva Salminen, Gerald Zojer, Kamrul Hossain, *Digitalisation and Human Security: A Multi-Disciplinary Approach to Cybersecurity in the European High North*, Palgrave Macmillan, 2020, pp. 175-203.

④ Eric Wagner, "Submarine Cables and Protections Provided by the Law of the Sea," *Marine Policy*, 2 (1995): 127-136.

五　结语

随着世界各地对互联网的依赖性越来越大，海底电缆的数量也在迅速增加。用于数据传输的海底电缆对北极地区可持续发展具有重要作用。北极国家普遍在《公约》的基础之上通过国内立法对海底电缆的铺设、管理和保护作出了进一步规定。近年来，随着全球气候变暖，北极地区的冰雪消融，给铺设穿越北极地区的海底电缆系统带来了新的机会。俄罗斯、芬兰、挪威等北极国家均在推动铺设北极海底电缆系统。其中既有主要分布于这些国家沿海水域的海底电缆项目，也有通过国家间的合作正在推进的跨大陆和泛北极的海底电缆系统。但北极海底电缆铺设的实践发展仍面临一些挑战。北极地区严酷特殊的自然条件，对海底电缆的铺设、管理和保护工作提出了更高的要求。国家之间的博弈则可能导致一些北极海底电缆项目无法顺利推进。水域竞争性使用带来的冲突也亟待协调。穿越北极地区的海底电缆系统对中国的数据传输和信息安全也有重要的意义。首先，中国可通过双边或多边合作，参与到北极国家铺设海底电缆的相关活动中。例如，俄罗斯正在大力推动铺设和开发海底电缆，中国可以在资金和技术方面与其进行合作。其次，中国应推动国内海底电缆相关科技的发展，研发适应北极环境的海底电缆组件和相应技术，增强中国相关企业的竞争力。最后，如果中国使用穿越北极地区的海底电缆，应注重中国数据传输的安全，保障中国的相关权益。

经济与发展篇

Economy and Development

B.11

英国脱欧背景下的北海及斯瓦尔巴渔业管理制度：分歧与影响*

陈奕彤　王逸楠**

摘　要： 过去40年间，北海渔场保持着良好而稳定的合作管理，欧盟国家在欧盟共同渔业政策（CFP）和《欧共体与挪威王国渔业协议》的框架下，与挪威就各自渔业管辖区内的鱼类种群进行配额交换。英国启动脱欧程序后，将留在欧盟CFP（包括配额制度）中直至2020年底，过渡期结束后，英国将彻底成为一个欧盟CFP框架之外的独立沿海国。在此背景下，挪威、欧盟双方长期稳定的渔业准入和配额交换制度将面临矛盾。英国、欧盟、挪威三方关于渔业的分歧还涉及斯瓦尔巴渔业保护区的配额和准入，挪威甚至欲将渔业冲突拓展至北极理事会。为防止冲突

* 本文系自然资源部北海海洋技术保障中心“新时期海洋科技发展对海洋维权的挑战与应对”项目课题的阶段性成果。

** 陈奕彤，中国海洋大学海洋发展研究院研究员，中国海洋大学法学院副教授；王逸楠，中国海洋大学法学院国际法学专业硕士研究生。

外溢带来的不利后果，实现渔业的可持续发展和渔业管理的合作共赢，英国、欧盟、挪威三方已经就渔业问题展开了一系列行动。

关键词： 北海渔业　配额制度　渔业协定　斯瓦尔巴渔业保护区

1983年欧盟共同渔业政策（CFP）建立以来，欧盟对其成员国专属经济区的渔业资源进行统一的养护和管理，与挪威等第三国签订渔业协议，在成员国内部、与挪威等第三国进行稳定的配额交换。在过去的40年间，在欧盟CFP与《欧共体与挪威王国渔业协议》的管理下，北海渔场始终保持着良好而稳定的合作管理。2019年，英国启动脱欧程序之后，作为一项过渡安排，英国仍然留在欧盟CFP（包括配额制度）中直至2020年底。过渡期结束后，自2021年起，英国将彻底成为一个欧盟CFP框架之外的独立沿海国家，自主制定渔业政策，管理其专属经济区的渔业活动。在英国脱欧的新背景下，北海及斯瓦尔巴渔业保护区捕捞机会和配额将发生巨大变化，挪威与欧盟之间长期以来较为稳定的渔业准入和配额交换制度将面临新的矛盾。挪威甚至欲将有关渔业问题的冲突提交至北极理事会，这将成为北极理事会运作和北极地区局势的不稳定因素。为防止冲突外溢带来的不利后果，英国、欧盟、挪威三方之间亟须就渔业问题达成一致。目前，英国与挪威已经签订了《英挪渔业框架协议》，约定每年就渔业准入和配额进行谈判；英国与欧盟也签订了包含渔业在内的《欧盟-英国贸易与合作协定》；英国、欧盟、挪威三方之间的谈判也在进行之中。英国、欧盟、挪威三方需尽快建立涵盖贸易在内的渔业合作法律框架，以确保渔业的可持续发展，并实现渔业管理的合作共赢。

一　北海渔业管理制度

北海是位于东北大西洋的边缘海，其沿岸有 7 个国家：挪威、英国、丹麦、德国、比利时、荷兰、法国。北海拥有丰富的渔业资源，北海渔场是世界四大渔场之一，渔业是沿岸各国农业的主要构成部门。北海的各沿岸国中，除挪威未加入欧盟以及英国于 2019 年脱离欧盟以外，其他 5 个沿岸国均为欧盟成员，受欧盟共同渔业政策的约束。

（一）欧盟共同渔业政策

欧盟共同渔业政策建立于 1983 年，是一套管理欧盟国家渔船队和保护鱼类种群的规则。欧盟 CFP 允许所有欧盟国家渔船队平等进入欧盟国家水域和渔场，并允许渔民公平竞争。[①] 欧盟 CFP 还构成欧盟与第三国和区域渔业管理组织（Regional Fisheries Management Organization，RFMO）合作的基础。[②]

尽管《联合国海洋法公约》于 1982 年获得批准，并于 1994 年 11 月 16 日作为国际法正式生效，但包括欧洲国家在内的许多沿海国家于 1977 年就已经引入了 200 海里专属经济区制度。虽然专属经济区内自然资源的主权权利和其他管辖权都属于沿海国，但欧盟的各沿海国将其专属经济区的部分渔业管理权利移交给欧盟，因此欧盟沿海国的专属经济区被视为“联盟水域”，由欧盟统一管理渔业制度，包括制定各项渔业政策，以欧盟的名义与非成员国签署渔业协议等。此外，欧盟国家的渔民可以在其领海以外的任何成员国的专属经济区内进行捕捞。[③] 欧盟各国保留采取有限措施的权力，但

① https：//ec. europa. eu/fisheries/cfp/，最后访问日期：2022 年 4 月 4 日。

② Government of Norway，“Fisheries and Trade in Seafood，” https：//www. regjeringen. no/en/topics/food - fisheries - and - agriculture/fishing - and - aquaculture/1/fiskeri/internasjonalt - fiskerisamarbeid/internasjonalt/fish/id685828/#_ ftn1，最后访问日期：2022 年 4 月 4 日。

③ T. Bjørndal，G. R. Munro，“A Game Theoretic Perspective on the Management of Shared North Sea Fishery Resources：Pre and Post Brexit，” *Marine Policy*，132（2021）：104669.

要求是非歧视性的，即对所有欧盟国家渔民一视同仁，并且是保护目标所必需的。欧盟 CFP 的管辖范围不仅限于北海，欧盟各成员国每年在斯匹次卑尔根群岛海域的渔获量，都由欧盟作为代表与挪威进行双边谈判，之后在其成员国内部分配渔业配额。

渔业是欧盟根据共同渔业政策拥有超国家权力的一个政策领域。根据《里斯本条约》，欧盟委员会拥有与第三国就渔业协议进行谈判的唯一权限，包括在对方的司法管辖区进行渔业捕捞的权限。欧盟委员会参与和挪威等第三国的谈判、确定配额，然后在欧盟理事会中向成员国渔业部部长提出每种鱼类的最终总可捕量（Total Allowable Catches，TAC）。成员国管理各自国家的配额，将其从欧盟分配到的配额再分配给各国注册的渔船，并颁发许可证，作为每年度内捕捞和上岸一定数量鱼类的权利依据。成员国有义务对其享有的配额和渔业许可证的份额负责。[①]

1. 总可捕量（TAC）

TAC 是欧盟进行渔业管理的重要工具，于 1983 年首次确定并使用。TAC 是渔获量限制，一旦 TAC 被用尽，就应停止捕捞。欧盟委员会根据国际海洋考察理事会（International Council for the Exploration of the Sea，ICES）和欧盟渔业科学技术和经济委员会（Scientific，Technical and Economic Committee for Fisheries，STECF）等咨询机构对鱼类资源状况的科学建议，确定 TAC。除深海种群每两年确定一次之外，大部分种群的 TAC 每年都由欧盟渔业部长理事会确定。[②]

TAC 系统下管理的鱼类种群，有的由欧盟国家单独管理，有的由欧盟与其他非欧盟国家共同管理。对于许多已开发的鱼类种群，在科学评估允许的情况下，欧盟设定 TAC。对于与非欧盟国家共同管理的鱼类种群，TAC 是欧盟与非欧盟国家商定的。对于不在 TAC 系统下管理的鱼类种群，比如

① A. Østhagen，A. Raspotnik，"Crab! How a Dispute over Snow Crab Became a Diplomatic Headache between Norway and the EU，" *Marine Policy*，98（2018）：58-64.

② https：//ec. europa. eu/oceans-and-fisheries/fisheries/rules/fishing-quotas_en，最后访问日期：2022 年 4 月 6 日。

英吉利海峡的海鲈，其捕捞机会需要在一个相当不同的，有时是复杂的系统中确定。[①]

捕捞机会根据两种形式的准入规定确定，即捕捞数量（产出）和捕捞强度（投入），后者包括一些时空成分，例如在特定区域专门用于一项活动的海上天数等。无论鱼类种群是否受 TAC 系统管理，捕捞机会的确定在一定程度上由历史权利决定，即在建立欧盟 CFP 之前的各国的捕捞状况。[②]

2013 年欧盟 CFP 改革后，将最大可持续产量（Maximum Sustainable Yield，MSY）设定为主要管理目标。为了实现 MSY，在分配捕捞机会等方面，欧盟 CFP 中存在各种监管工具。到 2020 年，所有受 TAC 限制的鱼类种群的管理都要考虑 MSY，目的是在最大化渔获量的同时，实现渔业部门的经济和社会可持续性。

2. 配额制度

在欧盟成员国内部，根据相对稳定原则（principle of relative stability）[③]，使用固定的分配比例将总可捕量分配给各国鱼类配额。TAC 以国家配额的形式由欧盟各国共享，对于不同的鱼类种群，各欧盟国家会采用不同的分配比例。在确定 TAC 后，欧盟国家会根据各国实际情况和需要相互交换配额，实现各国渔业经济效益最大化。各国之间进行配额交换是以价值而非数量衡量的。

配额主要是依据 1983 年前的渔获量，即“历史捕捞量”进行分配，主要是基于成鱼的渔获量进行分配。[④] 这些渔获量反映的是各国渔船队当时的

---

① B. L. Gallic，S. Mardle，S. Metz，“Brexit and Fisheries：A Question of Conflicting Expectations，” *EuroChoices*，2（2018）：30-37.

② B. L. Gallic，S. Mardle，S. Metz，“Brexit and Fisheries：A Question of Conflicting Expectations，” *EuroChoices*，2（2018）：30-37.

③ 相对稳定原则是指，TAC 根据每种鱼群的固定百分比划分国家配额。Michel Morin，“The Fisheries Resources in the European Union：The Distribution of TACs：Principle of Relative Stability and Quota-hopping，” *Marine Policy*，3（2000）：265-273.

④ P. G. Fernandes，N. G. Fallon，“Fish distributions Reveal Discrepancies between Zonal Attachment and Quota Allocations，” *Conservation Letters*，3（2000）：12702.

目标，而非依据现有的渔业资源。由于鱼类种群扩张[①]和气候变化的影响[②]，鱼类分布也发生了变化，现在渔民实际捕捞的数量如果超过其分配的配额，就会导致过度捕捞[③]或丢弃[④]的现象发生。

2013 年，欧盟在对 CFP 的改革中引入了“弃渔禁令”，又称“上岸义务”。然而，在当前基于相对稳定的分配制度下，配额份额与国家管辖范围内的可用资源几乎无关，这是减少弃鱼现象发生的巨大阻碍。以苏格兰西部的鳕鱼和白鲑为例，这两种鱼群的状况不佳，科学家建议从 21 世纪初开始将 TAC 定为零（如鳕鱼），或尽可能低的水平（如白鲑）。然而，这些鱼不可避免地在混合底栖鱼类中被捕获，在之前允许最小的副渔获物限制下，弃鱼现象发生。在目前的“禁止丢弃”原则下，这会对渔业产生重大冲击，因为弃鱼被记入 TAC 中，配额会被很快用尽。[⑤] 这反映出当前欧盟 CFP 的不合理之处。

对欧盟 CFP 的不满是英国渔民在脱欧公投中投出赞成票的原因之一。此外，对欧盟 CFP 的批评不仅限于英国，其他欧盟成员国也指出，欧盟 CFP 未能确保鱼类种群的可持续性。[⑥]

---

① A. R. Baudron & P. G. Fernandes, “Adverse Consequences of Stock Recovery: European Hake, A New ‘choke’ Species under a Discard Ban?”, *Fish and Fisheries*, 4 (2018): 563-575. https://doi.org/10.1111/faf.12079.

② M. L. Pinsky, G. Reygondeau, R. Caddell, J. Palacios-Abrantes, J. Spi-jkers & W. W. L. Cheung, “Preparing Ocean Governance for Species on the Move,” *Science*, 6394 (2018): 1189-1191. https://doi.org/10.1126/science.aat2360.

③ J. Spijkers & W. J. Boonstra, “Environmental Change and Social Conflict: The Northeast Atlantic Mackerel Dispute,” *Regional Environmental Change*, 6 (2017): 1835-1851. https://doi.org/10.1007/s10113-017-1150-4.

④ P. G. Fernandes, K. Coull, C. Davis, P. Clark, R. Catarino, N. Bailey, … A. Pout, “Observations of Discards in the Scottish Mixed Demersal Trawl Fishery,” *ICES Journal of Marine Science*, 68 (2011): 1734-1742. https://doi.org/10.1093/icesjms/fsr131.

⑤ P. G. Fernandes, N. G. Fallon, “Fish Distributions Reveal Discrepancies between Zonal Attachment and Quota Allocations,” *Conservation Letters*, 3 (2020): e12702.

⑥ David Bailey & Leslie Budd, “Brexit and Beyond: A Pandora's Box?” *Contemporary Social Science*, 2 (2019): 157-173.

3. 政策领域

欧盟共同渔业政策最初是欧盟共同农业政策的一部分，以“提高生产力、稳定市场、提供健康食品的来源和确保消费者的合理价格”[①] 为目标。随着渔业领域具体立法及结构政策的发展变化和处理渔业问题需求的增加，CFP 成了独立的政策领域，欧盟围绕 CFP 构建了关于渔业的全新法律框架。

欧盟 CFP 有四个主要政策领域：渔业管理，确保联盟水域内鳕鱼、金枪鱼和对虾等种群的长期生存能力；国际政策和合作，与非欧盟国家和国际组织合作，管理共有鱼类种群，包括挪威、冰岛和法罗群岛；市场和贸易政策，在市场上创造公平竞争的环境，并为欧盟内部销售的海鲜产品制定标准，以保护消费者，例如要求明确的产品标签；资金，用于支持渔业向更可持续的捕捞做法过渡的资金，并协助沿海社区实现经济多样化。[②]

（二）1980年渔业协议

1977 年 4 月，挪威与欧共同体就 5 种双方共同管理的共有鱼类种群达成了一项协定，并于同年开始分享配额。1977 年以来，北海沿岸国一直在管理共有鱼类种群方面进行合作。1980 年 2 月，挪威和欧共体签署了《欧共体与挪威王国渔业协议》（又称“1980 年渔业协议”），该协议仍然有效。“1980 年渔业协议”内容包括非共同管理的鱼类种群、准入和配额交换安排，涉及范围除北海之外，还包括巴伦支海（位于北冰洋的边缘海）。挪威和欧盟进行年度渔业协商，并共同确定 6 个共有种群的总可捕量，对于非

① The European Commission, “Common Fisheries Policy,” https://ec.europa.eu/oceans-and-fisheries/policy/common-fisheries-policy-cfp_en，最后访问日期：2022 年 4 月 4 日。

② J. Connolly, A. van der Zwet, C. Huggins, C. McAngus, “The Governance Capacities of Brexit from a Scottish Perspective: The Case of Fisheries Policy,” *Public Policy and Administration*, July 2020. doi: 10.1177/0952076720936328.

共同管理的鱼类种群，双方各自确定总可捕量。①

在“1980年渔业协议”的范围内，挪威和欧盟每年都进行渔业协商，以商定共有鱼类种群的总可捕量配额、配额交换和其他条例。双方致力于“在其互惠的渔业法规中实现双方满意的平衡”②，与欧盟成员国互相交换配额类似，这种平衡是以价值而非渔获量来实现的。③ 40多年来，双方良好的合作促进了鱼类种群的可持续性，并确保了北海的稳定局势。

（三）《欧洲经济区协定》

渔业与贸易息息相关。1994年1月1日生效的《欧洲经济区协定》的主要目的是允许欧洲经济区欧洲自由贸易联盟国家（挪威、冰岛和列支敦士登）参与欧盟的内部市场，消除贸易壁垒，并为货物、人员、服务和资本的自由流动引入共同规则。欧洲自由贸易联盟国家在渔业产品贸易问题上与欧盟达成了双边协议，有关渔业产品贸易的具体条款的规定载于《欧洲经济区协定》第9号议定书，并受《欧洲经济区协定》的其他具体条款以及与欧盟的单独双边协议监管。④

尽管《欧洲经济区协定》不包括欧盟CFP，但在渔业方面，挪威与欧盟通过欧洲经济区进行了非常密切的合作。⑤ 在《欧洲经济区协定》谈判的同时，挪威和欧盟还就渔业合作进行了单独讨论，并促进了以“1980年渔业协议”为基础的双边合作的进一步发展，从而在1992年5月2日换文的基础上达成了一项新的协定。在贸易方面，挪威获得了30000吨的永久免税

---

① T. Bjørndal, G. R. Munro, “Brexit and the Consequences for Fisheries Management in the North Sea,” Centre for Applied Research at NHH, 2020.

② “Agreement on Fisheries between the EEC and the Kingdom of Norway,” Art 2（1）（b）and Annex.

③ R. Churchill, D. Owen, *The EC Common Fisheries Policy*. Oxford EC Law Library, Oxford University Press, 2010.

④ https://www.regjeringen.no/en/topics/european-policy/eos/agreement/id685024/.

⑤ J. E. Fossum & H. P. Graver, *Squaring the Circle on Brexit: Could the Norway Model Work?* Bristol University Press, 2018.

配额，用于以前享有临时免税的产品。[①]

渔业进出口贸易是渔业管理政策中的重要方面。挪威是世界第二大海产品出口国，将近60%的海鲜出口流向欧盟，[②] 因此，欧盟是挪威最重要的市场。而欧盟国家对海产品的需求也逐年增加，其消费的海产品中近68%是进口产品。[③] 英国消费和加工的鱼大部分来源于进口，但捕获的鱼大部分用于出口。英国每年出口大约80%的渔获量，其中66%出口到欧盟其他国家，[④] 足以证明欧盟市场对于英国渔业的重要性。英国渔业对欧盟市场的依赖性以及欧盟在贸易方面的显著优势有助于欧盟争取更多的鱼类配额，否则英国将招致欧盟的报复性关税和其他贸易限制。[⑤]

关税是影响贸易的重要因素。根据《欧洲经济区协定》第9号议定书和其他双边协议，在大部分白鱼产品方面，挪威享有与欧盟的免税贸易。第9号议定书还降低了许多其他海产品的关税，但并未降低包括虾、鲭鱼、鲱鱼、大扇贝和挪威龙虾在内的一些重要海产品的关税。对于这些产品，欧盟保持的进口关税因加工程度而异。例如，对新鲜鲑鱼征收2%的关税，而烟熏鲑鱼的关税为13%。其中一些产品，包括鲭鱼、虾和鲱鱼的贸易受欧盟在吸收了更多成员国之后建立的各种免关税配额的约束。[⑥]

---

① T. Bjørndal，G. R. Munro，"Brexit and the Consequences for Fisheries Management in the North Sea，" Centre for Applied Research at NHH，2020.

② Government of Norway，"Fisheries and Trade in Seafood，" https：//www. regjeringen. no/en/topics/food - fisheries - and - agriculture/fishing - and - aquaculture/1/fiskeri/internasjonalt - fiskerisamarbeid/internasjonalt/fish/id685828/#_ftn1，最后访问日期：2022年4月4日。

③ Government of Norway，"Fisheries and Trade in Seafood，" https：//www. regjeringen. no/en/topics/food - fisheries - and - agriculture/fishing - and - aquaculture/1/fiskeri/internasjonalt - fiskerisamarbeid/internasjonalt/fish/id685828/#_ ftn1，最后访问日期：2022年4月4日。

④ I. Goulding & D. Szalaj，"Impact of Brexit on UK Fisheries，" Megapesca Technical Report，https：//www. researchgate. net/publication/318317823_ Impact_ of_ Brexit_ on_ UK_ Fisheries，最后访问日期：2022年4月4日。

⑤ T. Bjørndal，G. R. Munro，"Brexit and the Consequences for Fisheries Management in the North Sea，" Centre for Applied Research at NHH，2020.

⑥ Government of Norway，"Fisheries and Trade in Seafood，" https：//www. regjeringen. no/en/topics/food - fisheries - and - agriculture/fishing - and - aquaculture/1/fiskeri/internasjonalt - fiskerisamarbeid/internasjonalt/fish/id685828/#_ ftn1，最后访问日期：2022年4月4日。

二　英国脱欧对英挪欧三方渔业管理制度的影响

2020 年 1 月 31 日，英国正式脱欧。尽管渔业只占英国经济总产值的一小部分，但渔业是脱欧谈判中的重要议题之一。①

英国脱欧之前，其渔业管理制度受欧盟共同渔业政策的约束，然而，这一政策在英国早已饱受诟病。脱欧公投前收集的调查数据显示，92%的英国渔民打算投票支持离开欧盟，他们认为英国脱欧会在一定程度上或者极大地改善英国目前的渔业状况。② 欧盟 CFP 被诟病的原因在于英国渔民认为配额分配对英国不公平，而且总可捕量被设定为高于科学建议的水平，未能确保种群的可持续性。

为了给英国政府时间以安排其渔业政策并解决脱欧带来的多重挑战，③作为一项过渡安排，英国仍然留在欧盟 CFP（包括配额制度）中直至 2020 年底。过渡期之后，自 2021 年 1 月 1 日起，英国将摆脱欧盟 CFP 的约束，彻底成为一个欧盟 CFP 框架之外的独立沿海国家，自主制定渔业政策，对其专属经济区的渔业活动进行管理。考虑到英国一直以来在全球的海洋大国身份和历史实践，英国以独立沿海国的身份更新其渔业政策将对欧盟和挪威等渔业合作伙伴和利益攸关方产生前所未有的冲击和影响。

英国一直以来都是北海渔业的重要参与者。一方面是因为英国在北

---

① Christopher Huggins, "Brexit and the Uncertain Future of Fisheries Policy in the United Kingdom: Political and Governance Challenges."

② C. McAngus, "A Survey of Scottish Fishermen Ahead of Brexit: Political, Social and Constitutional Attitudes," *Maritime Studies*, 17 (2018): 41 - 54./// C. McAngus & S. Usherwood, "British Fishermen Want out of the EU-here's Why," https://theconversation.com/british-fishermen-want-out-of-the-eu-heres-why-60803，最后访问日期：2022 年 4 月 4 日。

③ Christopher Huggins, "Brexit and the Uncertain Future of Fisheries Policy in the United Kingdom: Political and Governance Challenges".

海有大量的配额，[①]另一方面是因为“1980年渔业协议”使挪威的渔民可以进入英国水域，在英国退出欧盟CFP之前，欧盟其他国家的渔民也有权在英国水域捕捞。英国脱离欧盟CFP之后，可能对北海一直以来的稳定局面产生冲击，因此，为了使北海的渔业管理继续有序且可持续地进行，挪威、欧盟和英国必须谈判协商，重新修订“1980年渔业协议”，或订立新的三边渔业协定，将英国这一北海渔场的新配额分享主体纳入其中。

英国脱欧同样对欧洲单一市场带来挑战。欧盟对于挪威的市场准入承诺依然有效，但英国不再是《欧洲经济区协定》的缔约国，重要成员国的变动是欧洲单一市场的不稳定因素，很可能产生贸易壁垒，不仅对出口国的渔民和海产品出口加工商造成损失，对进口国的消费者而言也不利。英国有序脱欧是三方的共同愿望，三方应保持密切对话，并尽快建立包含贸易在内的渔业合作管理法律框架。

（一）英国脱欧后的全新渔业政策

虽然在英国加入欧共体时，《联合国海洋法公约》尚未生效，但英国专属经济区已经确立，并被纳入了“联盟水域”。随着欧盟CFP的逐步建立，英国将其专属经济区内的海洋资源的部分管理权交由欧盟。退出欧盟和欧盟CFP意味着必须从现有的“联盟水域”中重新确立英国专属经济区。脱欧后，英国将成为一个独立的沿海国，渔业政策的决策和管理责任将回到英国，同时对其专属经济区，包括北海、英吉利海峡、挪威海、爱尔兰海和西海岸的部分地区，拥有完全的控制权。[②]

---

① UK in a changing Europe, “North Sea Fisheries: A Norway-UK-EU Agreement is Needed,” https://ukandeu.ac.uk/north-sea-fisheries-a-norway-uk-eu-agreement-is-needed/#:~:text=In%201980%2C%20Norway%20and%20the%20EU%20signed%20the, and%20exchange%20arrangements%20including%20in%20the%20Barents%20Sea，最后访问日期：2022年4月4日。

② Christopher Huggins, John Connolly, Craig McAngus & Arno van der Zwet, “Brexit and the Future of UK Fisheries Governance: Learning Lessons from Iceland, Norway and the Faroe Islands,” *Contemporary Social Science*, 14 (2019): 2, 327-340.

脱欧后的英国为实现自己的渔业目标，提出对配额计算方式的新主张，即“区域附着”原则。基于欧盟 CFP 的配额制度无法确保鱼类种群的可持续性，已经被英国渔民长期反对。由于目前所有鱼类种群的“区域附着”估测和配额份额之间都存在较大差异，英国主张依据“区域附着”分配配额，即配额或渔获量应与一国专属经济区内的鱼群生物量份额相对应。① 而欧盟则支持维持现状，认为应该尊重历史上的捕鱼模式。② 在对 14 个重要鱼类种群中的 12 个种群进行评估之后，英国发现英国“区域附着”的估值明显高于目前的配额分配，而分配给欧盟的份额却高于欧盟的“区域附着”的估值。③ 英国以此主张其应该在北海获得更多的配额。但英国主张的“区域附着”在短期内可能难以实施，因为双方需要就所有捕鱼国在英国专属经济区内实现的确切渔获量达成一致。④

英国成为独立的沿海国之后，决定将可持续性作为英国渔业政策的核心，并把渔业决策建立在科学证据的基础上，其必要性已得到科学家、议会委员会和行业的支持。⑤ 英国政府发布的渔业白皮书承诺按照最大可持续产量捕鱼的原则，并将决策建立在科学证据的基础上，鼓励行业参与政策制定，⑥ 也反映出英国政府已经借鉴了其他沿海国家的经验。将可持续性置于英国脱欧后渔业政策的核心位置，并把它反映在英国脱欧后的渔业监管制度

① P. G. Fernandes, N. G. Fallon, “Fish Distributions Reveal Discrepancies between Zonal Attachment and Quota Allocations,” *Conservation Letters*, 3 (2020): e12702.

② B. L. Gallic, S. Mardle, S. Metz, “Brexit and Fisheries: A Question of Conflicting Expectations,” *EuroChoices*, 2 (2018), 30-37.

③ P. G. Fernandes, N. G. Fallon, “Fish Distributions Reveal Discrepancies between Zonal Attachment and Quota Allocations,” *Conservation Letters*, 3 (2020): e12702.

④ B. L. Gallic, S. Mardle, S. Metz, “Brexit and Fisheries: A Question of Conflicting Expectations,” *EuroChoices*, 2 (2018): 30-37.

⑤ B. D. Stewart & B. C. O'Leary, “Post-Brexit Policy in the UK: A New Dawn? Fisheries, Seafood and the Marine Environment,” https://ukandeu.ac.uk/wp-content/uploads/2017/07/Brexit-Fisheries-seafood-and-marine-environment.pdf，最后访问日期：2022 年 4 月 4 日。

⑥ Government of UK, “Fisheries White Paper: Sustainable Fisheries for Future Generations,” https://www.gov.uk/government/consultations/fisheries-white-paper-sustainable-fisheries-for-future-generations，最后访问日期：2022 年 4 月 4 日。

中，包括配额的设定和分配、对渔具和渔场准入的规定。[①] 此外，英国的渔业管理还需要遵守国际法。根据国际法的相关规定，特别是 1982 年《联合国海洋法公约》的相关规定，英国必须与其他国家在共有鱼类种群的管理上合作，建立一个共同的管理框架。因此，英国不能单方面设定自己的 TAC，而必须与其他国家协调，制定由各国配额共享的 TAC。[②]

渔业是政策下放的领域。英国脱欧不仅意味着权力将从欧盟回到英国，而且在渔业、农业、环境等政策领域，部分权力将下放到英国的各个地方政府。这可能会导致英国国内各地方政府政策的分歧，以至于产生贸易壁垒。为协调各地方政府，消除贸易壁垒，英国政府于 2017 年 10 月发起“共同框架”，即对渔业政策采取英国主导治理、下级行政部门有自主权实施尊重其自身状况的渔业管理办法，[③] 并于 2020 年颁布《英国内部市场法案》。

英国政府提出，脱欧后将尊重地方政府在管理其渔业方面的作用，在遵守“共同框架”的同时，实施适合其自身状况的渔业管理方法。[④] 然而，欧盟层面的变化很可能导致英国内部市场的分歧。在某些领域，北爱尔兰将继续受到欧盟法律的约束。此外，2021 年 1 月，苏格兰议会通过了《2021 年英国退欧（连续性）（苏格兰）法案》，赋予苏格兰部长继续与欧盟规则接轨的权力，此举预示着苏格兰计划在某些领域继续遵循欧盟规则。[⑤] 在《欧盟-英国贸易与合作协定》（UK-EU Trade and Cooperation Agreement，TCA）

---

① Christopher Huggins, John Connolly, Craig McAngus & Arno van der Zwet, “Brexit and the Future of UK Fisheries Governance: Learning Lessons from Iceland, Norway and the Faroe Islands,” *Contemporary Social Science*, 14 (2019): 2, 327-340.

② B. L. Gallic, S. Mardle, S. Metz, “Brexit and Fisheries: A Question of Conflicting Expectations,” *EuroChoices*, 2 (2018): 30-37.

③ Government of UK, “Fisheries White Paper: Sustainable Fisheries for Future Generations,” https://www.gov.uk/government/consultations/fisheries-white-paper-sustainable-fisheries-for-future-generations，最后访问日期：2022 年 4 月 4 日。

④ Government of UK, “Fisheries White Paper: Sustainable Fisheries for Future Generations,” https://www.gov.uk/government/consultations/fisheries-white-paper-sustainable-fisheries-for-future-generations，最后访问日期：2022 年 4 月 4 日。

⑤ M. T. Jack, J. Rutter, “Managing the UK's Relationship with the European Union,” Institute for Government, 2021, p. 5.

谈判的过程当中，英国各地方政府对受到的忽视表示不满，这为产生分歧埋下了隐患。因此，英国政府不仅需要追踪欧盟政策的变动，也需要使各地方政府了解英国与欧盟不断发展的贸易关系框架，并为其提供适当的机会参与TCA框架下的渔业管理。[①] 此外，英国渔业政策还需要与国际渔业治理体系一致。英国政府渔业白皮书强调，必要时应保持英国渔业政策的整体一致性，特别是确保遵守国际义务。[②]

对于英国而言，渔业管理是其脱欧之后治理能力的集中反映。不仅是各地方政府之间需要相互协调，政府内部各部门之间也需要相互协调，尤其是主管贸易和捕捞的部门。成功的渔业政策需要谨慎地平衡各方面的利益，脱欧后的英国政府及渔业管理部门所需要解决的问题远远超出渔业，政治、经济因素都需要纳入考虑，[③] 因此，整个英国政府的协调很重要。英欧双方约定每年开展的有关渔业的年度谈判，不能仅由环境、食品和乡村事务部参与，因为渔业协议很可能影响到其他部门的市场准入。[④] 此外，渔业政策的变化，还将涉及配额管理、发放许可证和渔获量证书的政府间安排，[⑤] 对于政府统筹安排的能力要求很高。此前，作为欧盟成员和欧盟共同渔业政策的参与者，英国渔业政策的实质性决策是在欧盟层面完成的，这意味着英国政府和渔业部门的作用基本上是执行政策。尽管在某些领域有有限的自由裁量权，但其自主制

① M. T. Jack, J. Rutter, "Managing the UK's Relationship with the European Union," Institute for Government, 2021, p. 5.

② Government of UK, "Fisheries White Paper: Sustainable Fisheries for Future Generations," https://www.gov.uk/government/consultations/fisheries-white-paper-sustainable-fisheries-for-future-generations，最后访问日期：2022年4月4日。

③ Christopher Huggins, "Brexit and the Uncertain Future of Fisheries Policy in the United Kingdom: Political and Governance Challenges."

④ M. T. Jack, J. Rutter, "Managing the UK's Relationship with the European Union," Institute for Government, 2021, p. 5.

⑤ J. Connolly, A. Zwet, C. Huggins et al., "The Governance Capacities of Brexit from a Scottish Perspective: The Case of Fisheries Policy," *Public Policy and Administration*, 2020: 0952076720936328.

定渔业政策的能力和经验都十分有限。[①] 渔业管辖权力的扩张和权力范围的扩大对英国政府而言是巨大的挑战，同时给英国渔业的未来带来了不确定性。

另外，值得注意的是，苏格兰在渔业方面具有举足轻重的地位，因此，在制定渔业政策时，倾听苏格兰方面的意见显得尤为重要。数据表明，2011~2016年挪威在英国区域的渔获量，在苏格兰水域获取的占大约93%。对于其他欧盟国家而言，情况也是如此。62%的苏格兰人坚持认为，苏格兰应该对英国脱欧后的渔业拥有政策权限。[②] 如果苏格兰的渔业部门对TCA及其后续达成的渔业协议不满意，就可能触发关于分享渔获量配额的新谈判。此外，苏格兰也是英国渔民获取渔获量的主要地区。因此，在渔业方面，苏格兰当之无愧地成为英国最具有话语权的地方政府。[③] 加之苏格兰独立事项仍在政治议程上，苏格兰的渔业部门和渔民的呼声不容忽视。

（二）英国–挪威渔业合作

2020年9月30日，英国环境、食品和乡村事务大臣乔治·尤斯蒂斯（George Eustice）与挪威渔业和海产大臣奇特·埃米尔·英格布里森（Odd Emil Ingebrigtsen）签订《渔业框架协议》，双方商定英国和挪威每年将就获取水域和配额的问题进行谈判，其他协议内容未对外公布。这是英国脱欧后签订的第一份协议，也是40年来英国作为独立沿海国签订的第一份协议，具有历史性意义。

英国脱欧之后，不再是欧盟所签署的国际协议的缔约国，英挪双方在未签署渔业协议之前，挪威渔民不能进入英国专属经济区，英国渔民也不

---

① Christopher Huggins, John Connolly, Craig McAngus & Arno van der Zwet, "Brexit and the future of UK fisheries governance: learning lessons from Iceland, Norway and the Faroe Islands," *Contemporary Social Science*, 14 (2019): 327-340.

② John Curtice, "Just 15 Months to go: What Scotland is Making of Brexit," https://natcen.ac.uk/media/1528078/NatCen-What-Scotland-Makes-Of-Brexit.pdf，最后访问日期：2022年4月4日。

③ T. Bjørndal, G. R. Munro, "Brexit and the Consequences for Fisheries Management in the North Sea," Centre for Applied Research at NHH, 2020.

能进入巴伦支海的近海区捕捞鳕鱼。但挪威的渔业在很大程度上依赖于英国的专属经济区，如果被排除在英国专属经济区之外，将对挪威渔业造成很大损失，而英国的渔业对挪威专属经济区的依赖程度却很低。由此看来，在对北海渔业资源的依赖程度方面，英国的优势地位十分明显。情况虽然如此，但北方的斯匹次卑尔根群岛是挪威进行渔业谈判时的有力武器，它影响着北海的渔业配额，因为斯匹次卑尔根群岛的鳕鱼对于英国渔民而言也十分重要。

2021 年 12 月 21 日，英国与挪威就 2022 年渔业准入和配额达成协议，双方就 2022 年的捕鱼安排达成了一致，这标志着英国和挪威之间新捕鱼安排的开始。协议涉及监控合作和数据交换,[①] 双方相互允许进入对方的水域，并在北海和北极交换鱼类配额。协议还重点强调了双方对于可持续渔业的共同承诺。[②] 英国以北海的鱼类配额为交换，获得了斯瓦尔巴渔业保护区的 6550 吨鳕鱼配额，比 2021 年多了 1500 吨。这意味着英国可以在北极地区捕捞超过 7000 吨的鳕鱼，估计价值约为 1600 万英镑。[③] 尽管斯瓦尔巴地区的配额是自主的，由挪威单方面规定，以历史捕捞量为基础，原则上不受配额交换的影响，但挪威单方面给予英国在斯瓦尔巴地区的鳕鱼配额，并增加至大于英国在历史上获得的份额,[④] 因此笔者有理由推测此举是挪威一方为签订英挪双边渔业协议而作出的妥协

---

① "Norwegian Fishing Industry Unhappy with UK-Norway Fisheries Agreement," https://thefishingdaily.com/latest-news/norwegian-fishing-industry-unhappy-with-uk-norway-fisheries-agreement/#:~:text=The%20bilateral%20fisheries%20agreement%20between%20Norway%20and%20the, fish%2017%2C000%20tonnes%20of%20NVG%20herring%20in%20NØS，最后访问日期：2022 年 4 月 4 日。

② Government of UK, "UK Secures Fishing Access and Quotas with Norway," https://www.gov.uk/government/news/uk-secures-fishing-access-and-quotas-with-norway，最后访问日期：2022 年 4 月 4 日。

③ Government of UK, "UK Secures Fishing Access and Quotas with Norway," https://www.gov.uk/government/news/uk-secures-fishing-access-and-quotas-with-norway，最后访问日期：2022 年 4 月 4 日。

④ T. Bjørndal, G. R. Munro, "A Game Theoretic Perspective on the Management of Shared North Sea Fishery Resources: Pre and post Brexit," *Marine Policy*, 132 (2021): 104669.

和让步。英方强调，该协议不影响英国与欧盟的双边谈判，它们之间的谈判仍在继续，重点是确定英国和欧盟共有鱼类种群的 TAC 和一系列相关技术措施。[①]

挪威虽然对协议中的平衡问题表示不满，但也称 2022 年英挪联合配额协议奠定了双方渔业合作基础，将为双方未来的协议提供一个更好的起点。挪威渔民协会领导人称："相互准入的解决方案意味着挪威远洋船队将在英国区恢复传统的捕捞模式。重要的是使挪威与英国的合作再次正常化，因此达成 2022 年的双边协议至关重要。"[②]

英挪之间达成的 2022 年联合配额协定，是在双方 2020 年《渔业框架协议》下达成的。虽然 2020 年《渔业框架协议》的完整具体内容未对外公开，本次协议内容是否只涉及渔业无从得知，但我们有理由推测，未来双方将会达成一项更大的、包含渔业贸易在内的渔业协议。尽管挪威始终坚持渔业配额和贸易之间不应存在直接联系的立场，[③] 但捕捞业与渔业贸易息息相关，英国拥有大规模的鱼类市场，挪威海产品的出口商进入英国市场非常重要，[④] 因此，贸易问题会对双方分享配额的谈判和其他与渔业管理有关的问题产生影响。挪威大概率将接受英国的主张，减少某些鱼类的配额，提高斯瓦尔巴地区的渔业配额，以继续享有进入英国专属经济区的权利，并保持对英国的全面市场准入。

---

① Government of UK, "UK Secures Fishing Access and Quotas with Norway," https：//www. gov. uk/government/news/uk-secures-fishing-access-and-quotas-with-norway，最后访问日期：2022 年 4 月 4 日。

② "Norwegian Fishing Industry Unhappy with UK-Norway Fisheries Agreement," https：// thefishingdaily. com/latest-news/norwegian-fishing-industry-unhappy-with-uk-norway-fisheries-agreement/#：～：text = The% 20bilateral% 20fisheries% 20agreement% 20between% 20Norway% 20and%20the，fish%2017%2C000%20tonnes%20of%20NVG%20herring%20in%20NØS，最后访问日期：2022 年 4 月 4 日。

③ A. Melchior, " Norges handelsforhandlinger med EU gjennom 50 a ° r：Sakskoblinger og forhandlingsmakt," In A. Melchior & F. Nilssen（eds.）, *Sjømatnæringen og EU*：*EØS*，*EU-medlemskap eller NOREXIT*?（Ch. 2）. Oslo：University Press of Norway，2020.

④ T. Bjørndal, G. R. Munro, "Brexit and the Consequences for Fisheries Management in the North Sea," Centre for Applied Research at NHH，2020.

（三）《欧盟-英国贸易与合作协定》（TCA）签订

英国启动脱欧程序后，英国与欧盟开展了谈判，就双方未来关系达成一项新的全面协议。经过长达 1492 天的漫长谈判，双方于 2021 年 4 月 28 日签订《欧盟-英国贸易与合作协定》并于同年 5 月起开始实施。这份“涵盖从渔业到司法和内政的广泛领域，远远超出通常的自由贸易协定”[①] 的贸易与合作协定不仅达成了“零关税、零限额”的协议，而且对英欧关系的牢固性产生了积极意义，双方都给予了中肯评价，英欧关系就此开始新篇章。

渔业是双方谈判中的争议焦点。欧盟是英国渔民的重要市场，[②] 因此，渔业出口贸易是欧盟与英国谈判的重要筹码。欧盟也不断就贝类等海产品的出口对英国发出威胁。苏格兰食品和饮料公司首席执行官威瑟斯表明，英国食品出口商已经历了 4 个多月的“脱欧”痛苦期。[③] 英国脱欧增加了英国国内食品出口商与欧洲客户开展业务的成本和风险，降低了运输速度，这给英国食品出口商，尤其是对时效要求更高的海产品出口商带来了巨大的冲击。

然而，对于作为海洋国家的英国而言，渔业不仅是关涉国家主权的问题，更是被赋予了象征性的意义。因此，在谈判中，英国始终坚持捍卫领海主权的立场，希望与欧盟每年单独就欧盟船只的通行权进行谈判。欧盟则希望，在过渡期结束后仍维持欧盟船只自由出入英国海域捕鱼的现状，否则可能会禁止英国渔业向欧盟市场出售商品。双方之间巨大的分歧导致谈判曾一度陷入僵局。为了尽快达成一致，在捕鱼权问题上，双方各自让步。欧盟表示，尊重英国对其水域的管辖权和控制权，接受了英国提出的“渔业权利过渡计划”。英国也将为欧盟船只提供便利，承诺给予在英国注册的欧盟公

---

① European Commission DG Trade, “The EU-UK Trade and Cooperation Agreement Explained,” January 2021, https://trade.ec.europa.eu/doclib/docs/2021/january/tradoc_159266.pdf，最后访问日期：2022 年 4 月 4 日。

② T. Bjørndal, G. R. Munro, “Brexit and the Consequences for Fisheries Management in the North Sea,” Centre for Applied Research at NHH, 2020.

③ 《〈欧盟-英国贸易与合作协定〉5 月 1 日起正式实施“脱欧”画上句号》，光明网，https://m.gmw.cn/baijia/2021-04/30/1302266362.html，最后访问日期：2022 年 4 月 4 日。

司的船只悬挂英国国旗的权利，这些船只是包括海上运输和渔业在内的广泛活动的重要切入点。[①] 此举象征着英国方面的妥协，给予欧盟船只对其专属经济区的准入权。此外，双方约定了为期五年半的渔业调整期，至 2026 年 6 月结束。根据 TCA，在过渡期内，欧盟国家渔民有权继续按现行准入标准进入英国海域捕捞，但欧盟在英国水域 25%的配额将逐步转让给英国；欧盟也放弃了对英国实施贸易报复的计划。在过渡期结束后，双方将就渔业问题开展年度谈判。

TCA 还规定了分配给欧盟和英国的每种共有鱼类种群的百分比（即双方在 TAC 中所占的份额）。双方将在欧盟委员会的领导下开展年度磋商，以确定来年的 TAC 和配额，并将国际义务、MSY、现有最佳科学建议、保护渔民生计等原则纳入考虑，这些原则是欧盟 CFP 和 TCA 中渔业条款的核心。欧盟理事会将在谈判过程中向欧盟委员会提供政治指导，并正式批准最终协议。双方还约定，任何分歧都将通过仲裁解决，并规定任何一方在违反协议的情况下都可以采取贸易措施。[②]

2021 年 6 月，欧盟和英国根据 TCA 所确立的原则和条件，就双方共同管理的鱼类种群达成了首个年度协议。协议为 70 种鱼类种群设定了 TAC，并为 2021 年非配额鱼类种群的开发制定了条款。[③] 双方就 2021 年的其他渔业管理措施达成了一致，其商定的管理措施将取代欧盟和英国各自单独制定的临时措施，以确保在协商结束并在各自的国家或欧盟法律中得到执行之前继续捕鱼活动。2021 年 7 月以来，欧盟与英国每月就配额交换进行商定。[④]

---

① European Commission DG Trade, "The EU-UK Trade and Cooperation Agreement Explained," https://trade.ec.europa.eu/doclib/docs/2021/january/tradoc_159266.pdf，最后访问日期：2022 年 4 月 4 日。

② House of Commons Library, "UK-EU Trade and Cooperation Agreement: Fisheries," https://researchbriefings.files.parliament.uk/documents/CBP-9174/CBP-9174.pdf，最后访问日期：2022 年 4 月 30 日。

③ UK Parliament, "UK-EU Trade and Cooperation Agreement: Fisheries," https://commonslibrary.parliament.uk/research-briefings/cbp-9174/，最后访问日期：2022 年 4 月 29 日。

④ The European Commission, "Reports on Quota Swaps," https://circabc.europa.eu/ui/group/9d6098eb-e128-45ae-a4ca-5703b31d8257/library/2bcbd1b1-521e-48a1-9f82-7d42ad72e475?p=1&n=10&sort=modified_DESC，最后访问日期：2022 年 4 月 6 日。

2021年12月，欧盟理事会宣布，欧盟与英国就2022年的捕捞机会达成协议，这是英欧双方在TCA框架下达成的第二个渔业年度协议，该协议涵盖了英国和欧盟水域的所有共享和共同管理的渔业资源。[1]

（四）英欧挪三方合作现状及展望

英国脱欧前，英国作为欧盟成员国也要受“1980年渔业协议”的约束。在“1980年渔业协议”的范围内，挪威和欧盟每年都进行渔业协商，40多年来，双方渔业合作保持稳定。虽然在一定时期内存在过度捕捞的现象，但瑕不掩瑜，“1980年渔业协议”所确立的渔业合作管理框架确保了渔业合作的稳定，从而保障了北海局势的稳定。“1980年渔业协议”确立的相对稳定原则，使各国的配额份额保持不变，各方都从稳定局势中受益。

英国脱欧后，“1980年渔业协议”对挪威和欧盟27国依然有效，但无法约束英国，英国成为独立于欧盟CFP框架之外的新沿海国和配额分享主体，这为“1980年渔业协议”框架下的渔业合作增添了不稳定的因素。因此，挪威、欧盟和英国必须谈判协商，重新修订“1980年渔业协议”，或订立新的三边渔业协定，将英国这一北海渔场的新独立主体纳入其中。

目前，挪威、英国、欧盟于2021年已经就北海鱼类种群三边管理制度进行了两次年度谈判，就三方的共同渔业关系，包括2022年北海共有鱼类资源的管理进行了磋商。2021年12月10日，英国、挪威和欧盟商定了2022年北海6种共同管理的鱼类种群的TAC。[2] 三方的商定记录中强调，将加强关于三边框架协议的协商，这将是它们未来合作的基础，以确保北海渔业资源的长期养护和可持续利用。框架协议应规定合作的目标和范围，并包

---

① European Commission, “EU and UK Reach Agreement on Fishing Opportunities for 2022,” https://ec.europa.eu/oceans-and-fisheries/news/eu-and-uk-reach-agreement-fishing-opportunities-2022-2021-12-22_en，最后访问日期：2022年4月30日。

② Government of UK, “UK Secures Fishing Access and Quotas With Norway,” https://www.gov.uk/government/news/uk-secures-fishing-access-and-quotas-with-norway，最后访问日期：2022年4月4日。

含管理的一般原则，以及合作的程序规则和缔约方之间信息交流的规定。[①] 三方希望于 2022 年完成关于该协议的磋商。

三　对斯瓦尔巴渔业保护区的影响

东北大西洋是北大西洋暖流与北冰洋寒流的交汇处，包括巴伦支海、北海、挪威海等，拥有丰富的渔业资源。历史上，巴伦支海是一个不受管制的开放鳕鱼渔场，欧洲各国都有捕鱼传统。巴伦支海由四个主要海域组成：挪威专属经济区（NEZ）、俄罗斯专属经济区（REZ）、通常被称为环形洞的公海区域和斯瓦尔巴渔业保护区（SPZ）。[②] 虽然斯瓦尔巴渔业保护区的配额的设定是基于历史捕捞量，无关配额权衡，然而，北海渔场的局势变动也会影响各国在斯瓦尔巴地区的捕捞活动。

斯匹次卑尔根群岛因其独特的地理位置和法律地位，在北极地区占据重要地位。1920 年，《斯匹次卑尔根群岛条约》（以下简称《斯约》）的签署赋予挪威对斯匹次卑尔根群岛的主权。斯匹次卑尔根群岛海域渔业资源丰富，1977 年，挪威颁布《斯瓦尔巴渔业保护区条例》在斯匹次卑尔根群岛建立了 200 海里的非歧视性的渔业保护区，承担起管理斯瓦尔巴地区渔业活动的责任。

（一）斯瓦尔巴渔业保护区渔业管理制度

根据《斯约》，挪威对斯匹次卑尔根群岛拥有主权，作为沿海国，挪威管理斯瓦尔巴渔业保护区的渔业活动。配额是渔业管理的重要工具，挪威在分配配额时一直以第三国船只在斯瓦尔巴渔业保护区的存在

---

① Government of UK, "Written Record of Fisheries Consultations Between the United Kingdom and the European Union for 2021," https://assets.publishing.service.gov.uk/government/uploads/system/uploads/attachment_data/file/993155/written-record-fisheries-consultations-between-uk-eu-2021.pdf，最后访问日期：2022 年 4 月 4 日。

② T. Bjørndal, T. Foss, G. R. Munro et al., "Brexit and Consequences for Quota Sharing in the Barents Sea Cod Fishery," *Marine Policy*, 131 (2021): 104622.

和渔获量为参考。斯瓦尔巴渔业保护区的配额设定是基于历史捕捞量，因此，原则上，挪威无法获得在第三国的专属经济区的捕鱼配额作为补偿。除了挪威和俄罗斯之外，其他国家在斯瓦尔巴渔业保护区的配额根据参考时期的渔获量确定。欧盟也将其在斯瓦尔巴渔业保护区的配额分配建立在历史存在的基础上。

欧盟与挪威签订的“1980 年渔业协议”的海域范围也包含巴伦支海，从而包含 SPZ，缔约国进行配额交换，形式上是在条约框架下进行的。“1980 年渔业协议”所包含的海域的局势变化将会影响斯瓦尔巴地区的渔业。但挪威方认为，斯匹次卑尔根群岛有自己的法律，无须遵循配额权衡原则。①

整个巴伦支海地区有一个 TAC，欧盟和英国在 NEZ 和 SPZ 都有配额，但在 REZ 没有配额。在斯瓦尔巴渔业保护区拥有配额的欧盟船只必须在 SPZ 收获配额，而不能在 NEZ 收获配额。相反，在 NEZ 拥有配额的欧盟船只却可以在 SPZ 收获这些配额。在 SPZ 和/或 NEZ 拥有配额的欧盟国家可以与其他欧盟国家交换配额。②

（二）欧盟与挪威渔业分歧

自挪威建立斯瓦尔巴渔业保护区以来，就斯匹次卑尔根群岛周边海域问题，挪威与欧盟意见不一，冲突迭起。尤其是渔业管理中的配额制度，双方就此问题纷争不断，“雪蟹案”就是表现之一，英国脱欧后又产生了新的争议。

1. 雪蟹案

斯瓦尔巴渔业保护区内围绕捕鱼的争议频发，而发生于挪威、拉脱维亚

---

① High North News，“Norway Objects to the EU's Granting Cod Quotas in the Svalbard Zone,” https：//www. highnorthnews. com/en/norway-objects-eus-granting-cod-quotas-svalbard-zone，最后访问日期：2022 年 4 月 4 日。

② T. Bjørndal，T. Foss，G. R. Munro et al.，“Brexit and Consequences for Quota Sharing in the Barents Sea Cod Fishery,” *Marine Policy*，131（2021）：104622.

与欧盟之间的雪蟹案是其中的典型。2017 年 1 月，一艘悬挂拉脱维亚国旗的渔船在斯匹次卑尔根群岛周边海域捕捞雪蟹，因未持有挪威政府颁布的许可证，而被挪威海岸警卫队以“非法捕捞”为由扣留。拉脱维亚籍渔船船东不接受行政处罚，而诉至地区法院，结果败诉，随后不服判决又诉至上诉法院，仍得到不利于自身的判决。该案上诉至挪威最高法院，挪威最高法院又以同样的立场和理由驳回了上诉，即认为挪威并未违反《斯约》，雪蟹是附着于斯匹次卑尔根群岛大陆架上的生物资源，挪威当然享有对大陆架的主权，有权颁布许可证限制其他国家渔船在这一海域的渔业活动，因此未获得许可证的拉脱维亚籍渔船是非法捕捞，应当受到处罚。欧盟虽然不是《斯约》的缔约方，但其多个成员国是《斯约》的缔约国，为维护其成员国的合法捕捞权，欧盟有义务采取行动。因此，2017 年底，拉脱维亚根据《欧洲联盟运行条约》（Treaty on the Function of the European Union，TFEU）第 265 条呼吁欧盟委员会采取行动，以维护其成员国在斯匹次卑尔根群岛的合法捕捞权利。欧盟委员会在回信中称它并非没有履行其职责，而是已经在努力寻求解决方案，并将继续捍卫和追求欧盟在斯瓦尔巴地区渔业中的立场。

雪蟹案的争议焦点在于斯匹次卑尔根群岛周边渔场的准入和对拥有百年历史的《斯约》的解释问题上。《斯约》中法律条款的模糊不清以及缔约国之间的利益分歧导致立场迥异、矛盾根深蒂固，各方至今仍然未找到共同一致的方式解决争端。

在斯瓦尔巴渔业保护区的设立权以及渔业管理权问题上，挪威认为，斯匹次卑尔根群岛周围海域是挪威拥有专属资源权的海域，在斯匹次卑尔根群岛建立渔业保护区并进行渔业管理是挪威作为沿海国的权利。而欧盟内部各成员国意见不一，波兰、匈牙利、捷克等国认为挪威没有权利在斯匹次卑尔根群岛周边设立专属经济区，因为挪威对斯匹次卑尔根群岛的主权是通过签署《斯约》而获得的，在斯匹次卑尔根群岛周边海域主张主权权利的行为与《斯约》的适用范围，即斯匹次卑尔根群岛的“陆地”和“领水”部分相违背；丹麦、西班牙、英国、荷兰等国则承认挪威可以在斯匹次卑尔根群岛周边设立渔业保护区，但是应当保证各个缔约国在该保护区内享有的

《斯约》赋予的平等的各项权利。至今，《斯约》的各缔约方就此问题仍未达成共识。

双方根本立场的不同，进而导致对于渔业配额制度的分歧。根据《联合国海洋法公约》和《斯约》的有关原则，斯瓦尔巴地区的配额，是由挪威以历史捕捞量为基础单方面规定的。但是欧盟原则上不同意挪威的观点，认为其有权规定配额并在成员国内部分配。在雪蟹案中，欧盟单方面规定了配额，并选择继续在斯匹次卑尔根群岛附近发放捕捞雪蟹的许可证。[①]

挪威认为，欧盟的做法没有法律依据和法律效力，[②] 违反了《联合国海洋法公约》和规范渔业捕捞的国际立法，[③] 因为只有沿海国才能在其管辖的海域合法地规定捕捞配额。20 世纪 70 年代后，在《联合国海洋法公约》的谈判和生效过程中，各国相继建立了 200 海里专属经济区，这要求对以前的捕鱼模式进行调整。从那时起，进入这些区域需要事先与沿海国达成协议。挪威认为，自己对斯匹次卑尔根群岛享有主权，因此有权在斯匹次卑尔根群岛划定专属经济区和大陆架。因此，挪威在保持其专属经济区的权利的情况下，根据斯匹次卑尔根群岛附近海域的历史捕鱼模式，为欧盟在斯匹次卑尔根群岛周边海域的渔业保护区规定年度配额。挪威称，欧盟在其成员国之间对这种配额进行的任何内部重新分配，对挪威没有约束力。

但欧盟认为挪威的做法违反了《斯约》所载的“不歧视条款”，根据欧盟对 1920 年《斯约》的非歧视性准入条款解释的一贯立场，作为缔约国的成员国有权平等地获取斯匹次卑尔根群岛的渔业资源。欧盟通过普通照会反对挪威的任何歧视性措施。

2. 英国脱欧后：新的争议

英国脱欧后，有关配额的新争议再次产生。英国宣布脱欧并在过渡期

---

① NRK，“Økt Spenning Rundt Svalbard，” https：//www.nrk.no/ytring/okt－spenning－rundt－svalbard－1.15549765，最后访问日期：2022 年 4 月 29 日。

② T. Bjørndal，T. Foss，G. R. Munro et al.，“Brexit and Consequences for Quota Sharing in the Barents Sea Cod Fishery，” *Marine Policy*，131（2021）：104622.

③ NRK，“Økt Spenning Rundt Svalbard，” https：//www.nrk.no/ytring/okt－spenning－rundt－svalbard－1.15549765，最后访问日期：2022 年 4 月 29 日。

后退出欧盟共同渔业政策，这意味着英国将带走其在斯匹次卑尔根群岛周围的捕鱼配额。然而，欧盟认为该配额属于欧盟，英国离开欧盟时无法带走配额。挪威则称，自斯瓦尔巴渔业保护区建立以来，挪威一直向历来在斯瓦尔巴地区捕鱼的国家分配渔业配额，以便各国可以继续展开渔业活动。挪威贸易、工业和渔业部认为，配额的分配是以斯瓦尔巴渔业保护区建立之前十年各国的渔业为基础的，英国脱欧之后，英国的历史渔获量不再是计算欧盟配额的基础，因此，在计算欧盟配额时，英国的历史渔获量理应被扣除。① 英国与挪威就配额问题也存在立场上的分歧。根据“1980年渔业协议”，挪威在英国水域的登陆价值是英国在挪威水域登陆价值的8倍。因此，英方的谈判方法旨在将与挪威达成的新的渔业安排超越挪威与欧盟的“1980年渔业协议”，即挪威渔船在英国水域享有的配额和准入应使英国在挪威水域获得更相称的回报，希望在斯瓦尔巴地区获得配额补偿。而挪威则认为双边安排应基于英国作为欧盟成员国的传统准入水平。此分歧致使双方2021年双边准入和配额交换安排的协议谈判搁置，但英国的远洋渔船通过与挪威当局的特殊安排在斯匹次卑尔根群岛周围水域捕鱼。②

挪威和欧盟在斯瓦尔巴地区的鳕鱼配额问题上存在冲突。③ 俄罗斯-挪威渔业委员会在2020年10月的会议上预留了3.5万吨鳕鱼配额，供第三国在斯瓦尔巴渔业保护区内捕捞。而在2021年1月28日的欧盟理事会条例2021/92中，欧盟单方面规定了挪威在斯匹次卑尔根群岛周围的渔业保护区的鳕鱼捕捞配额，该配额远远大于挪威为欧盟规定的配额。在此之前，欧盟在未与作为沿海国的挪威协商的情况下，将同一地区的捕鱼配额

---

① High North News, “Norway Objects to the EU’s Granting Cod Quotas in the Svalbard Zone,” https://www.highnorthnews.com/en/norway-objects-eus-granting-cod-quotas-svalbard-zone, 最后访问日期：2022年4月4日。

② UK Parliament, “2021 Fishing Opportunities,” https://publications.parliament.uk/pa/cm5802/cmselect/cmeuleg/121-iv/12105.htm, 最后访问日期：2022年5月1日。

③ T. Bjørndal, T. Foss, G. R. Munro et al., “Brexit and Consequences for Quota Sharing in the Barents Sea Cod Fishery,” *Marine Policy*, 131 (2021): 104622.

分配给英国。[①]

《斯约》赋予挪威作为沿海国管辖渔业活动的权利，但欧盟认为挪威的做法违反了《斯约》所载的“不歧视条款”，欧盟代表团在2021年2月26日的普通照会中称，挪威在斯匹次卑尔根群岛周围的渔业保护区的捕鱼配额分配是歧视性的，有利于挪威和俄罗斯渔民。欧盟希望斯匹次卑尔根群岛的资源可以在签署《斯约》的国家之间平均分配。

挪威再次反驳，称“事实并非如此”，对于横跨挪威和俄罗斯海域的共有鱼类种群，挪威和俄罗斯共同确定该种群整个分布区的配额，给予对方船只对等的区域准入。[②] 2021年，在制定TAC时，向第三国分配鳕鱼配额时有9674吨的“剩余”。在挪威渔业局给挪威渔民的一封信中[③]，该局要求就如何在该行业的不同部门之间进行分配提供咨询。然而，该局指出，这一“剩余”的一半属于俄罗斯，挪威有义务与俄罗斯平均分配。言下之意，即使有富余的配额，挪威也不能单方面决定将其分配给欧盟。

英国脱欧后，挪威在挪威法规中重新分配了SPZ中的鳕鱼配额，但仅仅依靠“英国脱欧”这一理由是无法解释这些变化的。挪威采取单边措施减少欧盟在斯瓦尔巴地区的配额和渔业活动，部分原因与英国离开欧盟无关。[④]

针对SPZ的渔业活动，挪威与欧盟的立场和根本原则不同，这是双方分歧的根源所在。挪威坚持配额交换，希望其在斯瓦尔巴渔业保护区提供的配额获得其他海域内鱼类种群配额的补偿。但欧盟寻求在平等捕鱼权的基础

① Royal Norwegian Ministry of Foreign Affairs, https://www.regjeringen.no/contentassets/83930993ec23456092199fcc9ed9de51/note-til-eu-torsk-og-snokrabbe.pdf，最后访问日期：2022年4月4日。

② Royal Norwegian Ministry of Foreign Affairs, https://www.regjeringen.no/contentassets/83930993ec23456092199fcc9ed9de51/note-til-eu-torsk-og-snokrabbe.pdf，最后访问日期：2022年4月4日。

③ The Directorate of Fisheries, Norway, Tilbakeføring av tredjelandskvoter 2021 Saksnr. 20/18635, Date: 08.02.2021, Bergen, 2021.

④ T. Bjørndal, T. Foss, G. R. Munro et al., “Brexit and Consequences for Quota Sharing in the Barents Sea Cod Fishery,” *Marine Policy*, 131 (2021): 104622.

上为斯瓦尔巴地区作出安排，而不是在配额交换的基础上为整个挪威大陆架找到解决方案。[①] 专属鱼类种群的配额是基于历史捕鱼模式确定的，应该保持平衡。然而，配额交换也可能受到鱼类种群规模变化的影响。例如，由于近期巴伦支海鳕鱼种群规模的良好扩张，挪威向欧盟提议增加鳕鱼配额，而欧盟向挪威提供的补偿配额却没有相应的增加，所以，挪威保留了提供给欧盟的部分配额。[②]

（三）冲突扩展：北极理事会

在斯匹次卑尔根群岛问题上，欧盟始终态度谨慎，因为渔业的影响远远超过了其本身。在 1986 年（西班牙加入欧盟）之前的几年里，尽管挪威要求减少渔获量，西班牙还是在斯匹次卑尔根群岛附近捕捞了 10 万～15 万吨鳕鱼。西班牙和葡萄牙加入欧盟后，挪威与欧盟委员会进行了非正式的外交讨论。1986 年 7 月，挪威停止了在斯匹次卑尔根群岛周围的鳕鱼捕捞活动，理由是挪威设定的 TAC 已经用完。双方之间产生分歧，虽然欧盟不认可挪威的行为，但实际上还是接受了挪威的管辖，并与挪威在 1986 年 8 月达成了一项非正式谅解。在“雪蟹案”中，欧盟委员会在回信中也表示，围绕斯匹次卑尔根群岛的问题已经远远超出了渔业的范围，溢出风险是其维护成员国权益时的重要考虑因素。[③]

可见，渔业问题牵一发而动全身，为了防止冲突外溢，欧盟的态度是理智而温和的。尽管如此，挪威却态度强硬，甚至已经表现出把捕鱼权争端与欧盟在北极理事会中的地位联系起来的意图，北极理事会将无法避免地被卷入这场冲突，尤其是挪威在 2023 年将接任北极理事会轮值主席国之后。

---

① “Position of the European Commission Concerning a Call to Act from the Republic of Latvia Pursuant to Article 265 TFEU,” March 12, 2018, C (2018) 1418 final.

② Government of UK, “Fisheries and Trade in Seafood,” https://www.regjeringen.no/en/topics/food-fisheries-and-agriculture/fishing-and-aquaculture/1/fiskeri/internasjonalt-fiskerisamarbeid/internasjonalt/fish/id685828/，最后访问日期：2022 年 4 月 4 日。

③ “Position of the European Commission Concerning a Call to Act from the Republic of Latvia Pursuant to Article 265 TFEU,” March 12, 2018, C (2018) 1418 final.

挪威外交部多次指出，国际法并未赋予欧盟在斯匹次卑尔根群岛周边地区设定自己的配额的权利。作为北极理事会的观察员，欧盟必须尊重挪威在北极的主权权利和管辖权。北极理事会接纳观察员的标准包括承认北极国家在北极的主权、主权权利和管辖权。此外，接纳观察员的标准还包括承认广泛的法律框架适用于北冰洋，特别是《联合国海洋法公约》，此框架为负责任地管理北冰洋提供了坚实的基础。欧盟在挪威北极水域单方面设立捕鱼配额的做法不符合这些在北极地区进行多边接触和合作的基本原则。[①] 挪威的声明可以理解为一种间接的威胁：如果欧盟不遵守游戏规则，将不被允许加入北极俱乐部。

这是重大的甚至是罕见的事态升级。由于俄罗斯的反对，欧盟尚未获得正式观察员地位，但仍被允许与其他观察员一起参加会议。但挪威的行为象征着这一安排是不稳定的，这可能会在北极理事会内部产生一种现象：一旦与永久成员国产生分歧，就有可能遭到驱逐。然而，驱逐必须得到北极理事会其他成员国的一致同意，他们可以对干扰北极理事会内部多边治理的双边问题提出异议。由于欧盟作为北极理事会准观察员的独特地位，一旦挪威开始担任北极理事会轮值主席国，并把北极理事会第 38 条规定解释为赋予主席国这样的权利，那么欧盟的命运可能会由挪威单方面决定，这可能会阻碍其他国家和组织参与北极理事会的活动。[②]

欧盟和挪威之间的冲突是围绕在斯匹次卑尔根群岛海域捕鱼产生的，但北极理事会的主要职权范围是环境和气候合作，这种冲突的扩散不仅对解决问题是毫无意义的，还会产生极大的负面效应。此外，挪威在即将担任北极理事会轮值主席国的情况下，威胁将欧盟等对斯匹次卑尔根群岛持与挪威相反立场的地区和国家排除在北极理事会之外，甚至可能会导致建立另一个与

① Royal Norwegian Ministry of Foreign Affairs，2021 年 5 月 4 日，https：//www. regjeringen. no/contentassets/83930993ec23456092199fcc9ed9de51/note-til-eu-torsk-og-snokrabbe. pdf，最后访问日期：2022 年 4 月 4 日。

② The Arctic Institute，“Arctic Politics and the EU-Norway Fishing Dispute，” 2021 年 10 月 5 日，https：//www. thearcticinstitute. org/arctic-politics-eu-norway-fishing-dispute/，最后访问日期：2022 年 4 月 4 日。

北极理事会竞争的多边组织，从而对北极的稳定局势产生威胁，造成更为不利的后果，双方有必要在渔业问题上保持密切对话，尽快就渔业的准入和配额问题达成共识。

四　结语

东北大西洋拥有丰富的渔业资源，包括巴伦支海、北海、挪威海等。北海渔场是北大西洋渔场的中心，渔产丰富，种类繁多，为世界四大渔场之一。挪威和欧盟自签订“1980 年渔业协议”以来，就北海的渔业管理已经开展了长达 40 多年的稳定合作。《欧洲经济区协定》的签订，为各国开展渔业贸易提供了自由流通的市场。

英国脱欧后，成为北海渔场中新的独立沿海国家和配额分享主体，给北海的稳定局面造成了挑战，渔业合作的安排不仅会影响各国的社会经济结构和国际关系，甚至会影响其他海域的局势，斯瓦尔巴渔业保护区就是其一。然而，围绕斯匹次卑尔根群岛的捕鱼冲突背后是更深的分歧，也伴随着更严峻的外溢风险。

挪威、欧盟、英国三方有渔业管理以及鱼类和鱼类产品贸易合作的长期传统。三方谈判中，各有优势，英国的筹码是其专属经济区内的渔业资源，挪威的筹码是斯瓦尔巴渔业保护区的渔业资源，在渔业资源方面处于劣势的欧盟拥有广大的市场，同样为其在谈判中争取了话语权。综合考虑上述因素，合作共赢是三方共同的期望，也有极大概率实现这一结果。

如果挪威、欧盟、英国三方无法尽快就准入和配额问题达成共识，不仅会对各国渔业、贸易等各个领域产生不利影响，还会对北极理事会的运作和北极地区的稳定产生威胁。因此，在渔业方面，挪威、欧盟、英国三方应保持密切对话，努力解决争议，并尽快建立新的涵盖贸易在内的渔业合作法律框架，修订“1980 年渔业协议”，或订立新的三边协议，以实现渔业管理的合作共赢，保证渔业的社会经济可持续。

B.12

北极航运的绿色治理：进展与趋势

李浩梅*

摘　要： 随着《极地规则》生效、重油禁令颁布、塑料垃圾减排行动推进，以及温室气体减排战略的出台，北极航运绿色治理呈现加速趋势。北极航运的环境保护规则日趋全面和严格，不断紧缩的规制体系将增加北极航运的履约成本，对正处于起步阶段的北极航运产生深远影响。非政府组织在北极航运绿色治理中发挥了重要影响力，然而目前相关国家就限制措施和减排目标等核心议题存在分歧，给北极航运绿色治理进程增加了不确定性。北极航运发展刚迈入起步阶段，恰逢国际航运绿色治理进程开启，开展北极航运面临多重挑战，我国应积极参与航运减排国际规则谈判和绿色航运竞争与合作，应对北极航运绿色治理新趋势。

关键词： 气候变化　北极航运　《极地规则》　温室气体减排　绿色治理

受气候变化影响，北极地区的自然环境发生重大变化，北冰洋海冰消融趋势明显，北极航运量近年来有所增加。北极理事会北极海洋环境保护工作组（PAME）利用其建立的北极船舶交通数据（ASTD）系统监测北极船舶交通趋势并发布北极航运状况报告。根据其发布的第一份北极航运状况报告，2013~2019年，进入北极的船舶数量增长了25%，从1298艘增至1628

* 李浩梅，青岛科技大学法学院讲师。

艘，船舶在北极航行的总距离增长了75%。① 在北极海冰季节性消融的背景下，考虑到北极地区的气候条件和生态系统的特殊性以及航运基础设施和服务的欠缺，现阶段开展北极航运仍然面临比开阔水域更大的安全风险和环境危害。

北极航运活动的增加引发了部分北极国家的担忧，在国家层面和国际层面均提出加强北极航运活动规制的要求，北极航运成为北极治理和国际航运治理的新兴议题。俄罗斯和加拿大在过去10年间密集修订和出台了多项加强北极航运管控的国内法规，并推动国际航运主管组织——国际海事组织（IMO）制定专门适用于极地水域的国际海事规则，标志性成果是《极地水域船舶作业国际规则》②（International Code for Ships Operating in Polar Waters，以下简称《极地规则》）的出台。近年来，受应对气候变化的政策影响，国际海事组织陆续出台了多项有关北极航运的环境标准和国际航运的减排规则，推进国际航运的绿色发展，北极航运治理呈现新趋势，也将对北极航运产生深远影响。

一 极地航行国际规则全面生效

在北极地区开展科学考察、旅游探险、资源开发等人类活动，主要依赖船舶提供运输和保障服务，极地航行国际规则的发展对极地活动影响重大。北极海冰消融和极地船舶技术的发展为北极地区船舶通航活动的增加和多样化提供了条件。近年来，北极航行安全及其对北极脆弱环境的潜在影响受到北极国家的关注。

经过长达7年的磋商，2014年国际海事组织出台了《极地规则》。IMO通过修订案将《极地规则》的相应内容纳入《国际海上人命安全公约》（SOLAS）、《国际防止船舶造成污染公约》（MARPOL）和《海员培训、发证和值班标准国际公约》（STCW），从而对各公约缔约方生效。《极地规则》试图对与极地航行安全和环境保护相关的事项进行全面规范，为极地航行制定特

① PAME, "Arctic Shipping Status Report," https://www.pame.is/projects/arctic-marine-shipping/arctic-shipping-status-reports.

② "International Code for Ships Operating in Polar Waters," IMO Resolution MEPC. 264 (68).

殊的国际海事规则。《极地规则》分为安全规则和环境保护两部分，每个部分又包含强制性措施和建议性规定两部分。

从适用范围看，《极地规则》中第一部分安全规则适用于在极地水域作业的客船和500总吨及以上的货船，而渔船、游艇和小型探险船以及公务船舶不受其规制。《极地规则》中的环保规则适用于所有在极地水域航行的船舶。从生效时间看，《极地规则》第一部分中的航行安全要求对自2017年1月1日以后建造的新船舶立即生效，而在此之前建造的船舶则须在2018年1月1日以后的第一次中期检查或者更新检查中遵守该规则的要求；《极地规则》第一部分中人员配备和培训要求自2018年7月1日起对新船舶和现有船舶同时生效；《极地规则》第二部分环境保护的新要求于2017年1月1日起对新船舶和既有船舶同时生效。

《极地规则》的安全规则部分对船体结构、分舱和稳性、水密和风雨密完整性、机器设备、消防安全、救生设备和装置、航行安全、通信、航次计划、船员和培训提出了要求。《极地规则》的环境保护部分规定了极地水域船舶航行应当采取的防污措施，在MARPOL公约的基础上对防止油类污染、散装有毒液体物质污染、船舶生活污水和船舶垃圾污染提出了更高的要求。① 按照规则要求，计划在规定的极地水域作业的船舶需要申请极地船舶证书，船舶根据其能够在极地水域中作业的情况被划分为A、B、C三类。船舶装备方面，针对极地水域海冰、积冰、低温等航行条件，该规则要求在极地水域航行的船舶应保证机器设备、消防安全、救生设备和装置以及通信设备足以适应这些影响航行安全的自然状况。人员配备和培训方面，规则要求公司必须确保在极地水域作业的船舶上的船长、大副和负责航行值班的海员已完成适当的培训，同时考虑STCW公约及其相关的STCW规则。

二　北极重油禁令与黑炭倡议出台

作为国际海事组织众多成员国以及不同航运利益集团之间谈判、协商的

① 《极地规则》第Ⅱ-A部分防止污染措施。

结果，《极地规则》的文本在环保组织看来仍有缺陷。例如，燃烧重油（heavy fuel oil）[①] 会产生黑炭，当其落在冰雪上时会加速冰雪融化，而《极地规则》没有禁止船舶在北极海域使用重油（燃料）或者将重油作为货物运载，环保组织呼吁在北极地区禁止使用重油，减少黑炭排放。

由 21 个非政府组织组成的“清洁北极联盟”（Clean Arctic Alliance）致力于停止在北极水域航行中使用重油作为船舶燃料，呼吁 IMO 成员国在 2021 年之前采纳并迅速执行这项禁令，从而保护北极社区和生态系统免受石油泄漏和黑炭排放的影响。[②] 在 IMO 框架内，芬兰、德国、冰岛、荷兰、新西兰、挪威、瑞典和美国共同发起提议，禁止在北极水域使用重油。IMO 海洋环境保护委员会（MEPC，以下简称海保会）第 72 次会议决定，指定一个分委员会评估禁令影响以及在适当的时间尺度上制定一项关于北极航运中不得使用或运载重油的禁令，推动《极地规则》的修订、补充和完善。

经过几年磋商，2021 年 6 月，IMO 海保会第 76 次会议通过了对《国际防止船舶造成污染公约》附则 1 的修正案，要求自 2024 年 7 月 1 日起，禁止在北极水域航行的船舶使用和携带重油作为燃料，允许从事保障船舶安全、搜救行动的船舶和专门从事海上溢油应急反应的船舶获得豁免。考虑到履约的实际影响和困难，IMO 在实际履约方面作出灵活规定，对于已经在油箱保护方面符合双层船体建造标准的船舶自 2029 年 7 月 1 日起遵守该规则，北极沿岸缔约国可以在此日期前对悬挂其国旗的船舶在其主权或管辖权水域作业时暂时免除上述要求。

使用重油会产生大量的黑炭排放，而黑炭被认为是一种气候变化的诱因，这种效应在海冰覆盖的北极地区尤其显著。当深色颗粒物质沉淀在雪和冰上时会加速光照表面的融化，降低反射率，这反过来又导致冰雪增加对太阳辐射的吸收，热量进入海洋和土壤。随着北极航运交通的快速增长，黑炭的问题变得越来越重要。从 2015 年到 2019 年的短短 4 年时间里，北极地区

---

① 重油：15℃时密度高于 900 公斤/立方米或 50℃时运动黏度高于 180 毫米/秒的油类。

② “Risks of Heavy Fuel Oil Use in the Arctic,” https：//www. hfofreearctic. org/en/front-page/.

的黑炭排放量增加了85%。[①]

在加拿大、芬兰、法国、德国、冰岛、荷兰、挪威、所罗门群岛、瑞典、英国和美国的提议下，2021年12月，IMO海保会第77次会议通过了控制北极黑炭排放的决议，敦促成员国和船舶运营商在北极地区或附近作业时，自愿使用对船舶安全的馏分燃料或其他更清洁的替代燃料或推进方法，以减少船舶运营时的黑炭排放。[②] 该决议鼓励成员国开始解决黑炭排放对北极的威胁，并报告减少航运黑炭排放的措施和最佳做法，尽管这一措施是建议性质的，但标志着IMO迈出了控制北极黑炭排放的第一步。与此同时，IMO海保会还同意了污染预防和响应分委会（PPR）进一步开展减少国际航运黑炭排放对北极影响的工作，首先从开发基于目标的控制措施指南开始，未来有可能制定强制性的控制措施。

三　治理海洋塑料垃圾的行动加强

近年来，科研人员在海洋中发现了大量塑料垃圾，塑料垃圾治理受到国际社会广泛关注。塑料材料在海洋中的分解速度极慢，对海洋环境、海洋生物多样性、人类健康、海上交通安全等产生严重危害。据联合国环境规划署估计，15%的海洋垃圾漂浮在海面上，15%分布在水体中，70%沉积在海床上。根据另一项研究，目前有5.25万亿颗塑料微粒漂浮在世界海洋中，总重量为268940吨；有科学家警告说，到2050年，海洋中的塑料数量将超过鱼类。[③]

---

① "IMO Adopts Voluntary Measures to Reduce Black Carbon Emissions in Arctic," https://www.highnorthnews.com/en/imo-adopts-voluntary-measures-reduce-black-carbon-emissions-arctic.

② "Protecting the Arctic from Shipping Black Carbon Emissions," Revolution MEPC. 342（77）, https://wwwcdn.imo.org/localresources/en/OurWork/Environment/Documents/Air%20pollution/MEPC.342%2877%29.pdf.

③ "Marine Litter," https://www.imo.org/en/MediaCentre/HotTopics/Pages/marinelitter-default.aspx.

IMO 相关海事公约已经对防止塑料垃圾污染提供了监管框架，但塑料垃圾的来源广泛，排放现象仍在发生。根据 MARPOL 公约中关于防止船舶垃圾污染的规定，禁止船舶向海中倾倒塑料，政府也有义务确保有足够的港口接收设施来接收船舶垃圾。此外，《海洋倾废公约》及 1996 年议定书对倾倒材料有严格的限制，且允许排放的废物也须经过全面评估，以确保它不包含塑料垃圾等有害物质。

为加强现有框架并引入新的支持措施，以处理来自船舶的海洋塑料垃圾问题，IMO 于 2018 年通过了一项处理来自船舶的海洋塑料垃圾的《行动计划》,[①] 该计划以现有的政策和监管框架为基础，设定具体可衡量的目标及实现目标的相应行动，相关措施应在 2025 年前完成。因涉及渔船，IMO 还需要与联合国粮农组织（FAO）、环境规划署等机构加强合作。《行动计划》主要聚焦以下目标：减少渔船产生和收回的海洋塑料垃圾；提高港口接收设施以及处理海洋塑料垃圾的有效性；加强公众意识、教育和海员培训，提高对船舶造成海洋塑料垃圾的认识，提高对与船舶产生的海洋塑料垃圾有关的监管框架的理解；加强国际合作、有针对性的技术合作和能力建设。

作为落实《行动计划》的一个举措，2019 年 12 月，IMO 与 FAO 联合启动了一个全球项目——GloLitter，这一伙伴关系项目旨在帮助航运和渔业走向一个低塑料的未来，通过协助发展中国家确定目标，防止和减少海洋运输和渔业部门的塑料垃圾，并减少这些行业的塑料使用，加强再利用和回收塑料。GloLitter 项目将开发指导文件、培训材料和工具包，促进对 IMO 现有公约的规定以及 FAO 相关法律文书（包括《渔具标识自愿准则》）的执行和遵守，并关注港口的废物管理。采取的相关行动涉及港口接收设施的可用性和充分性，研究提高航运和渔业部门对海洋塑料问题的认识，并鼓励在渔

① "Action Plan to Address Marine Plastic Litter from Ships," Resolution MEPC. 310 (73) Annex 10, https://wwwcdn.imo.org/localresources/en/MediaCentre/HotTopics/Documents/IMO%20marine%20litter%20action%20plan%20MEPC%2073-19-Add-1.pdf.

具上做标记，以便在丢弃时可以追溯到其主人。[①] 在国家层面，GloLitter 项目致力于提升政府和港口管理能力，推动法律、政策和机构改革；在区域层面，该项目将加强地区合作。挪威政府提供了 4000 万挪威克朗（约合 450 万美元）的初始资金用于前期项目开展。

2021 年，IMO 进一步提升处理海洋塑料垃圾的决心和举措，发布了处理来自船舶的海洋塑料垃圾的战略文件，这一战略通过制订时间表和确定适当的方式，旨在指导、监测和监督本决议附件所列《行动计划》的执行，确保实现最佳效果。[②] 一方面，该战略文件确定了执行《行动计划》的关键目标，包括减少由渔船产生和收回的海洋塑料垃圾、减少航运产生的海洋塑料垃圾，以及提高港口接收设施和处理海洋塑料垃圾的有效性。另一方面，各项行动被划分为短期、中期、长期行动以及持续性行动，短期行动可以通过相关分委会的工作取得进展，中期行动依赖海洋塑料垃圾研究或其他相关研究的结果，长期行动需要海保会的具体提议。该战略的实施情况将受到监测和评估，以确保它继续实现其目标，IMO 将在 2025 年对该战略进行全面审查。IMO 把《行动计划》提升至战略层面，并确定了可操作性的目标、时间表及监测评估程序，不断强化治理船源海洋塑料垃圾的行动。

四　国际航运温室气体减排进程加速

随着 2021 年联合国气候变化格拉斯哥大会的召开，应对气候变化的国际呼声十分高涨，许多国家提出碳达峰、碳中和、碳减排的承诺和目标，各行业也积极参与到温室气体减排的行动中。2020 年 IMO 发布的第 4 次温室气体报告指出，由于全球海运贸易的持续增长，全球航运业二氧化碳、甲烷、氧化亚氮等温室气体的排放每年已超 10 亿吨，占全球人为活动排放总

① “Global Project Launched to Tackle Plastic Litter from Ships and Fisheries,” https：//www. imo. org/en/MediaCentre/PressBriefings/Pages/32-GloLitter-signing. aspx.

② “Strategy to Address Marine Plastic Litter from Ships,” Resolution MEPC. 341（77）Annex 2, https：//www. register-iri. com/wp-content/uploads/MEPC. 34177. pdf.

量的比重逼近3%。航运总量的温室气体排放已从2012年的9.77亿吨增加到2018年的10.76亿吨（增加了10.1%）。如果不采取有效控制措施，预计全球船舶温室气体排放量在2050年将比2018年增加150%~250%，占比将增至18%。[①] 为减少国际航运温室气体排放，IMO发布了相应的减排战略和应对措施，相关利益方也自发签署了多个非正式的合作倡议，展示其在航运减排领域的雄心。

（一）国际海事组织多边框架下的减排进程

IMO重视防止船舶造成大气污染，并将其作为重要职责之一。1997年，IMO修订了MARPOL公约，在前5个附则的基础上增加专门的防止船舶造成空气污染规则（附则6），对消耗臭氧层物质、氮氧化物、硫氧化物、挥发性有机化合物、船用焚烧物的排放进行了限制。

提高能源效率是降低温室气体排放、减少船舶空气污染的重要手段，IMO发布了强制性的船舶能效要求，以提升船舶利用能源的效率。2011年，IMO对MARPOL公约附则6进行了进一步修订，加入关于“能源效率”的新章节，并通过了强制性船舶能源效率规则，这一效率规则包含能源效率设计指数（EEDI）和船舶能源效率管理计划（SEEMP）。前者旨在逐步提高新造船舶的碳强度标准，后者旨在促进营运者进一步提升所有船舶的能效，二者共同构成国际交通运输领域第一份强制性的全球温室气体减排机制。EEDI随后通过进一步的修订得到了加强。2016年，IMO通过了强制性的数据收集系统（DCS），用于收集和报告5000吨以上船舶的燃油消耗数据，第一个日历年的数据收集于2019年完成，这些船舶占国际航运业二氧化碳排放量的85%。[②]

---

① IMO，“Fourth Greenhouse Gas Study 2020，” https：//wwwcdn. imo. org/localresources/en/OurWork/Environment/Documents/Fourth% 20IMO% 20GHG% 20Study% 202020% 20Executive - Summary. pdf.

② “Initial IMO GHG Strategy，” https：//www. imo. org/en/MediaCentre/HotTopics/Pages/Reducing-greenhouse-gas-emissions-from-ships. aspx.

IMO 一项关于船上使用燃油中硫含量的新限制自 2020 年 1 月 1 日起生效。这一新规要求在指定排放控制区之外运行的船舶所使用的燃油硫含量不得超过 0.50%m/m，与此前 3.5%m/m 的标准相比明显提高；当船舶在指定的排放控制区内运行时，限制则更加严格（燃油硫含量不得超过 0.10%m/m）。[①] 为促进这一新规的实施和遵守，IMO 通过 MARPOL 公约修正案，禁止携带不符合规定的燃料油用于船舶推进或操作的燃烧目的，除非该船舶安装了经批准的废气净化系统。[②]

2018 年 IMO 发布了《船舶温室气体减排初步战略》[③]，这一政策框架为减少航运温室气体排放设定了关键目标。目标计划到 2050 年国际航运的温室气体年排放量与 2008 年的水平相比至少减少一半，并努力在 21 世纪内尽快消除航运温室气体排放。作为一个近期目标，这一初步战略计划到 2030 年，国际航运业的碳排放强度（减少每个运输工作的二氧化碳排放量）比 2008 年基准降低 40%。

为落实减少航运碳排放强度的目标，IMO 制定了技术和运营两个方面的短期措施。2021 年 6 月，IMO 海保会第 76 次会议通过了对 MARPOL 公约附则 6 的修正案，增加了降低船舶航运碳排放强度的措施，要求所有现有营运船舶在采取技术手段提高能源效率后，计算其技术能效（EEXI）并确定其年度运营碳排放强度指标（CII）和 CII 等级。这一新规自 2023 年起生效，届时现有营运船舶须满足技术能效（EEXI）和操作能效（CII）双重标准，并根据该船营运能效在当年全球船队中的排名获得能效评级（评级分 A、B、C、D、E 5 级，其中 A 为最佳）。连续三年被评为 D 级或 E 级的船舶，需要提交一份纠正行动计划并纳入船舶能源效率管理计划（SEEMP），

① "IMO 2020 - Cutting Sulphur Oxide Emissions," https://www.imo.org/en/MediaCentre/HotTopics/Pages/Sulphur-2020.aspx.

② "IMO 2020 Sulphur Limit Implementation-carriage Ban Enters into Force," https://www.imo.org/en/MediaCentre/PressBriefings/Pages/03-1-March-carriage-ban-.aspx.

③ "Initial IMO Strategy on Reduction of GHG Emissions from Ships," MEPC 72/17/Add.1 Annex 11, https://wwwcdn.imo.org/localresources/en/OurWork/Environment/Documents/Resolution%20MEPC.304%2872%29_E.pdf.

以表明如何实现所需的评级（C级或以上）。[①]

船舶可以通过各种措施来提高其评级，如使用低碳燃料替代化石燃料，清洗船体以减少阻力，优化速度和航线，安装低能耗灯泡，为住宿服务安装太阳能/风能辅助电源，等等。尽管表现不佳的船舶暂时不会被直接惩罚，但不排除未来出台更加严格的限制规定。另外，鼓励政府、港口当局和其他利益相关方在适当情况下，对评级为A或B的船舶提供激励措施。

此外，除上述技术和操作措施之外，IMO正在讨论在其减少温室气体排放的中长期战略中采取市场导向型措施。目前相关方已经提出的中期措施的建议涉及以下议题：中期措施的法律框架及可能采取的市场措施原则；温室气体税、燃料标准、总量管制与交易系统，以及组合措施；碳定价、碳收入管理和支付原则；评估拟议措施对各国的影响；制定碳排放强度守则。

联合国气候变化格拉斯哥大会的召开进一步促使IMO加强对温室气体初始战略的雄心。IMO海保会第77次会议同意在2023年之前启动对其温室气体初始战略的修订。考虑到治理海洋塑料的紧迫性，IMO海保会还通过了一项解决船舶塑料垃圾的战略，开启治理船舶塑料垃圾的进程。

（二）非正式温室气体减排倡议和国家行动

除IMO框架下的硬法规制外，一些政府、企业、非政府组织等也通过多种形式发起自愿性的航运减排倡议，呼吁各国政府和IMO确立更加激进的减排目标，推进国际航运业的温室气体减排进程，影响力越来越大。

在2019年联合国气候行动峰会上，全球海事论坛（Global Maritme Forum）和世界经济论坛合作成立“零排放联盟”（Getting to Zero Coalition），这是一个由海事、能源、基础设施和金融领域的150多家公司

① “Further Shipping GHG Emission Reduction Measures Adopted,” https：//www.imo.org/en/MediaCentre/PressBriefings/pages/MEPC76.aspx.

组成的联盟，并得到了多个政府和政府间组织的支持，致力于到 2030 年实现远洋航线上零排放船舶的商业化，并加强有关生产、分销、储存和加油等必要基础设施的建设。①

美国、挪威和丹麦政府以及全球海事论坛等发起“零排放航运使命”（Zero-Emission Shipping Mission）倡议，这是“创新使命”（Mission Innovation）国际倡议②的一部分。主要目标包括：在整个价值链上以协调的方式开发、示范和部署零排放燃料、船舶和燃料基础设施；到 2030 年，能够使用氢基零排放燃料（如绿色氢气、绿色氨气、绿色甲醇和生物燃料）的船舶在全球深海船队中按燃料消耗量计算至少占 5%；到 2030 年，至少有 200 艘整个生命周期内（well-to-wake）使用零排放燃料的船舶被投入使用并应用于主要深海航线上。③

在 2021 年举行的联合国气候变化格拉斯哥大会上，22 国签署《克莱德班克宣言》，承诺到 2025 年在全球两个或多个港口间至少建立 6 条绿色航运走廊，至 2030 年进一步扩大走廊数量，至 2050 年实现航运业脱碳。④ 该框架协议的签署国包括澳大利亚、比利时、加拿大、智利、哥斯达黎加、丹麦、法国、德国、日本、马绍尔群岛、挪威、瑞典、美国和英国等。签署国与有意愿的港口、运营商和价值链上的其他各方一道，对共享海上航线进行脱碳，并在其管辖和控制范围内实现内部航运脱碳。由全球海事论坛等联合发布的《下一波浪潮——关于绿色航运走廊》的报告研究了澳大利亚—日本铁矿石航线、亚欧集装箱航线和东北亚—美国车辆运输航线作为“绿色

---

① “Getting to Zero Coalition,” https：//www. globalmaritimeforum. org/getting-to-zero-coalition.

② “创新使命”国际倡议（Mission Innovation，MI）于 2015 年 12 月联合国达成《巴黎协定》期间，由 20 个主要国家共同发起，承诺在 5 年内将参与国家能源研发公共资源增加 1 倍，并在研究、能力建设以及与产业界互动方面开展合作。

③ “Denmark，Norway，and the United States to Lead Zero-Emission Shipping Mission，” https：//www. energy. gov/eere/articles/denmark - norway - and - united - states - lead - zero - emission - shipping-mission.

④ “Clydebank Declaration for Green Shipping Corridors，” https：//ukcop26. org/cop - 26 - clydebank-declaration-for-green-shipping-corridors/.

航运走廊”的可行性和潜力。[①]

航运业是资金密集型产业，探索能源转型需要依赖资金支持，航运金融界也在为应对温室气体减排提供倾斜性政策。例如，花旗银行、法国兴业银行、渣打银行等 26 家主要航运融资银行签署《波塞冬准则》，旨在将融资向节能环保船舶倾斜，以推动国际航运业碳减排进程。该行业准则目前已覆盖航运业融资总金额 1850 亿美元，约占全球航运融资额的一半。[②]

在温室气体减排的监管方面，欧盟走在前列。欧盟早在 2015 年就发布了关于航运二氧化碳排放监测、报告和核查的法规（Regulation 2015/757）[③]，要求航运公司自 2018 年起应对离开、抵达或往返欧盟港口的 5000 总吨以上的船舶进行二氧化碳排放的监测和报告，并由第三方机构发放核查证明。更进一步，2021 年 7 月，欧盟公布了名为“Fit for 55”的一揽子改革计划，其中一项关键建议是修订拟在 2026 年之前将航运业完全纳入现有的碳排放交易体系（ETS），以确保 2030 年欧盟温室气体排放量比 1990 年水平减少至少 55%和 2050 年实现碳中和。这意味着欧盟将通过立法对 5000 总吨以上为商业目的将乘客或货物运入欧盟或在欧盟境内进行航行的各国船舶征收碳税，暂时不适用于军舰、海军辅助船、捕鱼或鱼类加工船、原始结构的木船、非机械推进的船只或用于非商业目的的政府船只。具体来说，欧盟碳市场将涵盖欧洲经济区内部航运的所有碳排放、船舶在欧洲港口停泊期间的所有碳排放、从欧洲外港口出发航行进入欧洲港口船舶航程 50%的碳排放和离开欧洲港口航行到欧洲外港口船舶航程 50%的碳排放。[④]

---

① “The Next Wave Green Corridors: A Special Report for the Getting to Zero Coalition,” https://www.globalmaritimeforum.org/content/2021/11/The-Next-Wave-Green-Corridors.pdf.

② 《“绿色航运”未来可期》，https://baijiahao.baidu.com/s?id=1701500592351346909&wfr=spider&for=pc。

③ Regulation (EU) 2015/757 of the European Parliament and of the Council of 29 April 2015 on the monitoring, reporting and verification of carbon dioxide emissions from maritime transport, https://eur-lex.europa.eu/legal-content/EN/TXT/PDF/?uri=CELEX:32015R0757.

④ “‘Fit for 55’—EU Proposals to Regulate Shipping GHG Emissions,” https://www.ukpandi.com/news-and-resources/articles/2021/eu-proposals-to-regulate-shipping-ghg-emissions/.

五　北极航运绿色治理的趋势与挑战

近年来北极航运绿色治理进程加速，新的环保规则密集出台，国际航运温室气体减排也被提上日程。在多边平台的磋商中，共识与分歧并存，其中以欧盟为代表的发达国家、部分太平洋小岛屿国家，以及非政府组织支持雄心很高的北极航运环保标准，主导和推动北极航运绿色治理的议程设定和规则制定，而俄罗斯、中国等国家则主张更加稳健、务实、科学的规制目标和进程。

（一）北极航运的环境保护规则和标准日益综合和严格

IMO 是联合国负责海上航行安全和防止船舶造成海洋污染的专门机构，也是航运治理的核心平台。IMO 陆续出台了多项适用于北极航运的环保规则，如《极地规则》、重油禁令和“限硫令”，相关配套制度和规则也在落地实施，北极航运国际规则体系迅速发展，规制范围越来越广、标准越来越严格。从规制形式上看，早期多出台建议性的指南文件，时机成熟后发展成为具有法律拘束力的硬法规则，体现出软法和硬法相结合、由软法向硬法发展的模式特点。从规制内容看，受到规制的污染物范围不断扩大，受到规制的活动范围不断延伸，环保标准日趋严格，开展北极航运活动需要遵守更高的要求。

与此同时，由于国际社会对气候变化和海洋塑料垃圾问题的关注，IMO 制定了专门的指导性应对战略，确定了计划实现的具体目标、推进行动和相应的时间表，并开展监督和审查，国际航运开启了“减排”和“减塑”进程。IMO 制定了航运温室气体减排战略，在战略修订过程中，航运业的碳减排目标有可能进一步提高。这些进程同样将约束北极海域的航运活动，并助推和强化北极航运特殊环保规则的制定出台，北极航运未来可能面临更加严格的规制。

北极航运属于高起点航运活动，受益于海冰季节性消融的水文条件，北极航运发展刚迈入起步阶段；恰逢国际航运绿色治理进程加速，开展北极航运的国际履约成本将随之增加，北极航运绿色治理进程将对北极航运产生深远影响。

（二）非政府组织在北极航运绿色治理中具有较大影响力

非政府组织（NGO）在北极航运治理中发挥了不可忽视的作用，它们发布研究报告，游说各国政府，倡导更有雄心的减排目标和措施，提出规制提案，并对 IMO 相关政策的磋商制定施加影响。由非政府组织组成的“清洁北极联盟”致力于保护北极生态环境不受北极航运活动的污染，提供相关研究报告并积极游说政府采取措施，推动制定有关黑炭、温室气体排放、重油、洗涤剂和污水以及水下噪声的限制规则。“清洁北极联盟”在北极航运治理中非常活跃，并具有强大的影响力，IMO 重油禁令、黑炭倡议和限硫令的出台背后均有这一联盟的工作。

非政府组织在温室气体减排方面也提出更高的要求。一方面，它们主张更激进的减排目标。多个国家政府和行业组织认为 IMO 设立的航运业温室气体减排目标过于保守，在联合国气候变化格拉斯哥大会上签署建立绿色航运走廊宣言的相关方就明确提出其目标是到 2050 年实现航运业脱碳，远高于 IMO 关于温室气体减排初步战略中的设定。另一方面，它们主张更果断的减排措施。各方对绿色航运走廊的概念仍未形成共识，绿色航运走廊框架协议不要求特定航线上的所有船舶在一开始就都实现零排放，允许将其作为长期努力的目标，然而美国的两个环保组织——海洋保护组织和太平洋环境组织，支持将绿色航运走廊定义为“零排放海上航线”，并鼓励签约国和相关港口迅速采取行动，制定包括即时、临时和最终强制性的标准，从而逐步淘汰绿色航运走廊上的所有化石燃料船舶。[①]

（三）北极航运绿色治理中存在立场对立和分歧

北极航运绿色治理主要在 IMO 框架下开展，然而不同国家在重油规制、

---

① 《22 国集团在 COP26 上公布“绿色走廊”计划》，https：//www.xindemarinenews.com/topic/yazaishuiguanli/34032.html。

温室气体减排等议题上的立场存在较大分歧，有待各方在科学研究的基础上进行务实磋商，推进北极航运的可持续发展。

在 IMO 关于在北极地区出台重油禁令的议题磋商中，芬兰、挪威、美国、丹麦、加拿大、冰岛、瑞典七个北极国家均支持环保组织倡导的重油禁令，保护北极海域的资源、生态环境、原住民及其生活方式免受重油使用的危害。俄罗斯、中国和沙特阿拉伯则提出质疑。俄罗斯认为，目前在北极航运方面的法规和保护措施已经足够，重油泄漏事故发生极为罕见，禁止使用重油的科学依据并不充分，这一提案具有地缘政治动机。中国也赞同基于科学、全面、客观分析进行决策，支持采取平衡和实用的措施。①

在 IMO 正在进行的航运碳减排磋商谈判中，各方对一些核心问题也缺乏共识。IMO 现阶段所提出的航运业减排初步战略仍属临时性安排，即将面临复审，然而对温室气体减排初步战略的复审进度和内容各方仍存不同意见，这不仅涉及目标设定和时间节点，还包括实施减排目标应采取的措施、影响以及能力建设等制度，具体的实施方案仍存在一定的不确定性。例如，马绍尔群岛和所罗门群岛提交了关于到 2050 年实现航运零排放的决议提案，这个目标比初步战略的设定要严格得多，得到了加拿大、日本、新西兰、乌克兰、英国、美国、瓦努阿图、冰岛八个国家的支持，但巴西、中国、俄罗斯、沙特阿拉伯、南非和阿拉伯联合酋长国则反对 2050 年零排放目标。②此外，船舶营运能效控制方案中的营运能效基准线、碳排放强度衡量指标等设定尚存争议；市场机制方案也由于涉及碳排放交易、排放峰值等敏感问题，而一直未获通过。③

在国际航运碳减排的监管方面，欧盟将国际航运碳排放纳入其碳排放交易体系的做法遭到许多国家和国际航运机构的批评，这反映了国际社会在国

① “IMO Polar Code Ban on Heavy Fuel Oil in Arctic Shipping Moves Ahead,” https：//www.cryopolitics.com/2020/02/22/arctic-heavy-fuel-oil-ban-imo/.

② “14 Countries Sign Declaration Urging for Zero Emissions Ships by 2050,” https：//safety4sea.com/14-countries-sign-declaration-urging-for-zero-emissions-ships-by-2050/.

③ 《“绿色航运” 未来可期》，https：//baijiahao.baidu.com/s？id=1701500592351346909&wfr=spider&for=pc。

际航运治理上的立场差异。在联合国政府间气候变化专门委员会（IPCC）发布的《国家排放清单指南》中，港口国的水运碳排放只包含始发港和到达港均为同一国港口的船舶航次的排放，始发港和到达港为不同国家港口的船舶航次排放为国际航运排放，由国际海事组织负责管理和控制。

国际航运的特殊性决定了政策的全球性，IMO 是国际航运主管机构，欧盟将部分国际航运碳排放纳入其碳排放交易体系，是对国际航运碳减排的单边和区域性监管措施，将导致在 IMO 建立基于市场的全球措施面临更大的难度，削弱多边平台合作。例如，亚洲船东协会认为，欧盟单方面采取这一基于市场的管控措施将会制造新的贸易壁垒，扭曲国际贸易体系，若其他国家效仿，将会造成全球海事监管框架的混乱和碎片化。[①] 日本、韩国等国家均持反对意见，认为在减少航运碳排放方面，建立全球层面的监管框架将比建立欧洲这一地区性体系更有效，欧盟这一做法不但不能减少国际航运的碳排放，反而可能增加因规避法规而增加碳排放的风险。[②]

六　结语

中国是航运大国，北极航道的开发利用将为亚欧经贸提供备选航线，对中国有重要的战略意义。中国一贯倡导保护和合理利用北极，以可持续的方式参与北极航道开发利用，愿与各方共建“冰上丝绸之路”。当前，北极航运环保标准不断提升，国际航运业也进入脱碳轨道，开展北极航道开发利用面临多重挑战，中国应积极应对。

在国际治理层面，中国应积极参与 IMO 正在推进的国际航运温室气体减排国际规则谈判。坚持国际海事组织在国际航运碳减排治理中的核心地位，反对对国际航运的单边或区域监管；就碳减排目标、原则、措施及监管

① 《亚洲船东协会抨击欧盟“独立门户”的碳排放交易计划》，https：//baijiahao. baidu. com/s？ id = 1716099398173824638&wfr = spider&for = pc。

② 《中国航运业明确反对欧盟碳排放交易体系（EU ETS）》，http：//m. tanpaifang. com/article/76704. html。

等核心问题提出中国主张和方案，合作、包容、平衡、公平地促进国际航运可持续发展；同时也要加强与非政府组织、国际和国内海运行业等利益相关方的沟通与合作。在国内层面，我们也要积极开发利用清洁能源，加强能源、海事、设备制造等部门之间的协同配合，推动航运业绿色转型，提升航运绿色发展的竞争力。这其中涉及鼓励研发可替代性清洁燃料及运输、存储和使用技术，重视对新型船舶的研发制造，加强绿色港口基础设施建设，完善国内港航监管，逐步推进船队更新改造和海员培训等具体举措。

B.13

北极航道战略支点港口现状及布局

孟思彤　余　静*

摘　要： 全球变暖导致海冰融化加剧，北极航道在近几十年内实现夏季持续通航可能性极大。港口作为水陆交通的集结点，其布局是北极航道开发利用至关重要的一环。由于北极自然环境的独特性，北极航道沿线港口的区位条件和战略布局注定与传统港口有所不同。关注北极航道沿线战略支点港口的研究尚不多见，本文以北极航道战略支点港口为主线，综合军事、政治、安全、经济等多方面因素对其内涵和范围进行界定，梳理近期北极航道战略支点港口的现状，分析其布局因素及特征。

关键词： 北极航道　战略支点港口　北极五国

全球气候变暖趋势日益明显，北极地区的升温速度又是全球平均升温速度的2倍，海冰范围不断缩小，据估计，2040~2050年夏季，北极圈内的海冰将完全消失。[①] 随之而来的是北极通航环境的改善，北极航道与传统航线相比节约了30%~40%的运输时间与经济成本，再加上北极可观的自然资源和科考价值，使更多的船舶取道于此；同时又能免受传统航线上恐怖主义与海盗活动的侵扰。北极航道即将迎来新时代，各国开始将北极航道视为国家战略格局中

* 孟思彤，中国海洋大学海洋发展研究院博士研究生；余静，中国海洋大学海洋与大气学院副教授。

① “Climate Change 2022: Impacts, A daptation and Vulnerability,” https: //www. ipcc. ch/report/ar6/wg2/.

的一部分。将北极航道串联起来的重要港口则实实在在地起到了战略支点的作用。北极航道战略支点港口是保障东北航道（Northeast Passage，NEP）和西北航道（Northwest Passage，NWP）连接北冰洋、大西洋和太平洋，最快联系亚洲、欧洲和北美洲间的海上支点，也决定着全球海上交通运输格局是否将会北移以及北极治理重心是否向航运方面转移。①

一　北极航道战略支点港口的内涵和识别

（一）北极航道战略支点港口的内涵

本文论述的战略支点港口是一个全新的概念，一些专家学者也开始对其内涵进行相应研究。通常认为，战略支点港口是由战略支点衍生而来，因此本文借鉴了战略支点的有关因素。战略支点是指在次区域的、区域的、跨区域的或全球的多边框架下，通过战略性的双边互动、交流与合作，综合军事、政治、安全、经济等多方面要素，有效发挥全局的或关键的支撑作用，并能辐射到其他各方，产生积极的示范和激励效应，从而保证多边关系稳定、和谐、有序进行的国家或地区。②

再结合北极的新形势，本文对北极航道战略支点港口和北极航道战略支点港口的布局的内涵作出如下理解：第一，北极航道战略支点港口是作为北极航道的港口体系中发挥最高层次的战略引领作用的港口而存在的，对实现北极航道的贸易发展、军事安全、科学考察和双边关系等战略目标有综合性的支撑意义。依托该港口在北极航道中较强的影响力，既能在北极航道范围内撬动更高维度的合作，又能超出北极航道地理范围撬动其他港口的国际地位。第二，北极航道战略支点港口是一个富有生命力的概念，其某些要素和范围是会随着北极航道的变化而不断丰富和完善的；某个港口的战略支点地

① 目前北极航道共三条：东北航道、西北航道和中央航道。其中，中央航道经过北极点，途经路线常年坚冰覆盖，其航运价值不高、开发力度也较小，所以本文对中央航道暂不做讨论。

② 周方冶：《“21世纪海上丝绸之路”战略支点建设的几点看法》，《新视野》2015年第2期。

位也会随着世界经济的发展、国际关系的变化呈现上升或下降的趋势。[①] 如冷战前，北极航道战略支点港口的战略功能以军事安全为主；随着商船和原有通过其他港口或陆空运输方式的货物汇集于此，目前更多国家对此处港口的战略以争夺贸易和资源为主。第三，北极航道战略支点港口的布局是一个更高级的资源配置体系，需要通过确定目标港口数量、找准北极航道战略支点港口的具体位置、定位其主要功能、基于现实不断调整等步骤，达到北极航道战略支点港口在带动其他港口的同时也接受其他港口的影响，最大限度地发挥北极航道战略支点港口自身的功能定位与对其他港口的辐射力。

（二）北极航道战略支点港口的识别

世界港口指数数据库显示，北冰洋沿岸港口约有 350 个，多数因建设时间久远、设备年久失修而无法正常使用。[②] 这些港口不是全部都在北极航道上，也并非每个港口都是北极航道的战略支点港口，所以应以国家为主体对北极航道的港口范围进行识别。

“北极五国”是指在北冰洋沿岸的五个国家，它们分别是俄罗斯、美国、加拿大、挪威、丹麦（格陵兰），所以东北航道的港口只需考虑俄罗斯北部和挪威近巴伦支海沿线的范围即可；西北航道经过的范围是美国阿拉斯加的波弗特海沿岸、加拿大北部以及格陵兰岛的巴芬湾沿岸。即使以这五个国家为主体进行识别，港口数量也有 100 多个，因本文篇幅有限，无法逐一评价，而且战略支点港口本身就是整体中的典型代表，因此仍需在数量上进一步限定：根据港口集装箱吞吐量排名并参考现有研究得出的发展潜力排行来选取前三名的港口。选择“港口货物吞吐量”作为参考是因为传统上吞吐量被认为是港口绩效的代表，也是衡量港口发展的最基本的生产指标。发展潜力评价是衡量了诸多复杂要素，且基于不同的评价目的和区域发展得出

---

① 左世超：《“21 世纪海上丝绸之路”战略支点港口选取研究》，硕士学位论文，大连海事大学，2018，第 13 页。

② 美国国家地理空间情报局官网，https：//nordregio. org/maps/sea-routes-and-ports-in-the-arctic/。

的结论，符合战略支点港口的全局性、系统性和多样化的特征。① 所以能合理推断，以上两个指标综合排名在前列的港口，设立之初是由国家精心选取并在政策上大力支持的，不仅现在的发展状况利好，未来也会继续发挥优势地位和战略支点作用。综上，本文最终选取了 14 个港口作为研究样本：摩尔曼斯克（Murmansk，68° 34′ N，33° 30′ E）、阿尔汉格尔斯克（Arkhangelsk，64°32′N，40°32′E）、萨贝塔（Sabetta，71°27′N，72°07′E）、佩韦克（Pevek，69°42′N，170°17′E）、提克西（Tiksi，71°39′N，128°52′E）、纳尔维克（Narvik，68°25′N，17°25′E）、哈默菲斯特（Hammerfest，70°66′N，23°67′E）、特罗姆瑟（Tromso，69°39′N，18°58′E）、庞德因莱特（Pond Inlet，72°45′N，76°45′W）、开普扬（Cape Young，68°55′N，116°55′W）、卡图克（Tuktoyaktuk，69°27′N，133°0′W）、诺姆（Nome，64°30′N，165°25′W）、埃格德斯明德（Egedesminde，68°42′N，52°52′W）、马尔莫里利克（Marmorilik，71° 08′N，51°12′W）。

二　北极航道战略支点港口的现状

（一）俄罗斯

俄罗斯在整个北极航道上所占的港口数量最多，目前北极地区的港口航运能力有限，虽然俄罗斯在北极地区有 135 个使用港口，但其中 75%是非常小的港口，只有一个摩尔曼斯克是大型港口，其他相对发达的港口主要集中在俄罗斯的西北部，即巴伦支海以及北欧地区。俄罗斯在北极地区拥有最大的经济地位，俄罗斯北极地区的经济总量占俄罗斯国内生产总值的 10%，占俄罗斯出口总额的近 20%，主要源自全球对矿物资源和海产品的需求，②

① C. Zhang，L. Huang，Z. Zhao，"Research on Combination Forecast of Port Cargo through Put Based on Time Series and Causality Analysis，" *Journal of Industrial Engineering and Management*，6（2013）：129.

② "Russia Briefing，Russian Arctic Annual GDP to Reach US $500 Billion，" https：//www.russia-briefing.com/news/russian-arctic-annual-gdp-reach-us-500-billion.html/.

这使俄罗斯对国际贸易和东北航道产生很大的依赖。2021 年，东北航道的总运输量达到 3.4 亿吨，在过去 5 年中增长了 350%。这是俄罗斯北极地区经济增长的众多迹象之一，特别是在石油和天然气行业。[①]

表 1　俄罗斯在北极航道的战略支点港口情况

航道	港口及位置	港口主要功能	城市人口（人）	港口泊位数量（个）	吞吐量（百万吨）	通航期（月）	水深（米）	突出优势	腹地待开采的油气（亿吨）
东北航道	摩尔曼斯克（Murmansk Port）位于巴伦支海 NEP 西段	船舶补给、污水处理、船舶维修	308096	29	51.7	12	13	俄罗斯北冰洋沿线最大海港，不冻港，最大渔港	85.62
	阿尔汉格尔斯克（Arkhangelsk Port）位于巴伦支海 NEP 西段	船舶补给、污水处理、船舶维修	351488	21	2.6	5	9.2	多功能港口，海铁联运枢纽，人口多	0.66
	萨贝塔（Sabetta Port）位于喀拉海 NEP 中段	液化天然气运输	33750	14	8.0	4	15.1	中国通过河运进入北冰洋的唯一航道，服务于亚马尔液化天然气项目	171.68
	佩韦克（Pevek Port）位于东西伯利亚海 NEP 东段	船舶补给、维修	4547	9	0.24	4	10	海、河、江汇聚效应，通航时间长，地理位置优越	0.18
	提克西（Tiksi Port）位于拉普捷夫海 NEP 中段	小型船舶修理、提供营救和紧急修理服务	3380	7.6	0.41	3	6.8	航务服务齐全，港区吃水深	40.95

① “Russia’s Northern Sea Route Posts Record Year for Traffic Volume”, https://www.maritime-executive.com/article/russia-s-northern-sea-route-posts-record-year-for-traffic-volume.

摩尔曼斯克港是俄罗斯西北部第二大港口，是俄罗斯最大的不冻港之一，也是腹地城市的经济支柱。① 近两年，该港注重生态环保和设备改良。根据2020年12月摩尔曼斯克市城市规划和国土开发委员会决定，摩尔曼斯克海港生态基地建设项目的施工许可证的有效期为2022年1月，并包含以下具体要求：148米长的泊位；10.5~11.30米的深度；吨位8000吨、长128.2米、宽16.74米、满载吃水6.5米的船舶；允许在全循环状态下接收和回收所有类型的船上废物的设备，能达到每年回收舱底水6.2万吨，年处理生活污水1万吨；建设一座25.5米高的自动化无线电工程站，以便在其上容纳船舶交通管理系统（VTMS）设备，以确保科拉湾南部及摩尔曼斯克附近区域的船只在雷达控制范围内，提高船只航行安全水平。②

2021年3月，俄罗斯批准了阿尔汉格尔斯克港的一个建设项目。码头基础设施将增加两个泊位（一个是通用的，一个是辅助的）、一个仓储区、一个操作池、一个小型电站，以及其他的现代通信设施，年产能预计增加35.7万吨。③

萨贝塔港是为亚马尔液化天然气项目而专门打造的港口，亚马尔将成为北极地区最大的液化天然气生产基地。2021年，萨贝塔港收到了4万吨专用设备，用于建设码头和船只，与该港口联系的国家是中国、挪威、韩国、德国。

佩韦克港是东北航道较大的港口之一，也是俄罗斯最北端的海港，超过25%的运往楚科奇的海上物资都是通过该港运输的，通航期为每年的7~10月。目前，佩韦克港正在进行现代化改造，包括主要基础设施现代化和扩建的综合计划。2021年4月，该港计划再开设一个全年开放的新码头，于2026年投入使用，每年将处理约200万吨货物，在项目期限内（至2059

① “Port of Murmansk,” https：//en.wikipedia.org/wiki/Port_of_Murmansk.

② “Development of Port Infrastructure Facilities and Fleet of the Murmansk Branch”, https：//www.rosmorport.com/filials/mur_developmentofports/.

③ “New Port Project in Arkhangelsk Region,” https：//seanews.ru/en/2022/03/21/en-new-port-project-in-arkhangelsk-region/.

年）将处理超过 4000 万吨的货物。[①]

提克西港被认为是东北航道东部基础设施的管理点，对俄罗斯国民经济部门和国家安全领域都具有重要意义，主要从事工业和食品货物、各种设备的转运，与提克西的铁路连接。早在 2018 年俄罗斯政府在专门讨论北极地区发展优先事项的会议上就讨论了重建提克西港的必要性，预计提克西港将成为东北航道的一部分。提克西港在 20 世纪发展得相当迅速，但到 20 世纪末，提克西的人口开始下降，几乎减少了 2/3。提克西港口作用下降的原因是技术进步和设施普通，在使用核破冰船后，船队需要在提克西港途中停靠的机会就少了。[②] 所以，丰富港口的功能是提克西港未来建设的重点。

（二）挪威

挪威海面积是北海面积的两倍，蕴含着更为丰富的油气资源，然而挪威海在资源开采的成熟度上远不及北海，但近两年挪威海的天然气开采和管道输送也已延至北极圈内。[③] 另外，在港口基础设施方面，挪威是最完备的北极国家之一，拥有三个为东北航道服务的中型港口；近十年，在北极地区港口货物周转量的排名中挪威均高于俄罗斯，其中纳尔维克港是目前巴伦支地区货物周转量最大的港口。

2021 年是纳尔维克港向绿色航运过渡的特殊年。2021 年 11 月，纳尔维克港公布即将建设世界上第一艘既快速又无碳排放的氢动力船，取代一直以来的柴油动力船。这会使纳尔维克港大幅度降低柴油消耗量和二氧化碳排放量，并对未来几年的国际航运提供重要的突破性技术，同时有助于周边地区的经济发展。该船计划于 2023 年下水，预计纳尔维克港将成为世界上第一

---

① "Pevek Port's New Terminal is Scheduled for 2026," https：//tass. com/economy/1274589?utm_ source = google. com&utm _ medium = organic&utm _ campaign = google. com&utm _ referrer = google. com.

② "Tiksi Port：Waiting for Cargo（photo）Tiksi Seaport History," https：//yusupovpalace. ru/en/port-tiksi-v-ozhidanii-gruzov-foto-port-tiksi-v-ozhidanii-gruzov-foto. html.

③ "Russian Arctic Portsdown，Norwegian up," http：//www. patchworkbarents. org/node/156.

表 2　挪威在北极航道的战略支点港口情况

航道	港口及位置	吞吐量(百万吨)	无冰期(月)	水深(米)	重点功能	主要货物
东北航道	纳尔维克(Narvik Port)位于挪威海西部	1.4	12	11.9	港口遮蔽良好，为大型船舶提供良好的进出和机动条件	与其他地区有良好的公路和铁路连接，能够处理多数类型的货物，包括石油、盐、水泥、石头、木材、车辆、谷物和动物饲料
	哈默菲斯特(Hammerfest Port)位于挪威海西北部	0.27	12	12		主要进口煤炭、普通货物、集装箱货物、盐和石油，主要出口液化天然气、鱼和鱼产品
	特罗姆瑟(Tromso Port)位于挪威海北部	0.12	5	10	该港口已发展成为处理巴伦支海近海石油活动、进入北极地区的游轮、国际捕鱼船队和杂货船的主要基地	主要出口鱼制品、鲱鱼油和鲱鱼粉、海豹皮和普通货物。主要进口车辆、石油和饲料

个可以为航道交通服务的加氢站，使该地区更多的参与者转型为气候友好型。①

2021 年底，哈默菲斯特市政府和挪威海岸管理局开始对哈默菲斯特港进行改善，计划于 2023 年 8 月完成，工程总价约 3800 万美元。主要是对哈默菲斯特港海床上受污染的沉积物进行净化，工作包括拆除现有码头结构并建造新码头、建立污染材料存放处、对港口进行环境疏浚和封盖，以及增大港口水深。② 所以，哈默菲斯特港近期将处理更多涉及综合环境整治和升级的事宜。

特罗姆瑟港是挪威最大的渔港之一，也是挪威北部重要的物流枢纽和旅游港口。特罗姆瑟港正在对市中心进行大量投资，包括新建和扩建的码头和设施以及新的游轮码头。这样能将游轮停靠在市中心，将乘客和工作人员置

① “Vil Bygge en Hydrogendrevet Hurtigbåt,” https://www.narvikhavn.no/nyheter/vil-bygge-en-hydrogendrevet-hurtigbaat.aspx.

② “Dredging of two harbors in Northern Norway about to begin,” https://www.dredgingtoday.com/2021/12/03/dredging-of-two-harbors-in-northern-norway-about-to-begin/.

于所有活动的中心，亲海性更强。[1] 近200年来，特罗姆瑟港一直在参与北极地区的发展，但是新冠肺炎疫情的发生对特罗姆瑟港的发展造成了巨大的冲击，除了渔船数量增加之外，所有领域的活动都有所减少。2020年以来，特罗姆瑟港几乎没有任何与旅行有关的活动，可以预期特罗姆瑟港仍需要一些时间才能恢复正常。2021年尽管新冠肺炎疫情继续带来挑战，但特罗姆瑟港仍有目的地在总体目标范围内建设，努力成为海运业务发展的提供者、绿色海运转型的推动者。[2]

（三）加拿大

表3　加拿大在北极航道的战略支点港口情况

航道	港口及位置	吞吐量（百万吨）	无冰期（月）	水深（米）	重点功能	主要货物
西北航道	庞德因莱特（Pond Inlet Port）位于巴芬湾 NWP东北段		5	9.1	运输能源和发展旅游业	散装石油和天然气
	开普扬（Cape Young Port）位于NWP中段			15.5		
	卡图克（Tuktoyaktuk Port）位于波弗特海沿岸 NWP中段偏西				旅游业发达	

注：表格空白区域为官方未公开数据。

庞德因莱特港官网发布的2021年报告显示，该港口在新建基础设施，主要由东、西防波堤，铺设区，密封坡道，小型船只浮桥和连接这些设施的海岸线通道组成。该项目的施工阶段现已完成，预计2022年投入

① "12 Major Ports Of Norway," https：//www. marineinsight. com/know-more/ports-of-norway/.

② https：//tromso. havn. no/en/about-us/arsrapporter-english/.

运营。①

卡图克港是加拿大著名的游轮港口，当地的自然美景造就了一个独特的旅游胜地。2021 年的加拿大大选中，保守党承诺要为北部港口和水电项目提供资金，计划将卡图克港改造成深水港，以此进一步带动腹地的石油和天然气开发以及旅游业，争取成为潜在的北极航运枢纽。② 尽管保守党领袖奥图尔在大选中输给了特鲁多，但保守党的相关建议也会继续影响其政治行为，对此应该引起重视。

（四）美国（阿拉斯加地区）

阿拉斯加在北极航道的港口并不是很发达。2020 年 7 月，美国参议院通过了《2020 年国防授权法案》，要求美国国防部确定每个潜在的战略港口的地点及建造、维护和运营战略港口的成本预算，并在 3 个月后指定“一个或多个港口”作为北极战略港口。2021 年 1 月，美国总统批准了在阿拉斯加的诺姆市建造深水港的项目。预计将于 2021 年 3 月进入为期两年的设计阶段，总预算 1.75 亿美元。③

表 4　美国在北极航道的战略支点港口情况

航道	港口及位置	主要功能	无冰期（月）	水深（米）	主要货物
西北航道	诺姆（Nome Port）位于白令海峡	海事枢纽服务 国际贸易 船舶/船员补给 军事服务 旅游娱乐 资源开发	4	10~45	散装（燃料、车辆、建筑材料、电器、杂货、渔业）

① “Pond Inlet Update-2021 Season,” https：//www.towerarctic.net/pondinlet-en.

② “Conservatives Promise Funds for Northern Ports, Hydro Projects,” https：//www.cbc.ca/news/canada/north/conservative-platform-northern-infrastructure-1.6161270.

③ “S. 1790-National Defense Authorization Act for Fiscal Year 2020,” https：//www.congress.gov/bill/116th-congress/senate-bill/1790.

在 2021 年 11 月举行的阿拉斯加港务长会议中，诺姆港口总监介绍：诺姆深水港项目的目的是为诺姆港的商业、国家安全和旅游业的发展提供安全、可靠和高效的海上运输通道。扩建部分的工程将使港口西部堤道的长度增加大约 1 倍，并增加一个长约 1400 英尺的防波堤，并在深水中新增 3 个大型船舶码头。该项目能为 60 多个社区提供服务，将为上万人提供就业机会。该项目的目标效益有四个：第一，国家安全和生命安全。加强美国在北极地区的存在，为搜救工作提供关键的补给支持。第二，环境安全。管理溢油应急资产，减少对其他地区海运燃料的依赖。第三，经济和文化的可持续发展。降低区域运输成本，为区域提供经济机会与资源开发的交通服务。第四，旅游和娱乐发展。支持更多的船舶停靠在诺姆港（2022 年计划停靠 23 艘），增加投入使用的破冰船数量，减少游轮进港时间和难度，相关基础设施的完善能吸引更多游轮停靠。[①] 诺姆港预计 2027 年秋竣工，将成为美国在阿拉斯加西部地区的转运枢纽，也是美国在北极地区唯一的深水港和前沿部署。[②]

（五）丹麦（格陵兰）

格陵兰的主要港口有 5 个，它们是小型港口和非常小的港口，分别是：埃格德斯明德港（68°42′N，52°52′W）；戈特霍布港（64°10′N，51°44′W）；马尔莫里利克港（71°08′N，51°12′W）；纳萨尔苏瓦克港（61°08′N，45°26′W）；苏克托彭港（65°25′N，52°54′W）。但是纳萨尔苏瓦克港、苏克托彭港和戈特霍布港的纬度不在北极圈内，所以丹麦位于西北航道上的战略支点港口仅有两个。

由于埃格德斯明德港和马尔莫里利克港本身就是非常小的港口，又受新冠肺炎疫情影响，国际航运减少，2021 年有关这两个港口的消息不多。海上旅行是环游格陵兰岛以及从格陵兰岛到邻近国家的最受欢迎的方式之一，

① “Nome Showcases Port Expansion at Harbormasters Conference,” http://www.nomenugget.com/news/nome-showcases-port-expansion-harbormasters-conference.

② “Alaska's Arctic Deep Draft Port at Nome,” https://www.nomealaska.org/port-nome.

表 5　丹麦在北极航道的战略支点港口情况

航道	港口及位置	吞吐量（百万吨）	无冰期（月）	水深（米）	交通运输工具	产业和主要货物
西北航道	埃格德斯明德（Egedesminde Port） 位于迪斯科湾 戴维斯海峡东北侧 格陵兰岛的西南		7	9.1	船、直升机和雪橇	捕鱼业和鱼产品加工为主 主要水产品为鳕鱼、虾、比目鱼和鲑鱼
	马尔莫里利克（Marmorilik Port） 位于巴芬湾 格陵兰岛的西北		5	6	船、直升机和雪橇	散装（天然气、大理石等燃料）

注：表格空白区域为官方未公开数据。

这两个港口未来或许会通过提升设施建设，来保持区域重要航运枢纽港和游轮港的地位。①

综上，北极航道战略支点港口大多属于中小型港口，但发展潜力很大，也逐渐受到当地或国家的支持；由于港口基础数据多有缺失，还有待监测和挖掘，沿岸的管理和港口布局还有待加强。

三　北极航道战略支点港口的布局

北极航道战略支点港口的布局是比单纯建设港口更高级的资源配置体系，需要通过分析港口的综合因素、确定目标港口数量、找准战略支点港口的具体位置、定位其主要功能、基于现实不断调整等步骤，达到战略支点港口的内部整体资源与外部同级别港口协调配合的效果，在带动其他港口的同时也接受其他港口的影响，最大限度地发挥北极航道战略支点港口自身的功能定位以及对其他港口的辐射力，共同为北极航道的发展服务。综合前文对北极航道战略支点港口的基本情况和现状分析，笔者对其有以下四方面的理解。

① https：//www.port-of-call.co.za/greenlands-maritime-history/，Greenland's Maritime History.

（一）北极航道战略支点港口的布局需考虑独特的因素

考虑的核心因素主要是无冰期长、水深和港口腹地资源。从前文表1~5看，北极航道战略支点港口基本具有水深10米以上、无冰期4个月以上的自然条件。因为不是所有的港口都能保证全年通航，所以无冰期决定了通航时间的长短，这会直接影响港口的生产效率、服务质量及资金流转。另外，水深决定着港口容纳船舶的能力，最大的液化天然气运输船需超过12米的吃水港。① 萨贝塔目前是一个人口稀少、几乎没有工业化的地区，但港口水深达15.1米，比摩尔曼斯克港深2.1米，这创造了一个独特的竞争优势，在未来继续打造北极深水港的战略背景下，萨贝塔港有望成为一个服务于全球市场的现代化多功能港口。另外，北极航道能引起外界的高度关注，很大程度上是因为其途经的地区被普遍认为是当今世界上最具油气资源开发潜力的地区。从前文数据也能印证北极现有和潜在的矿产资源位置与战略支点港口的布局高度重合，可以说能源格局基本决定了港口的格局。萨贝塔港坐落在亚马尔半岛，这里是全世界最大的天然气开采区，俄罗斯天然气开采量的90%及全球天然气开采量的17%都来源于此。俄罗斯最大的私营天然气公司诺瓦泰克（Novatek）、中国石油天然气集团公司、法国道达尔公司和丝绸之路基金合作开发的亚马尔液化天然气项目（Yamal LNG）就落户于萨贝塔港口的腹地。② 该项目成功获得国际融资在很大程度上取决于港口的腹地资源和运输能力的可靠性。

（二）北极航道战略支点港口数量宜精，共同构成网络化布局形态

战略支点是战略中的重点，应集中发力而不是平均发展，所以战略支点的数量宜精不宜多。佩韦克作为北极航道东段的港口，其拥有的居民数量、

① G. Daria & E. Efimova, "Policy Environment Analysis for Arctic Sea Port Development: The Case of Sabetta (Russia)," *Polar Geography*, 40 (2017): 191.

② 《中俄石油合作有多深？细数三大国营石油公司对俄投资》，https://news.fx168news.com/politics/cn/2203/5765020.shtml。

基础设施、发达的海河江汇聚效应、自然环境具有巨大的竞争优势，使其比同位置的普罗为杰尼亚、乌厄连、安巴奇克等港口更适合成为北极航道战略支点港口。萨贝塔在大部分标准上都优于中部地区的迪克森、阿姆杰尔马等其他候选港口，这使萨贝塔成为北极航道中段的理想战略支点港口。可以预见的是，随着亚马尔液化天然气项目、鄂毕 LNG 项目①和俄罗斯地区基础设施项目（如“北纬通道”铁路）的发展，萨贝塔将在北极航运中发挥更重要的作用。另外，摩尔曼斯克港受北大西洋暖流的影响，是俄罗斯北极地区唯一一个全年无冰的港口，扼守着东北航道东端的门户。在地理和自然环境上比北极航道西段的其他候选港口更有竞争力。摩尔曼斯克港已经与世界上 170 个港口建立了贸易联系，在俄罗斯主要港口中地位极高，骄人的发展进程也有力地支持了将其设为俄罗斯西部地区的战略支点港口的决策。当然，布局战略支点港口的初衷并不是只发展战略支点港口就够了，而是要发挥它的战略辐射作用，提高其与周边港口的衔接和分配效率，有效发挥枢纽港、干线港和支线港的作用，这样一带多的模式才能逐渐优化北极航道港口网络系统。

（三）北极航道战略支点港口呈现立体化布局状态

从地理位置上看东北航道和西北航道的中段、东段、西段各布局了 2~3 个战略支点港口，而且每个港口都有不同的功能定位，共同助推北极航道布局网。以东北航道为例，佩韦克港、萨贝塔港、摩尔曼斯克港和阿尔汉格尔斯克港分别是东北航道的东段、中段和西段地区最合适的战略支点港口。佩韦克港向楚科奇和萨哈地区运送物资，为矿石开采企业运送货物；萨贝塔港专门从事液化天然气出口；摩尔曼斯克港是俄罗斯国内和国际港口间货物进出口的重要中介港；阿尔汉格尔斯克港是俄罗斯传统的木材出口港，在供应

① 2022 年 3 月，俄罗斯天然气巨头诺瓦泰克公司宣布，将在亚马尔半岛的萨贝塔（Sabetta）快速建造一条额外的液化天然气生产线。继 2017 年投产的亚马尔液化天然气项目和预计 2023 年投产的北极液化天然气 2 号项目之后，该公司正在推进其下一个“鄂毕 LNG 项目”，年产能为 660 万吨。

航行于新经济区的船只方面起着重要作用。西北航道以此类推。14 个战略支点港口共同构成了一个支持北极航运的立体化多层次的港口网。[1]

（四）东北航道比西北航道利用率更高、港口定位更细化

将传统航道和北极航道的运距进行对比可知，北极航道给北半球大部分港口都带来了运距的节省，不同港口间运距减少的幅度相差较大，东北航道的开通对北半球港口区位条件的改变比西北航道更大。[2] 另外，东北航道也拥有更良好的通行条件。基于以上两个原因，东北航道比西北航道整体上更有吸引力。[3] 所以，东北航道的基础设施使用得更频繁、可搜集的数据也更完备。相关数据表明，在东北航道上无论是液体散货还是干散货，东行的运输方向使用次数与西行的运输方向使用次数的比例为 7∶3，即从西向东的货物流动是主要模式。这主要归因于俄罗斯的石油和天然气资源更多分布于中西部，[4] 因此港口布局时，东北航道中西段港口定位为主要的装货港，东段港口定位为主要的卸货港。

四　结语

深入探讨北极航道战略支点港口的选择和布局有助于更加合理地利用航道，是将航运铺开在北极治理框架中的关键抓手。任何国家如果能在北极航道战略支点港口的布局中取得比较优势或占据绝对主动，就有了呼应其他领

---

① Shuaiyu Yao et al.,"A Multi-criteria Decision Model Based on the Evidential Reason in Gapproach for the Selec Tion off Ulcrum Ports Supporting Arctic Shipping Through the Northeast Passage," *Maritime Policy & Management*, 10 (2020): 20.

② 王丹、张浩：《北极通航对中国北方港口的影响及其应对策略研究》，《中国软科学》2014 年第 3 期。

③ M. C. Ircha, & J. Higginbotham, "Canada's Arctic Shipping Challenge," in A. K. Y. Ng, A. Becker, S. Cahoon, S. L. Chen, P. Earl, & Z. Yang (eds.), *Climate Change and Adaptation Planning for Ports*, NewYork, Mass: Routledge, 2016, pp. 232-245.

④ Dan Wang et al., "Development Situation and Future Demand for the Ports Along the Northern Sea Route," *Marine Policy*, 33 (2019), 2.

域诉求的筹码。本文从海洋本体（即北极航道）视角出发研究港口，打破了传统的依陆建港视角，首先，通过对“战略”“战略支点”等名词内涵的梳理，厘清了北极航道战略支点港口和北极航道战略支点港口的布局的内涵；其次，用划定北极航道地理坐标的方法以国家为主体对北极航道的港口的范围进行限缩，接着根据各国国内港口集装箱吞吐量和发展潜力排行选取出本文的样本港口，分别介绍俄罗斯、挪威、加拿大、美国和格陵兰的北极航道战略支点港口的基本情况和2021年的新变化；最后，总结出北极航道战略支点港口布局的四大特征，以期为布局北极航道战略支点港口提供理论依据和实践方案，为极地新疆域的治理贡献一份力量。

附　　录

Appendix

B.14

2021北极地区发展大事记

1月

2021年1月1日　俄罗斯北方舰队成为俄罗斯的军区。这是俄罗斯首次将一个舰队的地位提升到与现有的西部、南部、东部和中部四大军区同等级别。北方舰队军区的责任范围将包括北极、俄罗斯北极海岸线和北方海航道。舰队的主要海军基地北莫尔斯克（Severomorsk）位于摩尔曼斯克附近，整个地区至少还有六个基地。

2021年1月5日　中国外交部发言人华春莹在外交部例行记者会上反驳美国国务卿蓬佩奥此前否定中国“近北极国家”身份的言论。她表示，中国是近北极国家之一，这是不容否认的，地理自然和社会现实是不以任何组织和个人的意志为转移的。北极的跨区域和全球性的问题与中国密切相关，中国重视北极国家在北极地区的主权权利和管辖权，愿意为北极的和平稳定可持续发展作出积极的贡献。

2021年1月　印度公布的首份北极政策文件草案结束了为期3个月的

征求公众意见期。该文件附带的一份说明称："印度希望利用其在喜马拉雅和极地研究方面的庞大科学储备和专业知识，在北极发挥建设性作用。此外，随着北极更易进入，印度也愿意作出贡献，确保其资源的利用是可持续的，同时也符合北极理事会等机构制定的最佳惯例。"

2021年1月5日 俄罗斯国家原子能公司（Rosatom）申请了71亿卢布的联邦基金，为北方海航道建造一艘顶级破冰船。随着俄罗斯北方海航道建设的推进，对这一偏远冰封海域的勘探工作也在加大力度进行。现在需要更专业的船只来进行海冰状况、海底地形和首选航行路线的调查。主导这一进程的是俄罗斯国家原子能公司，该公司负责北方海航道的开发。

2021年1月5日 美国海军公布了最新的北极战略文件《蓝色北极——北极战略蓝图》，呼吁重新关注与俄罗斯和中国在该地区的竞争。同日，美国海军部部长肯尼斯·布雷斯韦特表示，美国海军将开始在日益无冰的北极地区俄罗斯领土附近进行定期航行，挑战莫斯科在高北地区的行动。

2021年1月7日 特朗普政府在最后任期内试图通过一项仓促安排且颇具争议的租赁销售措施，来锁定位于阿拉斯加北极国家野生动物保护区（Arctic National Wildlife Refuge）的油气钻探项目。环保组织和一些原住民团体对钻探活动的影响表示担忧，一直在游说石油公司、银行和其他金融机构不要开发北极国家野生动物保护区。

2021年1月11日 时任美国国土安全部代理部长查德·F. 沃尔夫（Chad F. Wolf）批准了美国国土安全部首部《北极国土安全战略方针》（Strategic Approach for Arctic Homeland Security），据称这份具有里程碑意义的文件可使美国国土安全部在地缘政治利益和竞争加剧的情况下，更有效地应对该地区出现的风险。

2021年1月20日 美国总统拜登上任后不久就对北极国家野生动物保护区的所有石油和天然气租赁活动实行了"暂时禁令"，称"该计划背后有法律缺陷"，并且缺少必要的环境审查。拜登对阿拉斯加东北部保护区的钻探活动"踩刹车"的举动，是这位新上任的总统迅速签署的行政命令之一，以撤销前任总统的行政命令。

2021年1月25日 冰岛外交部任命的格陵兰委员会发布了一份名为《新北极地区的格陵兰和冰岛》的政策报告，其中详细分析了格陵兰与冰岛目前的合作，并就如何加强合作提出了建议。这份编写于2020年底的报告审查了土地和社会、政府结构和政治、基础设施发展，包括航空和海运的重大发展，特别关注东格陵兰岛及其特殊挑战。

2月

2021年2月17日 北约和俄罗斯之间的紧张局势升级，双方在高北地区的行动中有意展示军事装备。俄罗斯发布一份关于挪威北部危险区域的简短航行通告（NOTAM），说明了俄罗斯导弹发射的目标区域（挪威北角和熊岛之间海域），并宣布2月18~24日为警戒时间。

2021年2月19日 挪威贸易、工业和渔业部发布新闻声明称，欧盟在斯匹次卑尔根群岛周围的斯瓦尔巴渔业保护区，发放了超过挪威向欧盟提供的渔获数量配额，这侵犯了挪威根据《联合国海洋法公约》享有的主权权利。挪威向欧盟明确表示，任何超出挪威配额的渔业活动都将被视为非法的，并由海岸警卫队以常规方式维护。

2021年2月23日 挪威国防大臣在基尔克内斯会议上（Kirkenes Conference）谈到了挪威在高北地区面临的挑战，即再军事化和不断增加的大国存在。挪威国防大臣表示，挪威面临的最大问题是俄罗斯将在多大程度上继续行使和维护其主权，以及盟国将作出何种反应。

3月

2021年3月3日 美国得克萨斯州戴斯空军基地（Dyess Air Force Base）的两架B-1轰炸机被派遣前往奥尔兰空军基地（Orland Air Base）并在北海和波罗的海执行训练任务，与来自丹麦、波兰、德国和意大利的战机共同参与了训练，这是美国首次将轰炸机的基地设在国外。

2021 年 3 月 5 日 加拿大渔业与海洋部和海岸警卫队部长伯纳黛特·乔丹（Bernadette Jordan）宣布：该部门重新划分了北极地区边界线。加拿大渔业与海洋部和海岸警卫队与他们的服务对象合作开发了该地区；这一重要决定将促成更有力的项目和合作，以更好地满足北极社区的独特需求。

2021 年 3 月 6 日 俄罗斯"联盟号"（Soyuz）火箭于格林尼治时间 6 时 55 分从位于哈萨克斯坦的拜科努尔航天发射场（Baikonur cosmodrome）发射升空，火箭上搭载了俄罗斯第一颗监测北极气候和环境的卫星 Arktika-M。

2021 年 3 月 16 日 美国陆军发布新的北极战略《重获北极主导》，该战略将北极描述为战略竞争区域，阐述了美国陆军如何定位自己，以便在该地区开展行动，包括建立一个拥有经过专门训练和装备的战斗旅的可运作的双星作战总部的计划。

2021 年 3 月 18 日 俄罗斯外交部副部长弗拉基米尔·蒂托夫和冰岛驻俄罗斯大使阿尔尼·托尔·西古尔德森讨论了北极理事会内部的双边合作和区域议程。2021 年 5 月，冰岛将把北极理事会轮值主席国职位移交给俄罗斯，俄罗斯将在北极理事会担任两年主席国职位，直至 2023 年。

2021 年 3 月 21～26 日 北美航空航天防御司令部（NORAD）报告，美国和加拿大空军在北极地区展开了联合反弹道导弹演习，明尼苏达州国民警卫队空军第 148 战斗机联队的人员已被正式指派参加"银汞飞镖"（Amalgam Dart）演习。

2021 年 3 月 24 日 俄罗斯总理米哈伊尔·米舒斯京于本周签署通过俄罗斯新的液化天然气政府计划，包括一系列新的北极项目，其中可能包括什托克曼油田。俄罗斯计划到 2035 年将其液化天然气的年产量提高到 1.4 亿吨，这几乎比 2020 年增加了 5 倍。

4月

2021 年 4 月 1 日 俄罗斯政府副总理、总统驻远东联邦区全权代表尤里·特鲁特涅夫主持了北方海航道基础设施发展问题会议，其中包括组织定期的集装箱运输线和沿海运输，尤里·特鲁特涅夫强调俄罗斯政府高度重视俄罗斯北极地区的发展。

2021年4月6日 在格陵兰的议会选举中，左翼环保党因纽特人共同体党（Inuit Ataqatigiit，IA）以36.6%的得票率战胜了前进党。位于格陵兰南部的科瓦内湾（Kvanefjeld）矿床被认为是世界上铀矿和稀土矿藏最丰富的矿床之一，因纽特人共同体党致力于推动暂停该铀矿开采。

2021年4月12日 据《朝日新闻》报道，日本海洋地球科学技术机构（JAMSTEC）将于本财年开始建造新的大型破冰船，以支持全年北极地区研究。设计体量重达13000吨、长128米的新破冰船，造价约335亿日元（约合3.06亿美元），预计将与日本用于南极洲研究的破冰船Shirase一样大。它将携带全方位的设备，用于研究北极的海底和生物资源，以及进行海洋和大气测量。该船计划在2026年起航。

2021年4月19日 俄罗斯国防部部长谢尔盖·绍伊古（Sergei Shoigu）在国防部会上表示，俄罗斯将继续发展其在北极和北冰洋沿岸的军事基础设施，俄罗斯正在完善新西伯利亚群岛上临时机场的建设。绍伊古还高度赞扬了北方舰队北极考察的成果，并表示俄罗斯北方舰队历来非常重视科学研究。

2021年4月20日 俄罗斯交通运输部副部长亚历山大·波希瓦伊（Aleksandr Poshivay）在莫斯科举行的新闻发布会上说："俄罗斯跨北极深海光缆项目的铺设工作将于今年5月底、6月初开始动工。""项目将被命名为'极地特快'（Polar Express）。"该项目将推进从摩尔曼斯克到符拉迪沃斯托克整个俄罗斯北冰洋沿岸的高科技数字化进程。

2021年4月22日 挪威议会多数党通过了一项由进步党、中央党和社会主义左翼党提出的提案，该提案要求政府着手建设挪威北部铁路线，将现有挪威铁路网从弗于斯克（Fauske，位于博德附近）延伸到特罗姆瑟，同时还将修建一条通往哈斯塔德（Harstad）的支线。

5月

2021年5月3~5日 北极安全部队圆桌会议（ASFR）在线上进行。来自11个国家的45名军事领导人讨论了当前和新出现的高北安全问题，关注点包括以北极为重心的演习和信息共享，以及气候变化对军事行动的影响等方面。ASFR是目前唯一专注于北极地区独特且具有挑战性的安全动态以及维持稳定、安全地区所需的军事能力与合作的军事论坛。2014年以来，俄罗斯一直被排除在这一机制外。

2021年5月6日 加拿大海岸警卫队宣布，加拿大政府将资助建造两艘新的重型破冰船，以支持加拿大的造船业及其在北极的存在。这两艘船将分别在不列颠哥伦比亚省的Seaspan造船厂和魁北克的Davie造船厂建造，并将比加拿大目前正在运营的破冰船CCGS Louis S. St-Laurent更大、能力更强。该开发项目由加拿大政府的国家造船战略资助，该战略向海岸警卫队拨款157亿美元用于建造新船。

2021年5月8~9日 第三届北极科学部长会议在东京举办，其主题是"知识促进北极可持续发展——观测、认知、应对和加强：四步迭式循环"，这是该会议第一次在亚洲地区举行，组织者认为这"凸显了非北极国家在北极进行科学研究的价值"。

2021年5月9~10日 来自比利时、丹麦、德国、荷兰和挪威的8艘海军舰艇在挪威北部进行Mjølner演习，这是一项联合海上作战训练。该演习自2016年以来每两年举行一次，旨在更好地整合海军防御能力。2021年的演习将首次包括陆海部队之间的互动，并利用新的战斗防空系统。

2021年5月20日 在冰岛雷克雅未克举行的2021年北极理事会部长级会议批准了其第一个战略计划。8位外长签署了《雷克雅未克宣言》（The Reykjavik Declaration），重申北极理事会致力于维护北极地区的和平、稳定和建设性合作，强调北极国家在促进该地区负责任治理方面的独特地位，并坚决表示解决北极气候变化问题刻不容缓。该战略计划概述了北极理事会下一次工作的十年框架，将成为北极理事会未来合作的基础。

6月

2021年6月3日 据俄罗斯石油公司称，塞弗湾（Sever Bay）码头项目已经得到政府的全面批准，工程师们将很快在附近水域开始水利工程建设，并在岸上建造港口设施。该码头是“东方石油”（Vostok Oil）项目的关键组成部分，这个巨大的项目到2024年将输送2500万吨石油。到2030年，其石油运输量将增加到每年1亿吨。生产的石油将向西出口到欧洲市场，向东出口到亚太地区。

2021年6月7日 7日起，20多艘俄罗斯军舰以及沿海舰队、潜艇和飞机在北方舰队副司令的指导下，在巴伦支海进行战术演习。北方舰队的演习将评估战斗技能，发射不同的武器系统，以保护俄罗斯的海岸线免受假想敌导弹和潜艇的攻击。

2021年6月10~17日 国际海事组织海洋环境保护委员会召开第76次会议（MEPC 76），会议通过了对MAPOL公约附则I的修正案，增加了新的43A条，从2024年7月1日起禁止在北极水域使用或运输重油（HFO）。

2021年6月16日 美国总统乔·拜登和俄罗斯总统弗拉基米尔·普京在日内瓦举行了他们任期内的首次会晤，北极地区、乌克兰问题和核不扩散是他们讨论的焦点。

2021年6月17日 芬兰政府在会议上就新的北极政策文件《芬兰的北极政策战略2021》通过决议。新文件提出了芬兰在北极地区的主要目标，并概述了实现这些目标的主要优先事项。北极的所有活动都必须基于自然环境的承载能力、气候保护、可持续发展原则和尊重原住民的权利。

2021年6月23日 挪威政府向石油公司Norske Shell、Equinor、Idemitsu Petroleum Norway、INEOS E&P Norway、Lundin、OMV（挪威）和Vår Energi授予了四份石油勘探租约，其中包括北极巴伦支海的三份。

2021 年 6 月 25 日 《预防中北冰洋不管制公海渔业协定》生效，并在未来 16 年内继续有效。

7月

2021 年 7 月 2 日 格陵兰新政府开始对一项拟议法案进行为期 1 个月的公开征求意见，该法案除了禁止开采铀矿外，还将禁止可行性研究和勘探活动。根据提案，当选政府（Naalakkersuisut）希望恢复所谓的零容忍政策，以实现其确保“格陵兰岛既不生产也不出口铀”的目标。

2021 年 7 月 10 日 美国海岸警卫队“希利”号（Healy）破冰船启程执行新的北极任务，拟通过西北航道过境北极，计划开展包括海底测绘和分析格陵兰冰川融水情况等工作。

2021 年 7 月 12 日 中国第一艘自主研发的科考破冰船“雪龙 2”号从上海出发，开始了我国第 12 次北极考察，这是我国“十四五”期间（2021～2025 年）首次对该地区进行科学考察。

2021 年 7 月 14 日 美国空军部在接受《国防新闻》采访时表示在着手开展两项计划，以解决北美北极地区可靠通信方面的差距。其中第一项计划涉及与商业航天工业的合作，美国空军投资 5000 万美元用于测试计划稍后租用的极地卫星。第二个项目涉及与挪威的国际合作，挪威将在即将发射的卫星上托管美国通信有效载荷。

2021 年 7 月 16 日 迪拜环球港务集团和管理北方海航道的俄罗斯国家原子能公司（Rosatom）签署协议，在北冰洋开展航运业务。两家公司将建立一支冰级集装箱船队，还将研究在海上航线的两端——摩尔曼斯克和符拉迪沃斯托克——开发俄罗斯港口，以处理集装箱从冰级船舶到普通船舶的转运。

8月

2021 年 8 月 3 日 美国下令对阿拉斯加北极国家野生动物保护区钻探

活动进行新审查，拜登政府在联邦政府网站上发布公告，宣布开启60天的公众评论期，以此开始这项审查。

2021年8月3日 加拿大皇家海军新服役的北极和近海巡逻舰“哈利·德沃尔夫”号，从哈利法克斯出发，开始了在加拿大北部的第一次作战任务。这艘军舰将开始为期4个月的行动部署，参与北极地区的纳努克行动（Operation Nanook），并将通过西北航道继续航行。

2021年8月4日 俄罗斯北方舰队在北极开始大规模演习，1万多名人员、70辆装甲车、15架战机，以及约30艘战舰、潜艇和支援舰参加此次演习。演习分不同阶段进行，包括陆军编队、海军陆战队步兵团、工程部队、海防部队、导弹和炮兵部队、北方舰队空军和防空部队、战舰、潜艇和支援舰等诸多兵种和舰艇。

2021年8月6日 俄罗斯开始着手铺设穿越北极的海底光缆。该国营项目旨在将高速互联网联通至俄罗斯偏远的富含碳氢化合物的北方地区，改善其远北地区落后的通信和基础设施。

2021年8月22日 俄罗斯“巴维尼特”号（Bavenit）钻探船从摩尔曼斯克出发，驶向北极东部水域执行拉普捷夫海（Laptev Sea）的钻探任务。俄罗斯在该地区的大规模石油勘探活动中，还有几艘研究和勘测船正在绘制拉普捷夫海的石油储量图。其中“彼得·科佐夫”号，作为俄罗斯国家原子能公司（Rosatom）的北方海航道开发的一部分正在从事海底测绘工作。

2021年8月23日 美国空军三架B-2隐形轰炸机在冰岛降落，开始了为期数月的部署。这是美国首次在冰岛部署B-2轰炸机部队，并且可能为几年后部署新型B-21隐形轰炸机铺平道路。

9月

2021年9月2日 俄罗斯发布北极液化天然气二号项目（Arctic LNG 2 project）最新进展。该项目重达近5万吨的首批模块预计将于9月16日抵达摩尔曼斯克。该设施将是诺瓦泰克公司送达北极液化天然气二号项目工厂的首批生产线。第一条技术生产线计划于 2023 年投产。2024 年，第二条生产线将投入生产，而第三条生产线将于 2025 年开始运营。

2021 年 9 月 3 日 北方海航道公共理事会（the Public Council of the Northern Sea Route）会议在东方经济论坛框架内举行，会议讨论了将北方海航道发展为全球国际贸易新路线的问题。俄罗斯国家原子能公司（Rosatom）总裁阿列克谢·利哈乔夫（Alexei Likhachev）强调了北方海航道的重要性，还强调了沿着俄罗斯西部和东部海上边界之间的整个海上航线开发俄罗斯北极地区的必要性。在北方海航道上，航行十分依赖俄罗斯破冰船运营商 Atomflot（俄罗斯国家原子能公司的子公司）的核动力破冰船队。

2021 年 9 月 9 日 俄罗斯诺瓦泰克公司获得涉及自然保护区内的 Arkticheskoye 和 Neytinskoye 地区的许可证。2021 年初，该公司领导人列昂尼德·米克尔松向克里姆林宫提出请求，希望获得亚马尔半岛其他天然气田的许可证。虽然根据俄罗斯法律，自然保护区内禁止工业活动，但在石油和天然气公司的压力下，保护区的边界已经多次被调整。

2021 年 9 月 15 日 俄罗斯天然气工业股份公司（Gazprom）表示，该公司已经完成了通往德国的“北溪 2 号”（Nord Stream 2）海底管道的建设，这将使俄罗斯通过波罗的海向欧洲出口天然气的利润翻倍，同时绕过乌克兰的国土，并切断其收入来源。尽管德国的监管机构尚未批准天然气入境，但建设阶段的完成意味着俄罗斯已提高了从波罗的海北部和黑海南部向欧洲出口能源的能力。

2021 年 9 月 15 日 俄罗斯于 9 月 10 日正式开始“Zapad-2021”军事演习，作为演习的一部分，9 月 15 日俄罗斯北方舰队在远北的泰米尔半岛开展重新占领北极港口的训练，演习还包括对北方海航道通信系统的保护训练。演习引起了邻国波兰和 3 个波罗的海国家的担忧。在俄罗斯军事演习过程中，美国、英国和挪威等北约国家的海空侦察部队高度活跃。

2021 年 9 月 17 日 俄罗斯北极发展项目办公室举办会议邀请专家讨论与北方海航道相关的重要问题，会议内容涉及船舶制造、航运、救援以及俄罗斯破冰船等多个方面；还推荐了旨在探索北极的俄罗斯新平台“北极”，该平台目前建造完毕并通过测试，预计将在2022年中期投入使用。

2021年9月24日 拜登政府为保护和推进美国在北极地区的利益采取了重大行动，重新启动了北极执行指导委员会，并在其团队中增加了一批北极专家。这些行动将加强政府基于科学的手段来应对气候变化，增强美国的国家安全和经济安全，并促进协调——特别是与北极地区原住民的协调，并加强了特别是与阿拉斯加原住民社区合作关系，利用科学和原住民知识为管理和政策提供信息。

2021年9月25日 据俄罗斯国防部称，北方舰队与驻扎在新西伯利亚群岛科捷内岛上的海岸部队战术小队一起在拉普捷夫海域进行了一次演习，包括军舰和“Pantsir-S”高射炮综合系统参加了本次演习。如果不进入潜在敌人的防空识别区，“Pantsir-S”高射炮综合系统很难打击美国和北约此前在北极部署的现代飞机。

2021年9月29日 欧洲议会外交委员会主席承诺，在该机构的立法议程中，将北极问题放在首位，以确保欧盟在快速变化的时期保持对该地区的雄心勃勃的战略。

10月

2021年10月3日 格陵兰和法罗群岛与丹麦签署了设立一个特别联络委员会的授权条款，朝着在外交和国防方面获得更大自治权又迈出了一步。格陵兰自治政府总理穆特·埃格德（Múte B. Egede）表示，授权条款是改善三方政府合作关系的重要一步。法罗群岛总理巴德·斯泰格·尼尔森（Bárður á Steig Nielsen）表示，签署的协议是法罗群岛朝着在北极事务上拥有更大话语权又迈出的一步。

2021年10月7日 俄罗斯副总理、总统驻远东联邦区全权代表尤里·特鲁特涅夫在俄罗斯联邦委员会会议上发表讲话，主题是“关于俄罗斯联邦北极地区（AZRF）发展战略的实施”。在过去两年半的时间里，为了增加北极地区的投资吸引力，俄罗斯已经建立了北极地区的立法基础，制定并

通过了《北极国家政策基础》《2035 年前俄罗斯联邦北极地区发展和国家安全保障战略》和实施这些战略的措施计划，以及 6 项联邦法律和 40 项法规。

2021 年 10 月 7 日 据俄罗斯国家媒体塔斯社报道，俄罗斯正计划在海军内部组建一个新分支军队，负责维持和保护俄罗斯在北极的利益。该分支军队被称为“北极舰队”（Arctic Fleet），将负责确保北方海航道和北极海岸的安全，这项任务目前由俄罗斯北方舰队和太平洋舰队负责。

2021 年 10 月 8 日 挪威远洋渔船组织（Fiskebåt）表示，挪威渔民越来越频繁地向该组织报告俄罗斯军队在挪威海和巴伦支海地区进行军事演习导致挪威渔船不得不中断捕鱼活动的问题。俄罗斯军事演习的范围和强度在过去几年中有所增加，该组织在给挪威外交部的一封信中询问，根据国际法，俄罗斯当局是否有权在挪威管辖范围内建立此类危险区，以及是否遵守了此类演习通知的潜在要求。

2021 年 10 月 15 日 美国海岸警卫队（U. S. Coast Guard）在波士顿的“希利”号破冰船（Healy）上举行了一次北极圆桌讨论会议。这次活动的目的是建立关系网络，确定未来合作的领域，让北极专家参与进来，并从不同的角度看待与北极有关的威胁和机遇。会议讨论了从科学到北极治理的各种话题。

2021 年 10 月 15 日 冰岛外交部根据冰岛议会于 2021 年 5 月通过的 25/151 决议，发布了名为《冰岛对北极地区相关事项的政策》的正式政策文件。该文件提出了新的 19 条冰岛北极政策优先事项。

2021 年 10 月 19 日 俄罗斯总统弗拉基米尔·普京要求北方海航道的航运量在 2024 年之前达到 8000 万吨。俄罗斯联邦海运河运署的数据显示，2021 年前 9 个月的航运量比 2020 年同期增长了 4. 5%。如果 2021 年继续保持这种增长趋势，航运量将有可能从 2020 年的 3297 万吨上升到将近 3500 万吨，到 2030 年，该航道的运输量计划将达到 1. 5 亿吨。

11月

2021 年 11 月 2 日 格陵兰自治政府宣布格陵兰将加入《巴黎协定》。

2021 年 11 月 2 日 美国新安全中心（CNAS）发布一份政策简报，这份简报是新安全中心项目之一“俄罗斯问题的跨大西洋论坛”的工作成果。该论坛旨在促进美国和欧洲在多个问题领域的俄罗斯相关政策方面的协调。它将就一系列优先问题领域召集工作组，并就美国和欧洲如何在关键领域对抗和接触克里姆林宫提出想法。这份政策简报对俄罗斯动向进行了分析，概述了跨大西洋的欧洲和美国之间的共同利益和分歧，针对在共同利益基础上的与俄合作提出建议。

2021 年 11 月 8 日 北极理事会可持续发展工作组（SDWG）在莫斯科以线上线下多种形式举行了会议。在工作组会议期间，讨论了许多当前和潜在的项目。会议期间批准了三个新项目：保护北极建筑遗产、北极 COVID-19 评估报告，以及与永久冻土融化的影响有关的北极地区的复原力。

2021 年 11 月 18 日 格陵兰在中国正式设立了第一个代表处，其工作重点将集中在经济、贸易和文化交流方面。该代表处还将作为与中国邻国（如韩国和日本）沟通的联络点。

2021 年 11 月 22 日 印度的三家国有石油公司正寻求联合投资俄罗斯石油公司的大型沃斯托克项目。印度表示，沃斯托克项目和北极液化天然气项目（LNG-2）是高度优先的。目前，沃斯托克项目 52 个许可区域中的 30 个许可区的技术评估已经完成。印度计划从拥有 LNG-2 项目 60%股份的诺瓦泰克公司购买股份。印度的国有企业已经在俄罗斯投资了 160 亿美元，包括在远东和东西伯利亚，投资于萨哈林一号、万科和塔斯-尤里亚克等石油和天然气资产。

2021 年 11 月 22~26 日 国际海事组织海洋环境保护委员会第 77 次会议同意启动对其温室气体减排战略的修订，另外通过了一项关于在北极地区自愿使用清洁燃料的决议。该决议鼓励成员国采取行动解决黑炭排放对北极的威胁，并报告减少航运黑炭排放的措施和最佳做法。

2021 年 11 月 24 日 居住在加拿大西北地区（NWT）的因纽特人通过了他们自己的法律，即新的《儿童保育法》，直译为《因纽特家庭生活方式法》，这也是因纽特人首次在加拿大通过的一项法律。

12月

2021 年 12 月 1 日　俄罗斯天然气生产商诺瓦泰克公司宣布北极液化天然气项目 LNG-2 已经获得了必要的外部融资，共计 95 亿欧元，其中俄罗斯银行和诺瓦泰克公司提供 45 亿欧元，中国国家开发银行和中国进出口银行提供 25 亿欧元，经合组织（OECD）成员国的金融机构（包括日本国际合作银行和其他由出口信贷机构担保的贷款人）提供 25 亿欧元。德国、法国和意大利考虑到环境保护问题，尚未决定是否提供融资。

2021 年 12 月 2 日　俄罗斯担任北极理事会轮值主席国期间的第一次北极高级官员（SAO）全体会议结束。会议议题包括原住民和区域合作，正在进行的北极理事会项目审查、可持续社会经济发展以及青年合作。

2021 年 12 月 14 日　世界气象组织确认 2020 年 6 月 20 日俄罗斯西伯利亚小镇维尔霍扬斯克 38°C 的温度为新的北极纪录。西伯利亚毁灭性范围很广的火灾、大规模的北极海冰损失都与持续高温有关。

2021 年 12 月 15 日　美国白宫科技政策办公室发布《2022—2026 年北极研究计划》（Arctic Research Plan 2022-2026）。研究目标是解决社区复原力和健康、北极系统相互作用、可持续经济和生计，以及风险管理和减灾等问题。

2021 年 12 月 21 日　芬兰国有运营商 Cinia 和阿拉斯加公司 Far North Digital 达成协议，启动建设一条新的北极海底光缆项目。该电缆线路被命名为“远北光纤快线”，将是第一条通过西北通道从亚洲到北美、北欧和斯堪的纳维亚的长途海底光纤线路。该电缆线路的海底段将从挪威北部到日本，并在爱尔兰、冰岛、格陵兰岛北部、加拿大北极地区的 4 个地方和阿拉斯加有侧线，然后到达日本的两个地方的海岸。Cinia 2021 年早些时候搁置了与俄罗斯公司 MegaFon 合作的西伯利亚以北的欧亚电信电缆计划，转而寻求其他合作伙伴。

Abstract

In 2021, the rejuvenated Arctic states continued to move with significant progress in the period of the stabilization and normalization of the COVID-19 epidemic. "Climate change" and "sustainable use of resources" are at the focus of Arctic governance in 2021; at the same time, Arctic military security issues continue to evolve. Under climate change, economic globalization, and geopolitical changes, the Arctic region is facing unprecedented challenges and opportunities.

The general report in this volume provides a comprehensive overview and analysis of climate change responses, strategic deployment of resources, and military security issues in the Arctic countries in 2021. Climate change has returned as a core issue in Arctic governance, mainly due to the Glasgow Climate Change Conference. The Arctic states have raised the importance of climate change issues in their Arctic policy updates. Resource development and use in the Arctic also increased significantly in 2021 regarding shipping routes, infrastructure development such as ports, and mineral resource development and cooperation. At the same time, Arctic military security and geopolitics are under tension in the new situation, with Arctic states strengthening their respective military deployments. Arctic governance mechanisms are facing new challenges.

The impact of climate change on the Arctic region is intensifying, and countries are responding to the topic of climate change to varying degrees in terms of updating their Arctic policies. The economic policy implemented by the new government of Greenland, which is part of the autonomous territory of Denmark, demonstrates a steady development philosophy that pursues both environmental and economic benefits. In the US, the Biden administration has selectively built on the

Arctic policy of its predecessor, the Trump administration, by incorporating the Democratic Party's concerns about climate change to establish itself as a global leader in the fight against climate change. The updated Arctic policies of the Nordic countries in recent years reflect common themes and shared interests, as well as differences in their Arctic priorities.

Scientific and technical activities have been an essential part of the involvement of States in the Arctic. The International Arctic Science Commission has become the coordinating body between the UN Ocean Decade and the Arctic Action Plan. The development of Arctic nuclear power platforms and the laying of submarine cables reflect the enthusiasm and commitment of countries to Arctic science and technology development. The dramatic changes in the Arctic geopolitical environment pose a significant challenge to scientific and technological cooperation in the Arctic. Making this region a peaceful and stable Arctic is a test of the political wisdom of all countries. After the entry into force of the polar code, China should actively participate in negotiating international rules for shipping emissions reduction and in the competition and cooperation for green shipping development to respond to the new trends in the development of Arctic shipping.

In the longer term, the negative impact of geopolitical change on Arctic governance will be temporary; global climate change and its challenges to the Arctic region and the planet are the more fundamental issues. Addressing this challenge will require joint action by all stakeholders in the international community. Opportunities often accompany challenges, and the opportunities for resource development and utilization in the Arctic brought about by climate change also provide the international community with opportunities for win-win cooperation. Even against the backdrop of the increasing return of geopolitical issues to the Arctic agenda, international cooperation in the Arctic will continue to move forward despite the twists and turns, based on the nature of the Arctic issues and the needs of Arctic governance.

Keywords: Arctic Law; Arctic Governance; Arctic Strategy; Arctic Policy; Climate Change

Contents

I General Report

Abstract: The Arctic region is experiencing a "great acceleration" of change under the influence of climate change, economic globalization, and the geopolitical dynamics of the Arctic. The consequences of this extreme transition are felt across the planet and affect people in many ways. As a result of climate change, the Arctic is facing a range of crises, including environmental damage, sea level rise, and security of life for indigenous peoples, and Arctic countries are taking steps to address the challenges of climate change. In 2021, the issue of climate change once again became at the forefront of Arctic governance, driven by the Glasgow Climate Change Conference and the Glasgow Climate Protocol, the focus on climate change in the Biden Administration, and the increased importance of climate change in the Arctic strategies of the Arctic states. The Arctic region witnessed a significant increase in resource development and utilization in 2021 in terms of shipping utilization, development infrastructure and mineral resources, and international cooperation. At the same time, under the influence of the Russia-Ukraine conflict, the Arctic states continue to strengthen their respective military deployments, and Arctic military security issues and Arctic geopolitics are under tension in the new situation. Against the backdrop of intensifying climate warming, unabated enthusiasm for resource use, and the continued ferment of military security issues, the Arctic governance mechanism is facing unprecedented challenges and opportunities.

Keywords: Climate Change; Arctic Governance; Arctic Strategy; Geopolitics

Ⅱ Country and Region

B.2 New Direction of Resource Investment and Economic Development in Greenland

Liu Huirong, *Mao Zhengkai* / 021

Abstract: With its rich resources and important strategic location, Greenland has always been considered one of the most important hotspots in the Arctic region. After the Act on Greenland Self-Government came into force, Greenland has been continuously seeking independent economic development. A series of economic policies implemented by the new Greenland government after taking office in 2021 show the concept of steady development in pursuit of dual benefits of environment and economy, and put more emphasis on the diversity and sustainable development ability of economic development, so as to get rid of the limitation of single product economy in the past. At the same time, it also actively promoted the injection of external capital, further strengthened the relationship between Greenland and Europe and America on the basis of the original cooperation, and made efforts to enhance the sense of existence and influence in the international community.

Keywords: Greenland; Mineral Exploration; Economic Cooperation

B.3 U. S. A. Biden Administration's Arctic Policy: Content, Motivation and Challenges

Li Xiaoning, *Guo Peiqing* / 044

Abstract: After Biden took office, the US Arctic policy took a new turn.

On the basis of selectively inheriting the Arctic policy of the former trump administration, the Biden administration integrates the issues concerned by the Democratic Party, and gradually forms an Arctic strategy with typical democratic values. The Biden administration focused on political, economic and military dimensions and made in-depth adjustments to Trump's Arctic policy, including four aspects: relevant Arctic government institutions and personnel arrangements, military strategic priorities, Arctic oil and gas development policy and Arctic infrastructure construction. These adjustments are mainly based on the urgent need to improve the Arctic capability of the United States, restructure the alliance system, and establish the image of a global leader in addressing climate change and promote the improvement of the development of the Arctic region of the United States. However, due to the opposition of moderate Republicans and Democrats in the United States and the chain effect of the international situation caused by the conflict between Russia and Ukraine, the shaping and implementation of Biden administration's Arctic policy is facing dual challenges at home and abroad.

Keywords: United States; Arctic policy; Biden; the Democratic Party

Abstract: The impacts of climate change on the Arctic region are intensifying, mainly in terms of ocean and sea ice changes, shipping and fisheries economies, ecology and livelihoods. This range of natural and social impacts continues to further destabilize the security and stability of the Arctic region, and the issue of Arctic climate governance under the influence of climate change is evolving. At the domestic strategic and legislative level, the eight Arctic states have responded and updated their national Arctic policy strategies and domestic laws to varying degrees to address the impacts of climate change. At the international level of the response mechanism, the eight Arctic states are all parties to the Paris Agreement and have submitted and updated their nationally owned contributions under the United Nations Framework Convention on Climate Change to address climate change. By understanding the domestic policy strategies and relevant legislation of the eight Arctic countries on the issue of climate change and the emission reduction measures and targets of the national self-help contributions for climate action under the UNFCCC, we analyze the developments and new trends of the Arctic countries on the issue of climate change, as well as the problems of the recent development of climate governance in the Arctic region under the current climate issues at the forefront of the international community.

Keywords: Climate Change; Arctic Countries; Paris Agreement; United Nations Framework Convention on Climate Change; Nationally Owned Contributions

B.5 The Updated Nordic Arctic Policy: Priorities and Cooperation Trends *Li Xiaohan* / 085

Abstract: Nordic history, geography, culture, trade, and politics bind the five countries together and contribute to their bilateral and multilateral cooperation in the Nordic as well as international platforms. However, the different geographical, political, security, and economic identities of the countries define their divergent interests in the Arctic region. The updated Arctic policies of the Nordic countries in recent years reflect the existence of many common themes as well as the differences in national priorities for Arctic affairs. Comparing Nordic Arctic policies over time, across countries, and between governments shows how the Nordic countries are constantly adapting their strategies in response to the changing Arctic environment and political situation. As the Arctic statehood of the Nordic countries brings new challenges and opportunities due to melting ice and increased industrial and commercial activities, it is a logical choice to further strengthen Arctic cooperation among the Nordic countries, where a unified position will enable them to better protect their common Arctic interests, take advantage of new economic opportunities, and strengthen the political position of the Nordic countries in regional and even global bilateral and multilateral relations.

Keywords: Nordic Countries; Arctic Policy; Arctic Strategy; Nordic Cooperation

Abstract: India has been associated with the Arctic since the signing of the Treaty of Spitsbergen in 1920. Over the past hundred years, India has set up research stations in the Arctic and regularly conducts scientific surveys in the Arctic to study the linkages between the Arctic climate and the global climate, particularly in India, actively participates in Arctic energy development to bridge the domestic energy gap, integrates more deeply into international governance in the Arctic, cooperates closely with other countries, and continues to accelerate the pace of "looking north". India's Arctic development process urgently needs policy guidance at the governmental level, and in 2021 India released a draft Arctic policy for public consultation and in 2022 it was officially announced. India's Arctic policy focuses on science and research, climate and environmental protection, economy and human development, transportation and connectivity, governance and international cooperation, and national capacity building. These six pillars of India's Arctic policy have important interests, including ensuring that India is not at a competitive disadvantage in the battle for Arctic geopolitical interests, further exploiting the economic value of the Arctic, especially its energy value, and observing the impact of Arctic climate change on the Indian monsoon and Himalayan regions.

Keywords: India; Arctic Policy; Climate Change; Sustainable Development; International Cooperation

Ⅲ Technology and Cooperation

B.7 Arctic Science and Technology Policy Trends in the Context of the UN Decade of Marine Science for Sustainable Development

Liu Huirong, Li Wei / 129

Abstract: To reverse the deteriorating health of the oceans, the United Nations has launched the United Nations Decade of Ocean Science for Sustainable Development 2021 –2030 at the beginning of 2021. To complement the UN's efforts to advance the global Decade at the international level, regional Decades of the Ocean in Africa, the Pacific, Atlantic, Antarctic, and Arctic regions are also on the agenda. The next step will be to develop a roadmap for the Arctic Decade of the Ocean, with the International Council for a Scientific Arctic as the next step. The International Scientific Arctic Council (ISAC) may serve as the coordinating body for the Arctic Ocean Decade, serving as an important hub to connect the international and regional levels of the Decade. In order to contribute to the Arctic Ocean Decade, set Arctic regional scientific priorities, and lead scientific cooperation projects, the Arctic Science Ministerial and the International Council for a Scientific Arctic have decided on their own priority areas and actions for Arctic scientific research, and the United States, Norway, Finland, Iceland, France, and Japan have released new documents for their own Arctic scientific research. The United States, Norway, Finland, Iceland, France, and Japan released new documents on Arctic scientific research in their countries.

Keywords: United Nations Decade of Marine Science for Sustainable Development; Arctic Regional Decade of the Ocean; Arctic Science and Technology Policy

B.8 Arctic Nuclear Power Platform Development Trends and Related Political and Legal Issues

Abstract: The heavy reliance on fossil fuels has aggravated the warming rate of the Arctic region. Floating nuclear power platforms can adapt to the harsh and cold climate conditions of the Arctic region, solve the energy shortage problem and help the Arctic region achieve "net zero emissions" as soon as possible, and have great potential for application in the Arctic region. This paper focuses on the development trends of nuclear power platforms in four Arctic countries, namely Russia, the United States, Canada and Norway, and the practical activities of the Arctic Council on the governance of nuclear power platforms, and analyzes the framework of international law and the current status of regulation applicable to nuclear power platforms. In order to cope with the continuous rising trend of radiological risks of nuclear power platforms in the Arctic, it is necessary to strengthen multi-level cooperation within and outside the region so that nuclear power platforms can be properly managed.

Keywords: Floating Nuclear Power Platforms; Nuclear Energy Use; Arctic Governance

B.9 The Trend of Scientific and Technological Cooperation in the Arctic and China's Countermeasures

Abstract: Scientific and technological activities have always been an important part of countries' participation in Arctic affairs. On the one hand, the harsh natural environment in the Arctic directly affects the effectiveness of countries' participation in the Arctic. On the other hand, the "low politics" attribute of scientific and technological activities also makes scientific and technological cooperation an important field to bridge the Arctic competition of countries. However, with the transformation of scientific and technological concepts of countries, and the deterioration of cooperative relations among countries, scientific and technological cooperation in the Arctic region is also facing great challenges. While continuing to strengthen the construction of its own Arctic scientific and technological strength, China should continue to promote the construction of a new type of international relations with win-win cooperation with the United States, and pay close attention to the economic cooperation with Russia, so as to promote the deepening of bilateral Arctic scientific and technological cooperation, so as to safeguard China's Arctic interests.

Keywords: Arctic; Scientific and Technological Cooperation; Geopolitics

Abstract: Submarine cables are considered as critical infrastructure for data and information security. Submarine cables play an important role in the sustainable development of the Arctic region. In recent years, with the global warming, the increase of the ice-free areas and the extension of the sailing times in the Arctic have provided more opportunities for the laying of submarine cables. Arctic States such as Russia, Finland and Norway are promoting the laying of Arctic submarine cables. There are not only submarine cables mainly distributed in the coastal waters of these States, but also multi-continental and Pan-Arctic submarine cable systems promoted through cooperation between relevant States. However, the development of Arctic submarine cable laying practices still faces challenges such as special ecological environment, state game and competitive use of waters. China can participate in the laying of submarine cables through bilateral or multilateral cooperation with Arctic States, promote the development of domestic submarine cable technologies, and ensure the security of data transmission.

Keywords: Arctic; Submarine Cable; Data Transmission; Arctic States

Ⅳ Economy and Development

Abstract: During the past four decades, the North Sea fisheries have maintained good and stable cooperative management, with EU countries exchanging quotas with Norway for fish stocks within their respective fisheries jurisdictions under the framework of the EU Common Fisheries Policy (EU CFP) and the Fisheries Agreement between the EC and the Kingdom of Norway. The UK will remain in the EU CFP (including the quota system) until the end of 2020 after the start of the Brexit process, and after the end of the transition period, the UK will become a completely independent coastal state outside the EU CFP framework. In this context, the long-term stable fisheries access and quota exchange system between Norway and Europe will face conflicts. The differences between the UK, EU and Norway on fisheries also involve quotas and access to the Svalbard Fisheries Reserve, and Norway even intends to extend the fisheries conflict to the Arctic Council. In order to prevent the adverse consequences of conflict spillover and to achieve sustainable development of fisheries and win-win cooperation in fisheries management, the UK, EU and Norway have launched a series of actions on fisheries issues.

Keywords: North Sea Fisheries; Quota System; Fisheries Agreement; Svalbard Fisheries Reserve

Abstract: With the entry into force of Polar Code, the enactment of the

heavy oil ban, the promotion of plastic waste reduction actions and the introduction of greenhouse gas reduction strategies, the green governance of Arctic shipping is showing an accelerating trend. The environmental protection rules for Arctic shipping are becoming more comprehensive and strict, and the tightening regulatory system will increase the compliance cost of Arctic shipping, which will have a profound impact on the Arctic shipping in its initial stage. NGOs play an influential role in the green governance of Arctic shipping, but the current disagreements among the countries concerned on core issues such as restrictions and emission reduction targets have added uncertainty to the green governance of Arctic shipping. The development of Arctic shipping has just entered the initial stage, coinciding with the opening of the international shipping green governance process, the development of Arctic shipping faces multiple challenges. China should actively participate in the negotiation of international rules on shipping emission reduction and green shipping competition and cooperation in order to respond to the new trend of Arctic shipping green governance.

Keywords: Climate Change; Arctic Shipping; Polar Code; Greenhouse Gas Emission Reduction; Green Governance

Abstract: Global warming has led to increased melting of sea ice, and it is highly unlikely that the Arctic shipping lanes will achieve continuous summer navigation in recent decades. The layout of ports, as the assembly point of land and water transportation, is a crucial part of the development and utilization of the Arctic waterway. Due to the uniqueness of the Arctic natural environment, the location conditions and strategic layout of ports along the Arctic waterway are destined to be different from those of traditional ports. As there are few strategic pivot ports along the Arctic waterway, it is important to define the meaning and scope of the strategic pivot ports along the Arctic waterway by taking the military, political, security, economic and other factors as the main line, sort out the current situation of the recent strategic pivot ports, and analyze the factors and characteristics of the layout.

Keywords: Arctic Passage; Strategic Pivot Point Ports; Five Arctic Countries

V Appendix

皮 书

智库成果出版与传播平台

皮书定义

皮书是对中国与世界发展状况和热点问题进行年度监测，以专业的角度、专家的视野和实证研究方法，针对某一领域或区域现状与发展态势展开分析和预测，具备前沿性、原创性、实证性、连续性、时效性等特点的公开出版物，由一系列权威研究报告组成。

皮书作者

皮书系列报告作者以国内外一流研究机构、知名高校等重点智库的研究人员为主，多为相关领域一流专家学者，他们的观点代表了当下学界对中国与世界的现实和未来最高水平的解读与分析。截至 2021 年底，皮书研创机构逾千家，报告作者累计超过 10 万人。

皮书荣誉

皮书作为中国社会科学院基础理论研究与应用对策研究融合发展的代表性成果，不仅是哲学社会科学工作者服务中国特色社会主义现代化建设的重要成果，更是助力中国特色新型智库建设、构建中国特色哲学社会科学“三大体系”的重要平台。皮书系列先后被列入“十二五”“十三五”“十四五”时期国家重点出版物出版专项规划项目；2013~2022 年，重点皮书列入中国社会科学院国家哲学社会科学创新工程项目。

皮书网

（网址：www.pishu.cn）

发布皮书研创资讯，传播皮书精彩内容
引领皮书出版潮流，打造皮书服务平台

栏目设置

◆ **关于皮书**

何谓皮书、皮书分类、皮书大事记、
皮书荣誉、皮书出版第一人、皮书编辑部

◆ **最新资讯**

通知公告、新闻动态、媒体聚焦、
网站专题、视频直播、下载专区

◆ **皮书研创**

皮书规范、皮书选题、皮书出版、
皮书研究、研创团队

◆ **皮书评奖评价**

指标体系、皮书评价、皮书评奖

◆ **皮书研究院理事会**

理事会章程、理事单位、个人理事、高级
研究员、理事会秘书处、入会指南

所获荣誉

◆ 2008 年、2011 年、2014 年，皮书网均在全国新闻出版业网站荣誉评选中获得“最具商业价值网站”称号；

◆ 2012 年，获得“出版业网站百强”称号。

网库合一

2014年，皮书网与皮书数据库端口合一，实现资源共享，搭建智库成果融合创新平台。

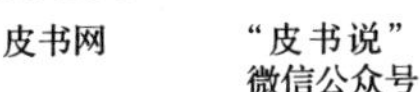

皮书网　　“皮书说”微信公众号　　皮书微博

权威报告・连续出版・独家资源

皮书数据库

ANNUAL REPORT(YEARBOOK) DATABASE

分析解读当下中国发展变迁的高端智库平台

所获荣誉

- 2020年，入选全国新闻出版深度融合发展创新案例
- 2019年，入选国家新闻出版署数字出版精品遴选推荐计划
- 2016年，入选“十三五”国家重点电子出版物出版规划骨干工程
- 2013年，荣获“中国出版政府奖・网络出版物奖”提名奖
- 连续多年荣获中国数字出版博览会“数字出版・优秀品牌”奖

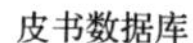
皮书数据库

“社科数托邦”
微信公众号

成为会员

登录网址www.pishu.com.cn访问皮书数据库网站或下载皮书数据库APP，通过手机号码验证或邮箱验证即可成为皮书数据库会员。

会员福利

- 已注册用户购书后可免费获赠100元皮书数据库充值卡。刮开充值卡涂层获取充值密码，登录并进入“会员中心”—“在线充值”—“充值卡充值”，充值成功即可购买和查看数据库内容。
- 会员福利最终解释权归社会科学文献出版社所有。

社会科学文献出版社 皮书系列
SOCIAL SCIENCES ACADEMIC PRESS (CHINA)
卡号：966161864292
密码：

数据库服务热线：400-008-6695
数据库服务QQ：2475522410
数据库服务邮箱：database@ssap.cn
图书销售热线：010-59367070/7028
图书服务QQ：1265056568
图书服务邮箱：duzhe@ssap.cn

中国社会发展数据库（下设 12 个专题子库）

紧扣人口、政治、外交、法律、教育、医疗卫生、资源环境等 12 个社会发展领域的前沿和热点，全面整合专业著作、智库报告、学术资讯、调研数据等类型资源，帮助用户追踪中国社会发展动态、研究社会发展战略与政策、了解社会热点问题、分析社会发展趋势。

中国经济发展数据库（下设 12 专题子库）

内容涵盖宏观经济、产业经济、工业经济、农业经济、财政金融、房地产经济、城市经济、商业贸易等12个重点经济领域，为把握经济运行态势、洞察经济发展规律、研判经济发展趋势、进行经济调控决策提供参考和依据。

中国行业发展数据库（下设 17 个专题子库）

以中国国民经济行业分类为依据，覆盖金融业、旅游业、交通运输业、能源矿产业、制造业等 100 多个行业，跟踪分析国民经济相关行业市场运行状况和政策导向，汇集行业发展前沿资讯，为投资、从业及各种经济决策提供理论支撑和实践指导。

中国区域发展数据库（下设 4 个专题子库）

对中国特定区域内的经济、社会、文化等领域现状与发展情况进行深度分析和预测，涉及省级行政区、城市群、城市、农村等不同维度，研究层级至县及县以下行政区，为学者研究地方经济社会宏观态势、经验模式、发展案例提供支撑，为地方政府决策提供参考。

中国文化传媒数据库（下设 18 个专题子库）

内容覆盖文化产业、新闻传播、电影娱乐、文学艺术、群众文化、图书情报等 18 个重点研究领域，聚焦文化传媒领域发展前沿、热点话题、行业实践，服务用户的教学科研、文化投资、企业规划等需要。

世界经济与国际关系数据库（下设 6 个专题子库）

整合世界经济、国际政治、世界文化与科技、全球性问题、国际组织与国际法、区域研究 6 大领域研究成果，对世界经济形势、国际形势进行连续性深度分析，对年度热点问题进行专题解读，为研判全球发展趋势提供事实和数据支持。

法律声明

“皮书系列”（含蓝皮书、绿皮书、黄皮书）之品牌由社会科学文献出版社最早使用并持续至今，现已被中国图书行业所熟知。“皮书系列”的相关商标已在国家商标管理部门商标局注册，包括但不限于LOGO（ ）、皮书、Pishu、经济蓝皮书、社会蓝皮书等。“皮书系列”图书的注册商标专用权及封面设计、版式设计的著作权均为社会科学文献出版社所有。未经社会科学文献出版社书面授权许可，任何使用与“皮书系列”图书注册商标、封面设计、版式设计相同或者近似的文字、图形或其组合的行为均系侵权行为。

经作者授权，本书的专有出版权及信息网络传播权等为社会科学文献出版社享有。未经社会科学文献出版社书面授权许可，任何就本书内容的复制、发行或以数字形式进行网络传播的行为均系侵权行为。

社会科学文献出版社将通过法律途径追究上述侵权行为的法律责任，维护自身合法权益。

欢迎社会各界人士对侵犯社会科学文献出版社上述权利的侵权行为进行举报。电话：010-59367121，电子邮箱：fawubu@ssap.cn。

社会科学文献出版社